Georg Schwedt
Lava, Magma, Sternenstaub

Weitere Titel aus der Erlebnis Wissenschaft Reihe ...

Groß, M.
9 Millionen Fahrräder am Rande des Universums
Obskures aus Forschung und Wissenschaft
2011
ISBN: 978-3-527-32917-5

Will, Heike
**„Sei naiv und mach' ein Experiment":
Feodor Lynen**
Biographie des Münchner Biochemikers und Nobelpreisträgers
2011
ISBN: 978-3-527-32893-2

Schatz, G.
Feuersucher
Die Jagd nach den Rätseln der Zellatmung
2011
ISBN: 978-3-527-33084-3

Hüfner, J., Löhken, R.
Physik ohne Ende
Eine geführte Tour von Kopernikus bis Hawking
2010
ISBN: 978-3-527-40890-0

Roloff, E.
Göttliche Geistesblitze
Pfarrer und Priester als Erfinder und Entdecker
2010
ISBN: 978-3-527-32578-8

Zankl, H.
Kampfhähne der Wissenschaft
Kontroversen und Feindschaften
2010
ISBN: 978-3-527-32579-5

Ganteför, G.
Klima – Der Weltuntergang findet nicht statt
2010
ISBN: 978-3-527-32671-6

Christensen, L. L., Fosbury, R., Hurt, R. L.
Verborgenes Universum
2009
ISBN: 978-3-527-40868-9

Christensen, L. L., Fosbury, R.
Hubble
15 Jahre auf Entdeckungsreise
2006
ISBN: 978-3-527-40682-1

Georg Schwedt

Lava, Magma, Sternenstaub
Chemie im Inneren von Erde, Mond und Sonne

WILEY-VCH Verlag GmbH & Co. KGaA

Autor

Prof. Dr. Georg Schwedt
Lärchenstr. 21
53117 Bonn

1. Auflage 2011

Alle Bücher von Wiley-VCH werden sorgfältig erarbeitet. Dennoch übernehmen Autoren, Herausgeber und Verlag in keinem Fall, einschließlich des vorliegenden Werkes, für die Richtigkeit von Angaben, Hinweisen und Ratschlägen sowie für eventuelle Druckfehler irgendeine Haftung

**Bibliografische Information
der Deutschen Nationalbibliothek**
Die Deutsche Nationalbibliothek verzeichnet diese Publikation in der Deutschen Nationalbibliografie; detaillierte bibliografische Daten sind im Internet über http://dnb.d-nb.de abrufbar.

© 2011 Wiley-VCH Verlag & Co. KGaA, Boschstr. 12, 69469 Weinheim, Germany

Alle Rechte, insbesondere die der Übersetzung in andere Sprachen, vorbehalten. Kein Teil dieses Buches darf ohne schriftliche Genehmigung des Verlages in irgendeiner Form – durch Photokopie, Mikroverfilmung oder irgendein anderes Verfahren – reproduziert oder in eine von Maschinen, insbesondere von Datenverarbeitungsmaschinen, verwendbare Sprache übertragen oder übersetzt werden. Die Wiedergabe von Warenbezeichnungen, Handelsnamen oder sonstigen Kennzeichen in diesem Buch berechtigt nicht zu der Annahme, dass diese von jedermann frei benutzt werden dürfen. Vielmehr kann es sich auch dann um eingetragene Warenzeichen oder sonstige gesetzlich geschützte Kennzeichen handeln, wenn sie nicht eigens als solche markiert sind.

Printed in the Federal Republic of Germany

Gedruckt auf säurefreiem Papier

Satz Mitterweger & Partner, Plankstadt
Druck und Bindung Ebner & Spiegel GmbH, Ulm
Umschlaggestaltung Bluesea Design, Vancouver Island BC
ISBN: 978-3-527-32853-6

Inhalt

Vorwort VII

1 Einleitung 1
   1.1 Frühe Ansichten über das Erdinnere 1
   1.2 Vom geo- zum heliozentrischen Weltbild 8
   1.3 Zu den Anfängen der Kosmologie 13

2 Reisen zum Mittelpunkt der Erde 17
   2.1 Jules Vernes Roman 17
   2.2 Am Tiefbohrloch in Windischeschenbach 18
   2.3 Geochemie 25
   2.4 Zur Chemie des Vulkanismus 49
   2.5 Methoden der geowissenschaftlichen Forschung 73
   2.6 Der Schalenaufbau der Erde 82
   2.7 Zur Entstehung der Erde 90

3 Reisen in das Universum 101
   3.1 Weltraumreisen in der frühen Science-Fiction-Literatur 101
   3.2 Zu Besuch in Benediktbeuern – Fraunhofers Linien im Sonnenspektrum 111
   3.3 Meteorite 118
   3.4 Methoden der Astrochemie 124
   3.5 Das Radioteleskop Effelsberg und das Hubble-Weltraumteleskop 134
   3.6 Die Sonne: Vom Wasserstoff zur Kernchemie 139
   3.7 Mondchemie 147
   3.8 Die Chemie der Planeten 157

Lava, Magma, Sternenstaub. Georg Schwedt
Copyright © 2011 WILEY-VCH Verlag GmbH & Co. KGaA, Weinheim
ISBN 978-3-527-32853-6

3.9   Kometen und Asteroiden   *180*

3.10 Vom Urknall bis zur Supernova: Die Entstehung chemischer Elemente   *187*

Glossar geochemischer Fachbegriffe   *203*

Glossar astronomischer Fachbegriffe   *205*

Quellen und weiterführende Literatur   *209*

Personenverzeichnis   *213*

Sachverzeichnis   *215*

Vorwort

Im Unterschied zu zahlreichen populärwissenschaftlichen Büchern über Geologie und vor allem über Astronomie stellt dieses Buch *die chemischen Vorgänge vom Erdinneren bis in den Weltraum* in den Vordergrund. Wissenschaftler haben in den letzten Jahrzehnten den Aufbau sowohl der Erde als auch des Universums detailliert untersucht, und sie forschen noch immer daran. Von gesicherten Kenntnissen aus Tiefbohrprojekten ausgehend, werden in diesem Buch nach dem Verlassen der Erde die Chemie des Mondgesteins und die Ergebnisse der »spektroskopischen« Weltraumanalytik erläutert.

In jedem Teil des Buches werden historische Orte wie das Tiefbohrloch in Windischeschenbach (inzwischen ein Geozentrum mit Kursen für Besucher), die Vulkanparks der Eifel, die Fraunhofer-Glashütte von Benediktbeuern oder das Radioteleskop Effelsberg vorgestellt, die sich dem Leser als Ziel informativer virtueller oder »wirklicher« Reisen anbieten. Spezielle Kapitel beschreiben die Methoden der Forschung.

Fast wöchentlich berichten heute die Wissenschaftsseiten überregionaler Tageszeitungen über neueste Forschungsergebnisse, die erst kurz zuvor in Fachzeitschriften wie *Nature* oder *Science* veröffentlicht wurden. Zunehmend findet man aktuelle Erkenntnisse der Astrophysik und Kosmochemie sogar auf Titelseiten. So ging es beispielsweise im April 2010 um Vulkane auf der Venus anhand von Daten der Sonde »Venus Express« (Institut für Planetenforschung des Deutschen Zentrums für Luft- und Raumfahrt in Köln); regelmäßig liest man auch von den spektakulären Experimenten zur Erforschung der Geschichte des Universums im Protonenspeicherring des CERN-Labors in Genf.

Das vorliegende Buch will deshalb vor allem eine (historisch akzentuierte) Einführung in die rasant wachsenden Gebiete der Geo- und vor allem Kosmochemie bieten.

Bonn, im November 2010 *Georg Schwedt*

1
Einleitung

1.1 Frühe Ansichten über das Erdinnere

In der antiken Naturphilosophie gilt der von etwa 610 bis nach 547 v. Chr. lebende *Anaximander* als derjenige, der erste Gedanken zur Struktur der »Erdkugel« äußerte.

Anaximander war ein Schüler des *Thales* von Milet (um 625 bis um 547 v. Chr.). Thales sah die Erde als eine auf dem Meer schwimmende Scheibe, woraus er auch die Erklärung für Erdbeben ableitete. Anaximander entwickelte bereits eine Kosmogenese, und zwar in seiner Schrift *Über die Natur* (um 550 v. Chr.), die als erstes griechisches Buch zur Naturphilosophie bezeichnet wird. Nach seinen Vorstellungen entstand der Kosmos aus einer Urmasse in Form eines feuchtkalten Kerns mit trockener heißer Hülle. Diese Hülle zerfiel in schlauchförmige Ringe, deren Löcher den Eindruck von Gestirnen hervorriefen. Der Kern jedoch trocknete zur bewohnbaren Erde aus. Die Gestalt der Erde beschrieb Anaximander als rund, gewölbt und in der Art eines steinernen Säulensegments einem Zylinder ähnlich. Wir Menschen stünden auf einer der Grundflächen.

Der um 483 bis 425 v. Chr. lebende *Empedokles* aus Akragas (heute Agrigent auf Sizilien), Philosoph, Naturforscher, Arzt und Politiker, welcher auch die Grundlagen der ersten Elementlehre von Aristoteles schuf, erweiterte die frühen Ansichten von der Erde durch seine Erfahrungen mit den vulkanischen Erscheinungen Siziliens: Er nahm als erster methodisch vorgehender Beobachter eine feuerflüssige Beschaffenheit des Erdinneren an.

Erst 2000 Jahre später entwickelten zwei bedeutende Philosophen und Naturforscher in einer *Philosophie der Erde* auch differenzierte Vorstellungen vom Erdinneren.

Der Philosoph, Mathematiker und Naturforscher *René Descartes* (1596–1650), aus einem alten Adelsgeschlecht stammend, erhielt

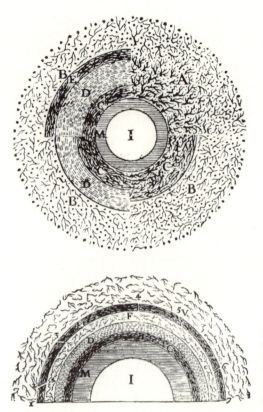

Abb. 1: Darstellungen zum Aufbau der Erde nach Descartes aus seinem Werk »Principia philosophia«, 1644 (Erläuterungen im Text).

seine Ausbildung am renommierten Jesuitenkolleg La Flèche. Von 1613 bis 1617 studierte er Jura, Literatur, Mathematik und Philosophie in Paris. Im Dreißigjährigen Krieg war er ab 1618 in Diensten der Armeen des Moritz von Nassau (Prinz von Nassau-Oranien) und des Kurfürsten Maximilian von Bayern. 1625 bis 1629 lebte er in Paris, danach in Holland, wo er den größten Teil seiner Werke verfasste. 1649 folgte er einer Einladung Königin Christines von Schweden nach Stockholm, wo er bereits vier Monate später an den Folgen einer Lungenentzündung verstarb.

Im vierten Teil seines Werks »Principia philosophiae« (1644) beschreibt Descartes die Erde und auch ihre Entstehung aus seiner Sicht. Danach bestand die Erde, wie auch die Sonne, anfangs nur aus Lichtmaterie, die im Innersten der Erde noch zu finden ist (I). Dieser Kern ist von einem dichteren Körper (M) umgeben. Über die Entstehung der Erde schrieb Descartes:

»Diese beiden inneren Regionen der Erde gehen indessen uns wenig an, weil bis jetzt niemand zu ihnen gelangt ist. Es bleibt bloß die dritte Region (A) und wir werden später zeigen, dass daraus alle Körper, welche uns hier umgeben, entstehen konnten.«

In seiner »Geschichte der Geophysik« (erschienen 1999) ergänzt der Braunschweiger Geophysiker Walter *Kertz* (1924–1997) dazu folgendes Zitat:

»Dabei handelt es sich um Materieteilchen, die von vielen Ätherkügelchen umgeben sind. Die sich bewegenden Ätherkügelchen stoßen die dichteren Materieteilchen nach unten. So bildet sich der dichtere, harte und dunkle Körper C. B dagegen ist dünn, flüssig und durchsichtig – wir würden ihn als gasförmig bezeichnen ...«

(Unter »Äther« verstand Descartes ein alles erfüllendes Medium, in das man sich die Materie eingebettet vorstellte.) Die Kruste (E) beschrieb Descartes als von Poren und Spalten durchzogen. Die Erwärmung durch die Sonne habe bewirkt, dass Materie nach oben gestiegen sei, wodurch die Kruste (E) an Dicke zugenommen habe. Darunter sei ein verdünnter Raum (F) entstanden, zu dessen Füllung ja nur dünne Materie aus B zu Verfügung stehe. Somit spanne sich die Kruste (E) wie ein Gewölbe über D und F. Weiter heißt es bei Descartes:

»Wenn wir nun bedenken, dass unter den Körpern B und F die Luft verstanden wird, unter C die innerste dickste Kruste der Erde, aus der die Metalle entstehen, unter D das Wasser und endlich unter E die äußere Erde, welche aus Steinen, Ton, Sand und Schmutz gebildet ist, so wird man leicht unter dem über die Bruchstücke 2 3 und 6 7 überragenden Wasser die Meere, unter den andern nur sanft gelehnten und von Wasser nicht bedeckten Bruchstücken 8 9 und v × die Flächen der Ebene und unter dem mehr aufgerichteten wie 1 2 und 9 4 v die Berge erkennen.«

Am Ende relativiert Descartes allerdings seine Einsichten (oder besser Ansichten) vom Entstehen und Aufbau unserer Erde:

»Wenn man auch vielleicht auf diese Weise erkennt, wie alle Naturkörper hätten entstehen können, so darf man daraus doch nicht folgern, dass sie wirklich so gemacht worden sind. Denn derselbe Künstler kann zwei Uhren fertigen, die beide die Stunden gleich gut anzeigen und sich äußerlich ganz gleichen, aber innerlich doch aus sehr verschiedenen Verbindungen der Räder bestehen, und so hat unzweifelhaft auch der höchste Werkmeister, Gott, alles Sichtbare auf mehrere verschiedene Arten hervorbringen können, ohne dass es dem menschlichen Geiste möglich wäre zu erkennen, welches der ihm zur Verfügung stehende Mittel er hat anwenden wollen, um sie zu schaffen. Ich gebe diese Wahrheit bereitwilligst zu, und ich bin zufrieden, wenn die von mir erklärten Ursachen derart sind, dass alle Wirkungen, die sie hervorzubringen vermögen, denen gleich sind, die wir in den Erscheinungen bemerken, ohne dass ich mir deshalb den Kopf zerbreche, ob diese auf diese oder eine andere Weise hervorgerufen sind.«

Auch der Polyhistor *Athanasius Kircher* (1602–1680) beschäftigte sich ausführlich mit dem Aufbau der Erde. Kircher wurde am 2. Mai 1602 (am Tag des St. Athanasios, griechischer Kirchenvater, um 295 bis 373) in Geisa bei Fulda geboren. 1618 fand Kircher als Novize Aufnahme im Kollegium von Paderborn, wo er 1620 mit dem Studium der scholastischen Philosophie begann. Während des Dreißigjährigen Krieges musste er 1622 beim Herannahen des Herzogs Christian

Abb. 2: Porträt von Athanasius Kircher 1664. Lateinischer Text in der Übersetzung: »Maler und Dichter sagen vergeblich: hier ist er: sein Antlitz und sein Name sind auf der ganzen Erde bekannt.«

von Braunschweig fliehen. In Köln setzte er sein Philosophiestudium fort und schloss es dort 1623 ab; anschließend studierte er in Koblenz klassische Literatur und lehrte an der dortigen Jesuitenschule Griechisch. Ab 1625 lehrte er in Heiligenstadt Mathematik, Hebräisch und Aramäisch. Bei einem Besuch des Kurfürst-Erzbischofs von Mainz (wahrscheinlich Johann Schweikard von Kronberg, 1553–1626, oder dessen Nachfolger Georg Friedrich von Greiffenklau, 1573–1629) demonstrierte Kircher seine Begabung für mechanische Erfindungen und beeindruckte durch bewegte Bühnenbilder und ein Feuerwerk. Man verdächtigte ihn der schwarzen Magie, bis er offenlegte, wie seine Vorführungen funktionierten. 1628 wurde er zum Priester geweiht. Nach weiteren Lehrtätigkeiten in Würzburg, Speyer und Mainz gelangte er auf der Flucht vor den protestantischen Truppen Gustav Adolfs nach Avignon. 1633 erhielt er einen offenbar unwillkommenen Ruf nach Wien auf die Position eines habsburgischen Hofmathematikers in der Nachfolge von Johannes *Kepler* (gest. 1631). Da eine Reise durch Deutschland gefährlich war, wählte er einen Umweg über Italien. Mit dem Schiff über Marseille und Genua kam er nach Rom. Dort erhielt er den Befehl, im römischen Jesuitenkolleg zu bleiben und die Hieroglyphen zu studieren; daraufhin blieb er in Rom bis an sein Lebensende.

Von dort aus unternahm er ab 1636 eine Reise nach Sizilien als Beichtvater von Landgraf Friedrich von Hessen-Darmstadt, Landesvater von Kirchers Geburtsort, zum Katholizismus bekehrt und später sogar zum Kardinal erhoben. Unterwegs beschäftigte er sich vor allem mit Naturwissenschaft, etwa der Entstehung einer Fata Morgana, der Zoologie und vor allem der Vulkanologie. In Syrakus versuchte er herauszufinden, ob es Archimedes möglich gewesen sein konnte, römische Schiffe mithilfe eines Hohlspiegels und der Sonnenstrahlen in Brand zu setzen. Bevor die Reisegesellschaft ihre Rückreise im März 1638 antreten konnte, brachen der Ätna und der Stromboli aus. Es gab ein Erdbeben und Kircher wurde Zeuge des Untergangs der Insel Euphemia. Alle diese Naturerscheinungen beschäftigten ihn sehr, und als bei der Ankunft in Neapel auch noch der Vesuv auszubrechen drohte, ließ sich Kircher in den Krater abseilen.

Nach Rom zurückgekehrt, wurde er zum Mathematikprofessor am Collegium Romanum (Gregoriana) ernannt. Diese Stelle hatte er bis 1648 inne, danach ließ er sich von seinem Amt beurlauben, um sich

Abb. 3: Titelkupfer zu »Mundus subterraneus« (Amsterdam 1665). Gottes Hand hält eine Kette, an welcher die Erde aufgehängt ist, ausgesetzt den Einflüssen von Sonne und Mond.

intensiv seinen Werken widmen zu können. Aufgrund seines Rufes besuchten ihn zahlreiche Gelehrte, er erhielt Briefe und Materialien aus der ganzen Welt. Er baute ein Museum aus Artefakten, naturgeschichtlichen Merkwürdigkeiten und wissenschaftlichen Geräten auf, für das ihm eine große Halle – das *Museo Kircheriano* – zur Verfügung gestellt wurde. Kircher starb am 27. November 1680 in Rom. Er gilt als bedeutender Polyhistor seiner Zeit. Seine zahlreichen Werke beschäftigen sich mit Mathematik, Physik, Chemie, Geographie, Geologie, Meteorologie, Astronomie, Biologie, Medizin, Sprachen, Philologie und Geschichte.

1665 erschien Kirchners Hauptwerk *Mundus subterraneus* (Unterirdische Welten; 2. Band 1678, Amsterdam). Aus den auf der Reise nach Sizilien und am Vesuv gesammelten Beobachtungen entwickelte er darin eine erste Theorie von der Beschaffenheit des Erdinneren. Das Erdinnere, schrieb er, sei von kontinuierlich bewegten Kanälen durchzogen, die gelegentlich auch als Sicherheitsventile dienten. Ebenso vermutete er im Erdinneren Kanäle aus Wasser. Beide Phänomene seien im Zusammenspiel mit dem Wind für die geologischen und meteorologischen Ereignisse verantwortlich. Insgesamt entwickelte er in seinem Werk das Denkmodell einer von Gott geschaffenen unterirdischen Welt. Er beschreibt sie in 12 »Büchern« (Kapiteln), aufgeteilt auf zwei Bände. Die Zahl Zwölf deutet auf die Harmonie und Vollkommenheit der Welt hin. Obwohl es sich in erster Linie um ein geologisches Textbuch handelt, enthalten die beiden reich illustrierten Bände Kapitel über Schwerkraft, Mond und Sonne, Sonnenfinsternisse, Meeresströmungen, Salzstöcke, Fossilien, Gifte, Metallurgie, die Entstehung von Insekten, eine astrologische Medizin und die Kunst der Feuerwerke. Kirchers Werk war zwar in Latein verfasst, aber doch so allgemeinverständlich gehalten, dass es in seiner Zeit weite Verbreitung fand. Hauptanliegen des Autors war es, das Wirken der Elemente Feuer, Wasser und Luft an der Erdoberfläche und im Erdinneren darzustellen. Er berichtete über die Vorgänge der Erosion und eine erste Theorie der Gesteinsbildung durch Feuer. Wie Descartes und auch Leibniz glaubte er an ein Zentralfeuer im Erdkern, bestärkt durch die Berichte der Bergleute, dass es mit zunehmender Tiefe wärmer wird. Dieses Zentralfeuer bilde Sekundärfeuer in den Spalten, welche die Erde durchziehen. Manchmal würden diese Sekundärfeuer an die Oberfläche treten, dann entstünden Vulkane. (Zu Kirchers Ansicht über Mond und Sonne s. Kap. 3.6 bzw.

Abb. 4: Unterirdische Feuer aus dem »Mundus subterraneus« von A. Kircher (1678, I, S. 180): Ein Zentralfeuer unterhält in Spalten viele Sekundärfeuer. Treten sie zutage, so bilden sich Vulkane.

3.7). – J. *Godwin* stellt in seinem Buch »Athanasius Kircher. Ein Mann der Renaissance und die Suche nach verlorenem Wissen« (1979, deutsche Ausgabe 1994) fest, dass Kirchners Vorstellungen und Erklärungen zum Erdinneren, zu geologischen und auch meteorologischen Phänomenen angesichts der Beobachtungsmöglichkeiten seiner Zeit keineswegs eine schlechte Lösung gewesen sind.

1.2 Vom geo- zum heliozentrischen Weltbild

Aristoteles, der neben Platon bedeutendste Philosoph der Antike, wurde um 384 v. Chr. als Sohn eines Arztes geboren. Er lebte in Athen und war über 20 Jahre lang Schüler Platons in der athenischen Akademie. 343 v. Chr. lehrte er Alexander den Großen, 334 v. Chr. gründete er eine eigene philosophische Schule, das Lykeion. In die Astronomiegeschichte ist er eingegangen, weil er die damals allgemein geltende Lehrmeinung über das geozentrische Weltsystem in seine Philosophie aufnahm. Aristoteles gilt auch als bedeutendster Naturforscher seiner Zeit. Er entwickelte ein auf der Mathematik begründetes Wissenschaftssystem, und seine auf Ganzheitsbetrachtungen beruhende Lehre übte bis in die Renaissance einen wesentlichen Einfluss auf die Wissenschaftsmethodologie aus. Um 334 v. Chr. entwickelte Aristoteles eine Theorie über die Kugelgestalt der Erde und deren Ruhelage im Mittelpunkt der Welt. Als Argument führte er u. a. die runde Form des bei Mondfinsternissen sichtbaren Erdschattens an.

In der »Chronologie der Naturwissenschaften« beschreibt Karl-Heinz *Schlote* die Kosmologie des Aristoteles weiterhin wie folgt:

»Die Welt wird von Aristoteles in einen sublunaren Bereich vom Mittelpunkt (der Erde) bis zur Mondsphäre sowie in einen supralunaren Bereich vom Mond bis zur äußersten Sphäre geteilt. Der erste, vielgestaltig, wandlungsfähig, besteht aus der Elementemischung von Erde, Wasser, Luft und Feuer, der zweite enthält das besondere Element Äther, später als Quintessenz, fünftes Element, bezeichnet.«

Von Aristoteles sind auch einige naturwissenschaftliche Schriften überliefert, u. a. das Werk »Vom Himmelsgebäude«.

Der griechische Astronom Claudius *Ptolemäus* (griech. Klaudius Ptolemaios) wurde um 100 n. Chr. in Oberägypten geboren und starb nach 160 wahrscheinlich in Canopus bei Alexandria. In seinem Hauptwerk beschäftigte er sich mit der Zusammenstellung und Weiterentwicklung des astronomischen Wissens seiner Zeit. Die sogenannte »Megale syntaxis«, um 800 von der Arabern übersetzt und abgekürzt als »Almagest« bezeichnet, diente bis zum Ende des Mittelalters als Grundlage der Astronomie. 1175 erfolgte die erste Übersetzung ins Lateinische, 1496 der erste Druck in Venedig. Über Ptolemäus und sein Werk, das über ein Jahrtausend das geozentrische Weltbild bestimmte, schreibt Karl-Heinz Schlote: »Er bildet das geozentrische Weltbild mathematisch so durch, dass die Vorhersage von Planetenpositionen für längere Zeit möglich wird.« Aus der Beobachtung, dass sich der Nachthimmel als perfekte Halbkugel darstellt, schloss der Verfasser, dass sich die Erde im Mittelpunkt des Universums befindet. Im Almagest behandelte er zahlreiche Themen, denen sich 300 Jahre zuvor bereits der griechische Astronom und Geograph *Hipparchos von Nikaia* (Hipparch, um 190 v. Chr. bis um

Abb. 5: Skulptur (Ausschnitt) des Astronomen Claudius Ptolemäus (Holzbüste von Jörg Syrlin d. Ä. (um 1425 bis 1491)) am Chorgestühl des Ulmer Münsters, 1469–1474.

125 v. Chr.) gewidmet hatte. Ptolemäus nahm den Sternkatalog des Hipparch auf und erweiterte ihn durch eigene Beobachtungen.

Der dänische Astronom Tycho *Brahe* (eigentl. Tyge Brahe; 1546 in Knudstrup auf Schonen geboren, 1601 in Benátky bei Prag gestorben) studierte zunächst Jura in Kopenhagen, ab 1562 in Leipzig und 1566 bis 1570 in Wittenberg, Rostock und Basel. Er wurde zum Gegenspieler von Kopernikus, der die Wende zum heliozentrischen Weltbild einleitete. Brahes geozentrisches (»Tychonisches«) Weltsystem war eine Modifikation des ptolemäischen Systems, wonach sich die Planeten zwar um die Sonne drehen, die Sonne ihrerseits aber um die ruhende Erde kreist. Mit Unterstützung des Königs Friedrich II. von Dänemark, den der Landgraf Wilhelm von Hessen (Kassel) auf Brahes herausragende Fähigkeiten aufmerksam gemacht hatte, baute der Astronom auf der Insel Hven (Ven im Sund), einem Geschenk des Königs, zwei Sternwarten (1580 und 1584) – vor der Erfindung des Galilei'schen Fernrohrs (1609). Seine genauen Planetenbeobachtungen (vor allem am Mars) ermöglichten es später seinem Assistenten Kepler, die tatsächlichen Bewegungen der Planeten zu berechnen. Nach dem Tod des dänischen Königs verließ Brahe Dänemark und ging 1599 als kaiserlicher Mathematiker und Astronom an den Hof Kaiser Rudolfs II. nach Prag, wo Kepler 1602 sein Nachfolger wurde.

Ein *heliozentrisches Weltbild* hatte schon *Aristarchos von Samos* entwickelt, der auch »der griechische Kopernikus« genannt wird. Aristarch wurde um 310 v. Chr. auf der Insel Samos geboren. Er lebte und forschte bis zu seinem Tod (230 v.Chr.) an Orten, die nicht überliefert sind. Thomas Bührke nahm in einem Roman der antiken Astronomie – »Die Sonne im Zentrum. Aristarch von Samos« (C.H. Beck,

München 2009) – Alexandria als Aristarchs Wirkungsstätte an. Von Aristarchs heliozentrischem Weltbild wissen wir nur aus Zitaten späterer Gelehrter, u. a. aus einem Brief des Archimedes (um 285 bis 212 v. Chr.) an König Gelon II. von Syrakus, in dem es heißt:

> »Du, König Gelon, weißt, dass Universum die Astronomen jene Sphäre nennen, in deren Zentrum die Erde ist ... Dies ist allgemeine Ansicht, wie du sie von Astronomen vernommen hast. Aristarch aber hat ein Buch verfasst, das aus bestimmten Hypothesen besteht ... Seine Hypothesen sind, dass die Fixsterne und die Sonne unbeweglich sind, dass sich die Erde um die Sonne auf der Umfangslinie eines Kreises bewegt, wobei sich die Sonne in der Mitte dieser Umlaufbahn befindet ...«

Diese Hypothese fand in seiner Zeit neben den Theorien des Aristoteles und des Ptolemäus kaum Zustimmung. Im Gegenteil, Kleanthes (ein Zeitgenosse) soll Aristarch sogar der Gottlosigkeit bezichtigt haben, »dafür, dass er den Herd des Universums, die Erde, in Bewegung versetzt habe ..., unter der Annahme, der Himmel befände sich in Ruhe und die Erde drehe sich in einem schiefen Kreis und rotiere dabei um ihre eigene Achse.«

Anerkennung fand Aristarch nur durch einen anderen griechischen Astronomen des zweiten vorchristlichen Jahrhunderts, *Seleukos von Seleukia* (am Tigris), geboren um 190 v. Chr., manchmal auch Seleukos von Babylon genannt. In einer seiner Schriften verteidigte er das heliozentrische Weltbild. Erst 2000 Jahre später sollte Kopernikus die Theorie des Aristarch wiederentdecken.

Nikolaus *Kopernikus* (eigentliche Koppernigk, 1473 in Thorn geboren, 1543 in Frauenburg gestorben), aus einer deutschen Familie aus Frankenstein/Schlesien stammend, gilt als der eigentliche Begründer des heliozentrischen Bildes. Er studierte 1491–1494 in Krakau Mathematik und Astronomie, 1496–1503 in Bologna und Padua Medizin und Rechtswissenschaft. 1500 wurde er von Papst Alexander VI. zu Vorlesungen über Astronomie nach Rom gerufen. 1503 schloss er in Ferrara eine juristische Promotion ab. In Frauenburg war er Sekretär und Leibarzt seines Onkels Lukas Watzenrode, Bischof von Ermland, ab 1510 Domherr zu Frauenburg. Bereits 1514 veröffentlichte er eine Schrift (»De hypothesibus motuum commentariolus«), in der er mehrere Argumente gegen das herrschende ptolemäische Weltbild formulierte. Die Bedeutung des Werkes wurde jedoch nicht verstanden. In seinem zweiten großen Werk »De revolutionibus orbium« formulierte er vorsichtig das heliozentrische System als ein Modell, das einfacher zu handhaben sei als das ptolemäische; es nahm der Erde ihre Vorzugsstellung im Weltall.

Der italienische Mathematiker, Physiker und Astronom Galileo *Galilei* (1564–1642) entdeckte mit seinem Fernrohr 1610 die vier hellsten Jupitermonde und beobachtete als Erster Mondgebirge und -krater, den Saturnring sowie 1611 die Sonnenflecken. Die Phasenwechsel der Venus und des Merkur wertete er als Beweis für die Richtigkeit der kopernikanischen Lehre. Mit seinem öffentlichen Eintreten für das heliozentrische Weltbild als Anhänger des Kopernikus geriet er in Widerstreit zur damaligen kirchlichen Lehrmeinung, vor allem im Hinblick auf zwei Stellen der Bibel (1. Chronik 16,30 und Jos. 10,12). 1616 wurde er von der Inquisition angeklagt. Er musste erklären, dass er das neue Weltsystem weder lehren noch verteidigen würde. Zehn Jahre später, von 1626 bis 1630, verfasste er dennoch eine Verteidigungsschrift als »Dialog über die beiden hauptsächlichsten Weltsysteme, das ptolemäische und das kopernikanische«, in der er die Richtigkeit des heliozentrischen Systems zu beweisen versuchte. Daraufhin wurde auf Betreiben von Papst Urban VIII. das Werk noch im Jahre des Erscheinens 1632 eingezogen und Galilei wurde in einem Prozess 1633 gezwungen, dieser Lehre öffentlich und feierlich abzuschwören. Seine letzten Lebensjahre musste er unter Hausarrest in seinem Landhaus bei Florenz (als Gefangener der Inquisition) verbringen. Der ihm zugeschriebene Ausspruch – »Und sie bewegt sich doch!« – ist wohl eine Legende.

Bereits 1609 gelang es Johannes *Kepler* (1571–1630) mithilfe der von ihm entdeckten Gesetze der Planentenbewegung (Kepler'sche Gesetze), das kopernikanische Weltbild durch exakte Beobachtungen

Abb. 6: Der Mathematiker, Physiker und Astronom Galileo Galilei (1564–1642).

Abb. 7: Johannes Kepler, der 1609 die nach ihm benannten Gesetze der Planetenbewegung entdeckte. Auf dem Gemälde mit der Jahreszahl 1627 wird »Consecr. Matthias Bernegger« (1582–1640) genannt, der als Philologe und Professor in Straßburg mit Kepler korrespondierte.

zu beweisen. Kepler zählt neben Galilei und Newton zu den bedeutendsten Naturforschern der beginnenden Neuzeit. Nach einem Studium der Theologie, Mathematik und Astronomie mit dem Abschluss eines Magisters 1591 in Tübingen war er 1594–1598 Professor für Mathematik und Moral an der Stiftsschule zu Graz, wurde 1600 Mitarbeiter Tycho Brahes in Prag und 1601 dessen Nachfolger. Von dort ging er 1612–1626 als Professor für Mathematik an das städtische Gymnasium in Linz.

Issac *Newton* (1643–1727) schließlich fasste die Beobachtungen und Theorien des kopernikanischen Weltbildes zusammen, stellte sie auf eine mathematische Grundlage und schuf so die »klassische Himmelsmechanik«.

1.3 Zu den Anfängen der Kosmologie

Die moderne *Kosmologie* untersucht den Ursprung und die Entwicklung des Universums. Die Liste zentraler Fragen beginnt mit »Hat das Universum einen Anfang?« und endet mit »Wird das Weltall eines Tages in sich zusammenstürzen oder auf ewige Zeit expandieren?« (H.-U. Keller). Die Bezeichnung *Kosmogonie* wird für die Lehre von der Entstehung der Welt nach mythologischer Auffassung und für Weltentstehungsmythen verwendet.

Abb. 8: Das Weltbild der alten Völker: Die Erde ist eine vom Weltmeer umflossene Scheibe, der das Kristallgewölbe des Himmels übergestülpt ist. (Aus: Bruno H. Bürgel, Der Mensch und die Sterne.)

Schöpfungsmythen finden wir bereits in den alten Religionen, vom Alten Orient bis zu Beginn unserer Zeitrechnung. Im *Babylonischen Weltschöpfungsmythos* »Enuma Elisch« entsteht die Ordnung des Universums in der Auseinandersetzung: Nach einem langen Kampf der Götter wird zuletzt durch Marduk, der zunächst eine Stadtgottheit Babylons war, der Kosmos organisiert. Enuma Elisch wurde im 8. Jahrhundert v. Chr. in Keilschrift niedergeschrieben.

Im *antiken Griechenland* war nach Ansicht des Dichters *Hesiod* (um 700 v. Chr.) am Anfang das *Chaos*, die »gähnende Leere«, aus der Gaia (die Erde) und Eros (die Liebe) entstanden. *Platon* sah die Welt als von einem »göttlicher« Handwerker – einem Demiurgen – geschaffenes Werk. *Aristoteles* postuliert einen *unbewegten Erstbeweger* als den Anfang jeder Bewegung und somit auch der Bildung von Erde und Kosmos.

Der altiranische Prophet und Religionsstifter *Zarathustra* (um 628 bis um 551 v. Chr.) benannte in seinem Buch »Avesta« (über die von ihm gestiftete Religion Zoroastrismus) Ahura Mazda als Schöpfergott. Er habe zuerst die geistige Welt (Menok), danach die materielle Welt (Geti) erschaffen, verkörpere die Macht des Lichts und sei Schöpfer und Erhalter der Welt. Zarathustras Lehren flossen offensichtlich während des Babylonischen Exils der Juden auch in das *Judentum* ein, das Begriffe wie »Himmel« und »Hölle« zuvor nicht gekannt hatte.

Im *Schöpfungsbericht der Bibel* lesen wir:

> »Am Anfang schuf Gott Himmel und Erde ... Und Gott sprach: Es werden Lichter an der Feste des Himmels, die da scheiden Tag und Nacht und geben Zeichen, Zeiten, Tage und Jahre und seien Lichter an der Feste des Himmels, dass sie scheinen auf die Erde ...« (1. Mose 1, 1–25).

Abb. 9: Die Schöpfung, Darstellung in der »Merian-Bibel« (»Die ganze Heilige Schrift des Alten und Neuen Testaments. Nach der deutschen Übersetzung D. Martin Luthers mit den Kupferstichen von Matthaeus Merian«, Original Straßburg 1630).

Steven *Weinberg* (geb. 1933), Professor in Berkeley und Cambridge und Autor bedeutender Arbeiten zur Kosmologie und Elementarteilchenphysik (Nobelpreis 1979), hielt im November 1973 einen Vortrag zur Einweihung des Undergraduate Science Centers an der Harvard University, aus dem das Buch »Die ersten drei Minuten. Der Ursprung des Universums« entstand. In der Einleitung berichtet er über eine Erklärung für die Entstehung der Welt in der *Jüngeren Edda*, der bekannten Sammlung nordischer Mythen (um 1220 von dem isländischen Edelmann Snorri Sturleson zusammengestellt). Darin steht, dass am Anfang das »Nichts« war: »Da war nicht Erde unten noch oben Himmel, Gähnung grundlos, doch Gras nirgends.« Und weiter heißt es in der Edda, dass sich nördlich und südlich des Nichts eisige und feurige Welten erstreckt hätten. Verständlicherweise hält Weinberg diese Darstellung für »nicht sonderlich befriedigend« und stellt fest, dass seit dem Beginn der modernen Wissenschaft Physiker und Astronomen immer wieder auf das Problem der Entstehung des Universums zurückgekommen seien.

Der Wissenschaftshistoriker Ernst Peter *Fischer* (geb. 1947; Professor in Konstanz) zieht in seinem Buch »Die kosmologische Hintertreppe. Die Erforschung des Himmels von Aristoteles bis Stephen Hawking« (2009) Vergleiche zwischen dem geozentrischen Weltbild der Antike und dem Urknall-Modell unserer Zeit anhand von Texten aus der Dichtung »Die göttliche Komödie« von *Dante Alighieri* (1265–1321). Im Kapitel »Das Paradies« entwickelt Dantes Begleiterin Beatrice die neuplatonische Lehre von der Ordnung des Weltalls:

»Die Glorie des Bewegers aller Dinge
Dringt durch das Weltall, und von ihr erstrahlen
Mehr oder minder die verschiedenen Sphären.
Im Himmel, der das meiste Licht empfangen,
War ich, und ich sah Dinge, die kann keiner
Verkünden, der von dort herniedersteiget;
Denn unser Geist, der dem ersehnten Ziele
Sich naht, muss sich darein so tief versenken,
Dass das Gedächtnis ihm nicht Folge leistet.
Gewiss, so viel ich aus dem heiligen Reiche
In meinem Geiste Schätze sammeln konnte,
Will ich sie nun in meinem Liede singen.«

Und später ist in diesem »Ersten Gesang« geheimnisvoll zu lesen:

»Es geht den Menschen an verschiednen Orten
Das Licht der Welt auf, doch an jener Stelle,
Wo sich vier Kreise zu drei Kreuzen fügen,
Kommt es mit bester Bahn und besten Sternen
Verbunden und vermag das Wachs der Menschen
Am besten auch nach seiner Art zu prägen.«

Fischer zitiert Bruno *Binggeli* (geb. 1953), Physiker und Galaxienforscher an der Universität Basel und Verfasser des Buchs »Primum Mobile. Dantes Jenseitsreise und die moderne Kosmologie«, in seinem Kapitel über Dante abschließend wie folgt:

»Als Dante seine Komödie schrieb, war der mittelalterliche Kosmos in seinem Innersten schon dem Tod geweiht, denn mit der Scholastik hatte sich das kritische Denkvermögen endgültig etabliert ... Dantes Komödie erscheint uns so wie die letzte Reifung einer goldenen Frucht, kurz bevor diese vom Baum fällt. Es sollte ein langer, freier Fall ins Leere sein.«

2
Reisen zum Mittelpunkt der Erde

2.1 Jules Vernes Roman

Jules *Verne* (1828–1905) wurde in Nantes geboren, studierte Jura in Paris und begann seine schriftstellerische Laufbahn mit Novellen und Dramen. Bis heute bekannt ist er, einer der ersten Science-Fiction-Autoren, durch seine wissenschaftlich-phantastischen Abenteuerromane. 1864 veröffentlichte er den Roman »Voyage au centre de la terre«, der 1874 erstmals in deutscher Übersetzung erschien (»Reise nach dem Mittelpunkt der Erde«) und bis heute immer wieder aufgelegt wird. Darin geht es um eine abenteuerliche Reise in das Innere der Erde, unternommen von einem Hamburger Professor Otto *Lidenbrock*, der am dortigen Johanneum Mineralogie und Geologie unterrichtete, seinem Neffen und Assistenten *Axel* (als Ich-Erzähler des Romans) und dem isländischen Eiderentenjäger Hans *Bjelke* als Führer.

Lidenbrock hatte ein Manuskript des isländischen Alchimisten Arne Saknussemm erworben, in dem er eine verschlüsselte Mitteilung vermutete. Sein Neffe konnte das Dokument durch Zufall entziffern, und so beginnt die Reise nach Island, wo die drei Männer in den Krater des isländischen Vulkans Snaefellsjöküll steigen, um zum Mittelpunkt der Erde zu gelangen. Nach der entschlüsselten Mitteilung wollte Saknussemm die Reise selbst gemacht haben. Auf dem Kraterboden finden die drei den Eingang zu einer Höhle, gelangen an ein unterirdisches Meer, überqueren es mit einem Floß, entdecken riesige Pilze, frühgeschichtliche Pflanzen, eine kleine Insel mit einem Geysir und werden Zeugen eines Kampfes zwischen einem Ichthyosaurier und einem Plesiosaurier. Sie befinden sich also auf einer quasipaläontologischen Entdeckungsreise in die »erste Erdperiode«. Dem durch Zeichen erkennbaren Weg von Saknussemm folgend, gelangen sie schließlich und endlich in den Krater des ausbrechenden Vulkans auf der Insel Stromboli und werden wieder auf die

Erdoberfläche geschleudert. – Dieser phantastische, sehr spannende Roman widerspricht, wie man sieht, allen 1864 schon bekannten Fakten über das Erdinnere.

Die Gestalt des Saknussemm ist eine Anspielung auf den isländischen Gelehrten Arni *Magnusson* (1663–1730; zu sehen auf der 100-Kronen-Banknote), der in Kopenhagen studierte, zunächst Assistent des Königlichen Archivars wurde und 1701 eine Professur für Philosophie und nordische Altertumskunde in Kopenhagen erhielt. Er sammelte mittelalterliche isländische Manuskripte und lebte und arbeitete von 1702 bis 1712 auf Island. In Reykjavik befindet sich auch seine Sammlung.

Der *Snaefellsjöküll* ist ein 1446 m hoher Vulkangletscher am westlichen Ende der Halbinsel Snaefellsnes auf Island. Die bergige Halbinsel zählt zu den jungvulkanischen Gebieten Islands. Der letzte große Ausbruch fand um 250 n. Chr. statt.

Der *Stromboli* ist ein bis heute aktiver Vulkan auf einer der Liparischen Inseln vor Sizilien mit gleichem Namen. Er erhebt sich 926 m über den Meeresspiegel und weist an seiner Basis eine Tiefe von 2300 m auf. In Abständen von nur etwa 10 Minuten erfolgen aus den fünf tätigen Schloten des Kraters regelmäßig Eruptionen, begleitet von aschearmen weißen Dampfwolken.

Im April 2010 sorgte ein erneut aktiv gewordener Vulkangletscher auf Island, der *Eyjafjallajökull*, für Schlagzeilen, nachdem seine Aschewolken den gesamten Flugverkehr in Europa tagelang lahmgelegt hatten. Der Eyjafjallajökull ist ein sogenannter Stratovulkan, 1666 m über dem Meeresspiegel, und Plateaugletscher, dessen letzte Ausbrüche 1821 bis 1823 stattfanden.

2.2 Am Tiefbohrloch in Windischeschenbach

Die bayerische Kleinstadt Windischeschenbach im Oberpfälzer Wald in der Nähe von Weiden verdankt ihre Bekanntheit der kontinentalen Tiefbohrstelle zur Erforschung der Erdkruste. Am 12. Oktober 1994 wurde eine Tiefe von 9101 m erreicht, womit die Bohrungen abgeschlossen wurden. Wie vorher berechnet, versagten die im Bohrkopf untergebrachten elektronischen Messinstrumente bei einer Temperatur von 300 °C. Heute befindet sich an der Bohrstelle das Geo-Zentrum und Tiefbohrobservatorium als Informations- und Bildungsstätte, wo Besucher sich nicht nur über das tiefste Bohrloch in Deutschland und die Ergebnisse der Messungen, sondern generell über aktuelle geowissenschaftliche Themen informieren können.

1993 war die kleine Gemeinde Windischeschenbach (6200 Einwohner) bereits eine Touristenattraktion mit bis zu 10 000 Besuchern im Monat. Der Bohrer steckte zu dieser Zeit 8000 m tief in der Erde; computergesteuert wurde das Bohrgestänge in Stücke von 40 m Länge zerlegt, in 200 Einzelteilen herausgeholt und im Bohrturm gelagert, bis es mit einem neuen Meißel versehen wieder in die Tiefe gelangte. Folgende Probleme des mit 528 Mio. DM vom Bundesforschungsministerium finanzierten Projektes waren damals bereits aufgetreten: Bohrer korrodierten, die Spüllösung war von schlechter Qualität, 1992 blieb der Bohrer stecken. Andererseits waren die Deutschen mit diesem Projekt aber auch Vorreiter der Erforschung der kontinentalen Geologie: 400 Wissenschaftler aus 12 Ländern arbeiteten in 140 Forschungsprojekten rund um das Bohrloch.

Geologen, die etwas über die Entstehung von Erdbeben erfahren möchten, müssen sich auf die Stellen konzentrieren, an denen die Platten der Erdkruste aufeinanderstoßen oder auseinanderdriften. An einer solchen Nahtstelle befindet sich auch die Tiefbohrstelle bei Windischeschenbach: am ehemaligen Nordrand von Afrika, einen Meter neben dem ehemaligen Nordkontinent. Vor rund 350 Mio. Jahren kollidierten beide Kontinente, wobei verschiedene Krustenbereiche übereinandergeschoben wurden. Tiefer gelegene Teile der Erdkruste drangen dabei nach oben in »erbohrbare« Tiefen. In den Bohrkernen stießen die Wissenschaftler sogar auf Ozeanboden.

Zunächst hatte man gehofft, bis in Tiefen von 14 000 m vordringen zu können, wo man Temperaturen von 300 °C erwartete, denen das Material des Bohrers gerade noch standhielt. Doch schon nach 8000 m waren Temperaturen von 240 °C erreicht, so dass man schließlich bei 9101 m stehen bleiben musste. Verlauf und Ergebnisse des Projekts sind weiter unten ausführlich dargestellt.

Zu Besuch im heutigen Geo-Zentrum

1998 wurde am Tiefbohrloch bei Windischeschenbach das *Geo-Zentrum an der KTB* eröffnet, als eine Umweltbildungseinrichtung im Freistaat Bayern mit geowissenschaftlichem Schwerpunkt. Das

Abb. 10: Der KTB-Bohrturm am Geo-Zentrum in Windischeschenbach in der Oberpfalz.

Geo-Zentrum liegt etwa 5 km vom dem etwa 950 von Mönchen des Klosters St. Emmeram aus Regensburg als Missionsstation gegründeten Ort entfernt. Mit Beginn der Bohrungen am 22. September 1987 wurde das Städtchen in der Nähe des Zusammenflusses von Fichtel- und Waldnaab weit über die Region hinaus bekannt.

Das Geo-Zentrum gliedert sich in zwei Bereiche, Ausstellungen und Labors. In der Dauerstellung werden multimedial die Themen Vulkanismus, Gebirgsbildungen, Erdbeben, Magnetfeld der Erde, Kontinentaldrift sowie Klima, Wasser, Gesteine und Erdwärme verständlich gemacht. Dabei werden vor allem die Zusammenhänge zwischen den verschiedenen Komponenten des Systems Erde deutlich: Die Ausstellung vermittelt, dass die Erde ein dynamisches System ist, das Wärme produziert und Gase ausstößt, die zum Teil im Gestein gebunden werden. Auch für den Laien wird erkennbar, dass geowissenschaftliche Forschung heute nicht ohne satellitengestützte globale Untersuchungen, chemische Analysen und physikalische Messungen auskommt, deren Ergebnisse sich zum Gesamtbild fügen. In diesem Kontext wird auch das Phänomen des Klimawandels abgehandelt.

Das GEO-Labor (als außerschulischer Lernort) umfasst je zwei Seminar- und Laborräume. Dort werden verschiedene Lernmodule zu Plattentektonik, Vulkanismus, Erdbeben und Tektonik (mit den Schwerpunkten Gebirgsbildung, Grabenbildung und Verwerfungen) sowie zu Themen wie Rohstoffe, Entstehung, Analyse und Gefährdung des Bodens oder Gesteinskunde angeboten.

Das Kontinentale Tiefbohrprogramm und seine Ergebnisse

Als Geburtsstunde des Kontinentalen Tiefbohrprogramms (KTB) der Bundesrepublik Deutschland bezeichnet Rolf Emmermann vom GeoForschungszentrum Potsdam die Frühjahrssitzungen 1977 der DFG-Senatskommission für Geowissenschaftliche Gemeinschaftsforschung. Nach einer breiten interdisziplinären Diskussion wurde das Projekt im November 1983 konkret beantragt. Als Ziel des KTB wurde darin *Grundlagenforschung über die physikalischen und chemischen Zustandsbedingungen und Prozesse in der tieferen Erdkruste zum Verständnis der Dynamik und Evolution intrakontinentaler Krustenbereiche* definiert. Es wurde ausdrücklich festgehalten, dass es nicht das Ziel sei, einen absoluten Tiefenrekord zu erzielen; als Tiefenziel wurde ein Temperaturfenster von 250–300 °C festgelegt, das in einer Tiefe von etwa 10 km erwartet wurde.

Es standen aus geologischer Sicht zwei Zielgebiete zur Diskussion – im Schwarzwald und in der Oberpfalz. Da man im Schwarzwald bereits in etwa 7 km Tiefe mit Temperaturen von 250–300 °C rechnen musste, fiel die Wahl auf einen Standort in der Oberpfalz. Neben den vor allem geophysikalischen »Attraktionen« wie ausgeprägten Anomalien des Schwere- und Magnetfeldes (verbunden mit einer starken Anomalie des elektrischen Eigenpotenzials) vermutete man in der Nähe des geologisch jungen, ähnlich wie der Oberrheingraben entstandenen Eger-Grabens auch messbare thermische und geochemische Anomalien, die uns hier am meisten interessieren sollen. Der Eger-Graben befindet sich auf einer Scholle, die durch den horizontalen Druck entstand, den die afrikanische Kontinentalplatte ausübt.

Geowissenschaftliche Daten sollten aus Bohrkernen, Spülproben und Bohrlochmessungen gewonnen werden.

In der Pilotphase des KTB von September 1987 bis April 1989 kam man mit einem speziell entwickelten, kontinuierlichen Diamantbohrverfahren bis zu einer Tiefe von 4000 m. Daran schloss sich ein einjähriges Mess- und Testprogramm sowie ein seismisches Großexperiment an. In der 300 m von dieser Position entfernten Hauptbohrung (daher die Bezeichnung »Zweibohrungs-Konzept«) erreichte man 1994 eine Tiefe von 9101 m. Am 12. Oktober 1994 wurde das Abenteuer beendet, da die im Bohrkopf untergebrachten elektronischen Messgeräte (zur Messung des Magnetfeldes, der Temperatur u. a.) versagten. Technisch hätte man die Bohrung zwar noch weiterführen können, aber ein reiner Tiefenrekord war ja nicht angestrebt. Den erreichte man auf der Halbinsel Kola (zwischen Weißem Meer und Barentssee im Gebiet von Murmansk) bereits 1994 mit 12266 m.

Bis April 1989 wurden insgesamt 3564 m Bohrkerne gewonnen. Die Geologen beschreiben diese Gesteine als »Serie von hochmetamorphen Paragneisen und Metabasiten. Die Gesteine waren gefaltet, zum größten Teil steil einfallend und von mehreren, oft einigen Meter mächtigen, graphitführenden Störungszonen durchzogen. Unterhalb 3000 m wurden hochsalinare Fluide mit erheblichen Mengen gelöster Gase gefunden. Die Gasphase bestand zu 70% aus Stickstoff, 29% Methan und kleineren Mengen von Helium, Argon, Radon und Kohlendioxid. Die statische Temperatur von 118 °C bei 4000 m war deutlich höher als erwartet.«

Als »hochmetamorph« bezeichnet der Geologe allgemein Umwandlungsgesteine infolge von Temperatur, tektonischen Bewegungen und Druck, unter *Paragneisen* versteht man die durch Umwandlung von Sedimentgesteinen (wie Sandstein oder Tonschiefer) entstandenen Gneise, die größere Anteile an Nebengemengeteilen aufweisen (»akzessorische Minerale«). *Metabasit* ist ein basisches magmatisches Ausgangsmaterial aus den Oxiden von Natrium, Calcium, Magnesium, Aluminium und Silicium.

Die genannten Gase sind zum Teil in Nanogramm-Mengen als Einschlüsse in den Mineralen Quarz, Calcit und Epidot (dunkelblaue oder schwärzlichgrüne Kristalle oder Aggregate; Silicate mit Eisen-(III)-Ionen) vorhanden.

Als Fluide traten Einschlüsse wässriger Calciumchlorid-Lösungen, seltener Natrium-Kalium-Chlorid-Fluide auf. Der Projektleiter Emmermann berichtet, dass in diskreten Horizonten, offenbar mit der Tiefe zunehmend, außerdem Gaseinschlüsse vorkommen, die in unterschiedlichen Mischungsverhältnissen Kohlenstoffdioxid, Methan und Stickstoff enthalten.

Um über Transportprozesse in großen Tiefen wie hier bei 9000 m nähere Informationen zu erhalten, wurde ein interessantes Experiment durchgeführt, weltweit zum ersten Mal in solchen Tiefen. Durch die Absenkung des Wasserspiegels wurde ein definiertes Druckgefälle zwischen Gebirgsformationen und Bohrloch hergestellt. Dadurch stieg der Spiegel der Flüssigkeitssäule im Bohrloch und die Druckdifferenz verringerte sich. Man ermittelte aus der Spiegelerhöhung, dass innerhalb von 12 Stunden 4,3 m^3 an sogenannten Brines (Salzlösung) im Teufenbereich von 9030 bis 9101 m auftraten. Oberhalb dieser Tiefe war das Bohrloch durch eine zementierte Verrohrung abgedichtet. Aus diesem erstmaligen Experiment zieht Emmermann den Schluss:

»Das wohl wichtigste, schon ablesbare Ergebnis ist, dass die Gesteine im Bohrlochtiefsten beachtliche Permeabilitäten [Durchlässigkeiten] besitzen, die um Größenordnungen höher liegen, als dies aufgrund von Laborexperimenten erwartet wurde, und damit der Beweis erbracht ist, dass auch in großen Tiefen offene Wegsamkeiten für den Transport von wässrigen Lösungen existieren.«

Alles fließt, auch in den Tiefen der Erdkruste!

Im Gedicht *Eins und Alles* (Goethe) ist ebenfalls der ewige Wandel das zentrale Thema:

Es soll sich regen, schaffend handeln,
Erst sich gestalten, dann verwandeln;
Nur scheinbar stehts Momente still.
Das Ewige regt sich fort in allen:
Denn alles muss in Nichts zerfallen,
Wenn es im Sein beharren will.

In seiner lesenswerten Einführung »Die Erde« äußert sich Martin *Redfern*, Professor für Internationale Geschichte an der Universität von Keele (England), unter anderem zu Tiefbohrungen. Er stellt dabei fest, dass nur 30 km von uns entfernt ein Ort existiert, den wir nicht aufsuchen können. Dieser Ort unter unseren Füßen ist ein Ort von unvorstellbarer Hitze und ungeheurem Druck. Tiefbohrversuche auf der Halbinsel Kola sowie in Deutschland musste man bei einer Tiefe von 9–12 km aufgeben: »Durch die Hitze und den Druck wurden außerdem die Bohrelemente weich und das Loch unmittelbar nach der Bohrung sofort wieder zugedrückt.«

In der Menschheitsgeschichte lässt sich der Wunsch, in die Tiefe zu gelangen, um beispielsweise Salzsole, Erdöl oder Wasser zu gewinnen, weit zurückverfolgen. *Konfuzius* (551–479 v. Chr.) berichtete von Bohrungen nach Sole in China zur Zeit der Zhou-Dynastie (1050–256 v. Chr.), bei denen Tiefen (im Bergbau bekanntlich Teufen genannt) von mehreren hundert Metern erzielt worden seien. Um 1500 skizzierte *Leonardo da Vinci* (1452–1519) einen Erdbohrapparat unter Verwendung eines Spiralbohrers. Bei der ersten schriftlich belegten Bohrung (nach Wasser) wurde 1795 in der Nähe von St. Nicholas d'Abremont in Frankreich eine Endteufe von 330 m erreicht. Ab Mitte des 19. Jahrhunderts wurden neue Bohrtechniken entwickelt, so das Seilschlagbohrverfahren mit einem an einem Seil hängenden Meißel, der durch ständiges Auf- und Abbewegen mittels einer Wippe (zunächst manuell, ab 1865 mit Dampfmaschine) eine Bohrlochsohle aufbrach. Der Meißel musste in regelmäßigen Abständen aus dem Bohrloch entnommen werden, um daraus das zertrümmerte Gestein, den Bohrschmant, zu entfernen. Weiterentwicklungen waren das Kanadische Seilschlagverfahren mit dem Meißel an einer festen verschraubbaren Stange und das Fauck'sche Rapidbohrverfahren; dabei wurde die Wippe durch einen Windenmechanismus mit Exzenterscheibe ersetzt. So waren bereits Tagesleistungen von bis zu 60 m möglich. 1895 wurde mit diesem Verfahren in Galizien eine Bohrtiefe von 1300 m erreicht. Um 1900 wurde die Rotary-Tiefbohrtechnik mit einem rotierenden Bohrmeißel entwickelt, bei der das durch eine Spülflüssigkeit kontinuierliche abgeführte zerkleinerte Gestein auch einen drehenden, schabenden Abtrag ermöglicht.

Für das KTB wurde eine spezielle Bohrstrategie entwickelt, das *Seilkernbohrverfahren*. Für die Bohranlage wurde ein 83 m hohes Bohrgerüst errichtet mit einem halbautomatischen Gestänge-Handhabungs-System (weitere technische Einzelheiten s. bei *Bendzko et al.*).

2.3 Geochemie

Quellen zur Wissenschaftsgeschichte

Die Geochemie verbindet Geologie und Chemie. Sie hat die Aufgabe, den stofflichen Aufbau, die Verteilung, die Stabilität und vor allem den Kreislauf von chemischen Elementen in Mineralien, Gesteinen, Boden, Wasser und Atmosphäre sowie in der Biosphäre zu ermitteln.

Historisch beginnt die Entwicklung der Geochemie in der ersten Hälfte des 19. Jahrhunderts. Zu den ersten Geochemikern gehörte Karl-Gustav Christoph *Bischof* (1792–1870), der nach einem Studium der Chemie in Erlangen von 1822 bis 1863 an der Universität Bonn als Professor für Chemie und Technologie tätig war. Sein Kollege Carl Wilhelm *von Gümbel* (1823–1898), erster Leiter der geognostischen Landesuntersuchungsanstalt Bayerns (Vorläufer des heutigen Bayerischen Geologischen Landesamtes), der sich zwischen 1874 und 1888 bei der Einführung der Wasserversorgung Münchens große Verdienste erworben hatte, schrieb in seinem Nachruf (1870) auf Bischof u.a.:

»Bischof, Dr., Karl Gustav B., Chemiker, besonders berühmt als Begründer einer neuen chemischen Richtung in der Geologie (...), bezog (...) die Universität Erlangen, doctorirte daselbst und begann auch dort seine wissenschaftliche Laufbahn 1815 als Privatdocent für Chemie und Physik. Reiche Anregung erhielt er in dieser Stellung durch den innigen Verkehr mit dem berühmten Professor der Naturgeschichte und Director des botanischen Gartens Nees v. Esenbeck und mit Goldfuß, damals Prof. der Zoologie und Mineralogie, mit welchen er gemeinschaftlich arbeitete. (...) Als selbständige wissenschaftliche Leistung Bischof's erschien 1819: ›Lehrbuch der Stöchiometrie‹. Inzwischen wurde er mit seinen ihm eng befreundeten Collegen Goldfuß und Nees v. Esenbeck an die neuerrichtete Universität Bonn als Professor der Chemie und Technologie berufen. (...) Unter den größeren Arbeiten Bischof's in dieser mehr praktischen Richtung erregte zunächst das 1824 in Bonn erschienene Werk: ›Die vulkanischen Mineralquellen Deutschlands und Frankreichs‹, gerechtes Aufsehen durch die wichtigen Folgerungen über den Vulkanismus, welchen der Verfasser auf Grund sehr zahlreicher chemischer selbst vorgenommener Analysen von vielen Quellen, namentlich von Säuerlingen, und sorgfältiger physikalisch-geologischer Untersuchungen in der vulkanischen Eifel, fester zu begründen versuchte. Von da galt B. als ein Hauptvertreter der vulkanischen Anschauung. (...) [im Gegensatz zum Neptunismus]

Eine weitere Frucht der vulkanischen Ideen, mit welchen B. sich damals vorzüglich beschäftigte, war das klassische Werk: ›Wärmelehre des Innern unseres Erdkörpers‹, 1837 (in engl. Uebersetzung 1844) erschienen. Dieser Schrift lag eine von der holländischen Societät der Wissenschaften mit dem Preise gekrönte Abhandlung zu Grunde ... In dieser Schrift behandelt der Verfasser, mit kritischer Benutzung aller bis dahin gemachten Beobachtungen und der in der Literatur bekannt gegebenen Untersuchungsresultate, unterstützt durch viele selbst angestellte Experimente und Versuche, mit vielem Glücke die höchst wichtige Frage, welche Temperaturverhältnisse auf der Erdoberfläche zu der Annahme einer Temperaturzunahme, nach dem Innern der Erde zu, berechtigen, in wie weit die Progression einer solchen Wärmezunahme sich von den Temperaturbeobachtungen in Bergwerken ableiten und die vulkanischen Erscheinungen im Allgemeinen daraus erklären lassen. Er versuchte zu beweisen, daß allerdings eine innere, der Erde eigenthümliche Wärme existire, welche gegen die Tiefe rasch zunähme, und faßte das Hauptresultat seiner Forschung in dem Schlusse zusammen, daß die Glühhitze, welche nach dieser Annahme im Innern der Erde vorausgesetzt werden müsse, genügend erscheine, um alle vulkanischen Erscheinungen mit Einschluß der Erdbeben auf eine befriedigende Weise zu erklären. Diese Folgerungen verschafften der damals schon allgemein vorwaltenden plutonischen Theorie vollends die fast unbestrittene Alleinherrschaft. A. v. Humboldt zollte dem Werke seine volle Anerkennung und bezog sich in seinen Werken vielfach auf die von B. beigebrachten Beweise. Insbesondere erschien das Experiment mit einer geschmolzenen Basaltkugel von 21 Zoll Durchmesser und 720 Pfund Gewicht, welche auf der Saynerhütte bei einem Hitzegrade von mindestens 1118 °R. [1397,5 °C] hergestellt worden war, jeden Widerspruch beseitigt zu haben.

Gümbel erwähnte unter anderem, dass auf den Rat von Bischof die Heilquelle von Neuenahr durch eine Tiefbohrung entdeckt worden sei. Er fasste zusammen:

»Epoche machend und bahnbrechend für die Wissenschaft war jedoch erst Bischof's Hauptwerk: ›Lehrbuch der chemischen und physikalischen Geologie‹ dessen erste Auflage 1848 zu erscheinen begann ... Mit diesem Werke beginnt ein neuer Abschnitt in der geognostischen Wissenschaft, nicht als ob nicht schon vor B. ähnliche Ideen, wie die des Bonner chemischen Geologen, feste Wurzeln gefaßt hätten, aber dem letzteren gebührt das wesentliche Verdienst, dieser Richtung freie Bahn gebrochen zu haben. Das Hauptgewicht dieser mit erstaunlicher Arbeitskraft und größtem Scharfsinn durchgeführten und auf eine Fülle von Versuchen gestützten Arbeit liegt in dem Nachweis der zwingenden Notwendigkeit, alle Erscheinungen auf dem Gebiete der Geologie auf chemisch-physikalische und mechanische Gesetze, wie solche die Wissenschaft bis jetzt kennen gelehrt und sicher gestellt hat, zurück zu führen, um so mehr als die ältere und neuere Geologie vielfach gegen diese gesündigt hatte. Dadurch ist es B. geglückt, der Begründer einer neuen Schule zu werden, welche, bereits von Fuchs in München [Johann Nepomuk Fuchs (1774–1856), ab 1826 Prof. für Mineralogie an den Münchner Universität, beschäftigte sich ebenfalls auf dem Grenzgebiet zwischen Geologie und Chemie], doch erst durch die durchschlagenden und energischen Arbeiten Bischof's sich zur vollen Geltung brachte ...«

Der Geologe Justus Ludwig Adolf *Roth* (1818–1892) verfasste wie Karl Bischof ein umfassendes Werk zur »Allgemeinen chemischen Geologie« (Band 1 und 2, 1879–1887). Er wurde zunächst Pharmazeut und war auch 1844 bis 1848 Besitzer einer Apotheke in Hamburg. Ab 1867 wirkte er als Professor an der Berliner Universität, wo er sich vor allem mit Gesteinsanalysen und mit der Vulkanologie beschäftigte.

Die moderne Geochemie begann mit Victor Moritz *Goldschmidt* (1888–1947) in Göttingen. Auf der Webseite der Universität Göttingen (Fakultät für Geowissenschaften) ist im Beitrag zur »Geschichte und Bedeutung der Geowissenschaften in Göttingen« über das Wirken von Goldschmidt zu lesen:

»Am Ende der für die Göttinger Physik Goldenen Zwanzigerjahre wurden auch in der Mineralogie durch die Berufung von Viktor Moritz Goldschmidt (1929–1935) neue Denkweisen und Methoden erschlossen. Er fand wesentliche Gesetzmäßigkeiten, nach denen sich der Aufbau der kristallisierten Materie der Minerale und anderer Verbindungen aus ihren atomaren Bestandteilen nach deren Größe und Bindungstendenz vollzieht. Gleichzeitig entwickelte er Vorstellungen über die Hauptbestandteile des Erdkörpers in Analoge zur Zusammensetzung von Meteoriten als Gesteinen aus unserem Planetensystem. Beide Programme bilden den Anfang der modernen Geochemie ...«

Die Familie Goldschmidt kam durch die Berufung von Vater Heinrich Goldschmidt auf eine Professur für Chemie aus Zürich nach Oslo, wo Viktor Moritz Goldschmidt mit dem Studium der Mineralogie, Geologie und Chemie begann und 1911 promovierte. Bereits mit 26 Jahren (1914) wurde er zum Professor und Direktor am Mineralogischen Institut der Universität Christiania (heute Oslo) ernannt. Hier begann er mit der Erforschung der Gesetzmäßigkeiten der Verteilung der chemischen Elemente im Erdkörper, worüber er 1923 bis

1927 in Beiträgen zu den »Geochemischen Verteilungsgesetzen der Elemente« berichtete. In Göttingen führte er ab 1929 zahlreiche Analysenreihen zum Vorkommen der Elemente einschließlich der seltenen Spurenelemente in irdischen Gesteinen und Meteoriten durch. Nach seiner Emigration und später auch Flucht aus Oslo nach England kehrte er nach dem Zweiten Weltkrieg nach Oslo zurück, wo er an den Folgen einer Beinoperation mit nur 59 Jahren verstarb.

Der Geochemiker Karl Hans Wedepohl, Universität Göttingen, schrieb 1967 in seinem Buch »Geochemie« u. a. zur Geschichte der Geochemie:

> »Als Carl Gustav Bischof mit seinem ›Lehrbuch der chemischen und physikalischen (1846 bis 1854) die Arbeitsweise der Geochemie begründete, standen ihm nur relativ wenige zuverlässige und für geologische Einheiten repräsentative Daten von chemischen Hauptbestandteilen in Form von Gesteins- und Mineralanalysen zur Verfügung. Die durch G. Kirchhoff und R. Bunsen (1860/61) entwickelte Spektralanalyse erschloss die geringen Konzentrationsbereiche für die chemische Analyse und erfasste seltene Elemente. Justus Roth setzte in seiner ›Allgemeinen und chemischen Geologie‹ (1859–1893) die Bestandsaufnahme chemischer Daten von geologischen Objekten im Sinne von Bischof fort.«

Die Entwicklung der Geochemie zeigt sich auch in den Definitionen bedeutender Fachvertreter. So schrieb Frank Wigglesworth *Clarke* (1847–1931; US-amerikanischer Geologe und Chemiker), der eine Sammlung »Data of Geochemistry« (5. Aufl. 1924) herausgab, in der Übersetzung von Wedepohl:

> »Jedes Gestein mag als ein chemisches System angesehen werden, in dem durch verschiedene Substanzen chemische Reaktionen ausgelöst werden können. Jede derartige Zufuhr veranlasst eine Störung des Gleichgewichts in Richtung auf ein neues System, das sich unter den neuen Bedingungen selbst wiederum stabilisiert. Die Untersuchung dieser Reaktion ist Arbeitsgebiet der Geochemie. Es ist Aufgabe des Geochemikers abzuschätzen, welche Reaktionen möglich sind und zu beobachten, wie, wann, unter welchen Begleiterscheinungen und zu welchen Endstadien sie führen.«

Im selben Jahr 1924 beschrieb Vladimir Iwan *Vernadsky* (1863–1945; Mineraloge und Geochemiker in der Ukraine) die Geochemie wie folgt:

»Die Geochemie befasst sich mit den chemischen Elementen, also den Atomen, der Erdrinde und, soweit möglich, überhaupt mit der Erde. Sie untersucht deren Geschichte, deren Verteilung im Raum in der Gegenwart und in der Vergangenheit. Sie lässt sich von der Mineralogie scharf abgrenzen, denn diese betrachtet in demselben Raum und zu den gleichen Zeiten der Erdgeschichte nur die Entwicklung der Verbindungen der Atome – der Moleküle und Kristalle.«

Schließlich sagte Viktor Moritz Goldschmidt zu der von ihm eingeleiteten Entwicklung der modernen Geochemie (in einem Nachlassband von 1954):

»Die moderne Geochemie studiert die Mengen und die Verteilung der chemischen Elemente in Mineralen, Erzen, Gesteinen, Böden, Gewässern und in der Atmosphäre und den Kreislauf der Elemente in der Natur auf der Grundlage der Eigenschaften ihrer Atome und Ionen. Diese Wissenschaft ist nicht streng auf die Untersuchung der chemischen Elemente als kleinste Einheiten zur Einteilung der Materie beschränkt. Sie berücksichtigt auch die Häufigkeit und Verteilung der verschiedenen Isotope oder Atomarten der Elemente einschließlich der kosmischen Kernhäufigkeit und -stabilität.«

Geochemie von der Erdkruste bis in die Atmosphäre

Als *Erdkruste* wird allgemein der Ort des zu beobachtenden geologischen Geschehens bezeichnet. Die Ursachen dieses Geschehens sind im darunter liegenden *Erdmantel* zu suchen. Gebirgsbildungen und Absenkungen sowie Abtragungen von Krustenteilen sind die wichtigsten geologischen Vorgänge. Faltengebirge erreichen Höhen bis zu 8 km, die geologisch aktive Kruste wird auf etwa 10 km eingegrenzt (Wedepohl). Heute betrachtet man eine Schicht von insgesamt 16 km Dicke als oberste Erdkruste, für die umfangreiche Datensammlungen über Elementgehalte vorliegen. Zudem unterscheidet man zwischen *kontinentaler Kruste* und *ozeanischer Kruste*.

Zur Ermittlung der durchschnittlichen Zusammensetzung der oberen kontinentaler Kruste wurden mehrere Wege beschritten. Im Allgemeinen beschränkt man sich auf Gesteine, die unter der etwa 1 km mächtigen Sedimentschicht liegen. Andere Angaben erfassen die mittlere Zusammensetzung der Eruptivgesteine, die als Repräsentanten der oberen Erdkruste angesehen werden.

Die Kenntnisse über den »Aufbau der Erdschichten« wurden im »Großen Brockhaus« um 1900 unter dem Stichwort *Erde* wie folgt dargestellt:

»Welche der verschiedenen Theorien über die Bildung der E. man auch als gültig ansehen will, den Ausgangspunkt für die weitere Entwicklung bildet stets ein Zeitpunkt, in dem die E. ein Gemisch von heißen Gasen darstellte. Ähnlich wie in einem Hochofen sonderte sich ein Kern von schweren Metallmolekülen ab (›Siderophile Elemente‹); ihn umgab, entsprechend der Schlacke im Hochofen, einen Zwischenschicht von Sulfiden und Oxyden (›Chalkophile Elemente‹), während die leichteren Silikate (›Lithophile Elemente‹) den Mantel der E. bildeten, um den sich dann noch die Atmosphäre (›Atmophile Elemente‹) legte.«

1924 fassten zwei amerikanische Geochemiker, *Clarke* und *Washington*, die Ergebnisse von 5159 Gesteinsanalysen zusammen. Es ergab sich folgende Reihenfolge der Häufigkeit der Elemente in Form der Oxide (in Prozent):

1. Siliciumdioxid (59,12)
2. Aluminiumoxid (15,34)
3. Calciumoxid (5,08)
4. Natriumoxid (3,84)
5. Eisen(II)-oxid (3,5)
6. Magnesiumoxid (3,49)
7. Kaliumoxid (3,13)
8. Eisen(III)-oxid (3,08)
9. Wasser (1,15)
10. Titandioxid (1,05).

Auf die Elemente selbst bezogen stellen sich die Ergebnisse von Clark wie folgt dar:

1. Sauerstoff 47,29
2. Silicium 27,21
3. Aluminium 7,81
4. Eisen 5,46
5. Calcium 3,77
6. Magnesium 2,68
7. Kalium 2,40
8. Natrium 2,36
9. Titan 0,32
10. Kohlenstoff 0,22
11. Wasserstoff 0,21
12. Phosphor 0,10
13. Mangan 0,08
14. Schwefel 0,03
15. Barium 0,03
16. Chlor 0,01
17. Chrom 0,01
Summe: 100,00 %

Berücksichtigt man das statistische Gewicht der Häufigkeit von magmatischen Gesteinen, so erhält man aus Daten, die in der zweiten Hälfte des 20. Jahrhunderts ermittelt und 1985 (*Mason* und

Moore) publiziert wurden, folgende Reihung und Gehalte der chemischen Elemente bezogen auf eine 16 km dicke Erdkruste:

1. Sauerstoff (46,6)
2. Silicium (27,7)
3. Aluminium (8,1)
4. Eisen (5,0)
5. Calcium (3,6)
6. Natrium (2,8)
7. Kalium (2,6)
8. Magnesium (2,1)
9. Titan (0,44)
10. Phosphor (0,11)

Somit haben nur acht Elemente gemeinsam einen Anteil von 98,5 % an der gesamten Erdkruste.

In einem noch heute lesenswerten Buch über den »Aufbau der Erde«, erschienen 1925 und verfasst von Beno *Gutenberg*, berichtet der Autor im Kapitel 10 über »Die Stoffe im Erdinnern« und stellt fest, V. M. Goldschmidt habe als Erster den Versuch unternommen, mit theoretischen Mitteln die Stoffe im Erdinneren genauer festzustellen. Goldschmidt hatte in seinem Vortrag vor der Versammlung der Naturforscher 1922 »Über die Massenverteilung im Erdinneren …« berichtet. Er teilte das Erdinnere in Analogie zu einem metallurgischen Schmelzprozess (s. o.) in »Schlacke«, »Stein« und »Eisensau« ein – und zwar geochemisch in »Eklogitschale«, »Sulfid-Oxydschale« und »Nickeleisenkern«. Über die Grenzen dieser Schalen stellte B. Gutenberg fest, dass sie sich mit den von ihm und seinen Mitarbeitern gefunden Schichtgrenzen in 1200 und 2900 km Tiefe decken würden.

Beno *Gutenberg* (1889–1960) war ein deutscher Seismologe, der aus heutiger Sicht mit seinem Lebenswerk entscheidend zum Verständnis des Erdaufbaus beigetragen hat. Gutenberg studierte ab 1908 in Göttingen, wo zehn Jahre zuvor das Institut für Geophysik unter der Leitung von Emil *Wiechert* (1861–1928) entstanden war. Wiechert, der in Königsberg Physik studiert hatte, beschäftigte sich dort nach seiner Habilitation mit dem Aufbau der Materie, mit Experimenten zur Natur der Kathodenstrahlen und theoretischen Arbeiten zur Elektrizität. 1898 wurde er auf den weltweit ersten Lehrstuhl für Geophysik berufen. Auf dem Hainberg oberhalb von Göttingen entstanden ein neues Institut und ab 1901 die noch heute in Betrieb befindliche Erdbebenwarte. Wiechert konstruierte einen luftgedämpften Seismographen mit hoher Verstärkung, der für lange Zeit das Vorbild für die meisten Erdbebenstationen weltweit bildete. Mit diesem Seismographen ließen sich die Ausbreitung von Erdbebenwellen und der Aufbau des Erdinneren erforschen. Emil Wiechert, dessen Persönlichkeit in Kapitel 2.5 ausführlicher beschrieben werden soll, gilt heute international als der Gründungsvater der Geophysik. Nach ihm wurde ein Krater auf der Rückseite des Mondes benannt. Beno Gutenberg promovierte 1911 bei Wiechert mit einer seismologischen Arbeit. 1913 bestimmte er aus seismologischen Untersuchungen den Radius des Erdkerns, dessen Berechnung noch heute als exakt gilt. Die Kern-Mantel-Grenze wird auch als *Wiechert-Gutenberg-Diskontinuität* bezeichnet. Sein weiterer Werdegang führte Gutenberg zunächst als Mitarbeiter der Internationalen Seismologischen Assoziation – einer der Gründer war sein Doktorvater – nach Straßburg. Im Ersten Weltkrieg wurde er als Meteorologe in der Truppe verwundet, kehrte zunächst nach Straßburg zurück und wurde 1926 außerordentlicher Professor in Frankfurt am Main. Obwohl weltweit anerkannt, erhielt er keine ordentliche Professur, wobei offensichtlich auch seine jüdische Herkunft eine Rolle spielte. 1930 wechselte Gutenberg als Professor für Geophysik ans California Institute of Technology (Caltech) in Pasadena, integrierte dort 1936 das Seismologische Labor und war von 1947 bis 1958 Direktor des Labors, in dem unter seiner Führung wesentliche Ergebnisse in der Erforschung von Erdbeben und über die tieferen Strukturen der Erde erzielt wurden.

Gutenberg berichtet in seinem Buch auch über die weiteren Entwicklungen in der Geochemie. Zunächst geht er näher auf die genannte *Eklogitschale* ein. Als Eklogite bezeichnet man heute zähe, harte, farbenprächtige, eher massige, feldspatfreie, überwiegend *metamorphe Gesteine* aus grünem Omphacit (ein Inosilicat) und dem roten Granat (ebenfalls ein Silicatmineral) mit einer chemischen Zusammensetzung, die Basalten mit jedoch deutlich höherer Dichte ($3{,}3-3{,}5$ g/cm^3) entspricht. Eklogite werden daher auch als Hochdruckäquivalente von Basalt angesehen und sind Bestandteile des oberen Erdmantels.

Gutenberg schrieb zum Eklogit u. a.:

> »Er ist bei hohem Druck stabil und geht bei Druckentlastung in Gabbrogesteine bzw. Gabbroschmelzflüsse über, wobei infolge Volumenzunahme die Dichte von etwa 3,6 auf 3 sinkt. Bei lokaler oder regionaler Zunahme des Belastungsdruckes nimmt unter der Druckstelle nach V. M. Goldschmidt die Menge der im Eklogitzustand befindlichen Substanz zu, im entgegengesetzten Falle kann sich unter Umständen Basaltmagma bilden. Für die ›Zwischenschicht‹ nahm man vielfach

Eisenbeimengungen als Ursache für die größere Dichte an. Goldschmidt hält das nicht für wahrscheinlich, er vermutet vielmehr, dass die ›Zwischenschicht‹ von Sulfiden und Oxyden gebildet wird und vorwiegend aus Schwefeleisen und Magnetit besteht, daneben auch noch andere Sulfide enthält (...). Der Kern ist aus Nickeleisen.«

Weiter lesen wir:

»Die Ergebnisse *Goldschmidts* regten die Forschung in hohem Maße an. Bald nach ihm veröffentlichte G. *Tammann* (...) seine nur wenig abweichenden Ansichten. Er wandte auf die drei Schichten die chemische Gleichgewichtslehre an, um in erster Annäherung Ergebnisse über deren Zusammensetzung zu erhalten (...). *Tammann* ging davon aus, dass die Verteilung zweier Metalle zwischen den drei flüssigen Schichten Metall, Sulfid und Silikat durch die Bildungswärme der Sulfide und Oxyde der beiden Metalle in der Weise geregelt wird, dass bei einer großen Differenz der beiden Bildungswärmen das Metall mit größeren Bildungswärmen fast quantitativ in die Sulfid- bzw. Die Silikatschicht geht, während das andere fast nur in der Metallschicht vorhanden ist ...«

Mit Gustav (Heinrich Johann Apollon) *Tammann* (1861–1938) sind wir wieder in Göttingen angekommen. Tammann wurde in Jamburg bei St. Petersburg als Sohn eines Arztes geboren, war ab 1892 Professor in Dorpat und wirkte von 1903 bis 1930 in Göttingen zunächst als Ordinarius für Anorganische Chemie, ab 1907 als Leiter des Institutes und ordentlicher Professor für Physikalische Chemie. Von ihm stammen bedeutende Arbeiten über intermetallische Verbindungen, Kristallisations- und Schmelzvorgänge, für die er auch die thermische Analyse als methodisches Instrument einführte.

Fassen wir die hier auch in ihrer historischen Entwicklung dargestellten Ergebnisse über die *Erdkruste* zusammen, so lässt sich feststellen:

Mit einer durchschnittlichen Mächtigkeit von ca. 16 km macht die Erdkruste nur 0,4 % der Gesamtmasse unserer Erde aus. Sie gehört zur sogenannten *Lithosphäre* (bis etwa 100 km Tiefe, von manchen Autoren bis sogar 300 km angesetzt). Die Kruste ist unter den Ozeanen nur 5 bis 7 km dick. Je nach Autor wird sie als *Silicathülle* (Goldschmidt), als bestehend aus *sauren Gesteinen (Granit, etwas basischer als Gabbro)* (Williamson und Adams) oder (einfacher) als aus *Silicaten* bestehend (Tammann) bezeichnet. Gabbros (nach dem Ort Gabbro bei Livorno in Italien) werden allgemein meist klein- bis grobkörnige

Tiefengesteine (Plutonite) genannt, die wegen ihrer hohen Druckfestigkeit als Straßenbaustoff und Schotter Verwendung finden.

Die wichtigste Eigenschaft der Lithosphäre ist, dass sie nicht aus einer einzelnen starren Schicht besteht, sondern aus mehreren Platten, den *tektonischen Platten*. Die Plattentektonik ist die grundlegende Theorie der Geowissenschaften zur Erklärung der großräumigen Vorgänge in der Erdkruste und im obersten Erdmantel und Teil der Theorien über die endogene Dynamik der Erde. Sie beschreibt die Bewegungen der Lithosphärenplatten (»Kontinentalverschiebung«) und ermöglicht die Erklärung geologischer Phänomene wie der Entstehung von Faltengebirgen und Tiefseerinnen unter dem Druck der sich bewegenden Platten. Sekundäre Phänomene der Plattentektonik sind Vulkanismus und Erdbeben, von denen dann wiederum Tsunamis ausgelöst werden können.

Differenzierter betrachtet besteht die *kontinentale Erdkruste* (bis zu 10 km Tiefe) aus *granitischen*, die *Unterkruste* (rund 20 km) aus *gabbroiden Gesteinen* (Wedepohl). Die Vorgänge im *Erdmantel*, welche die Zusammensetzung in der Erdkruste bestimmt haben und noch heute bestimmen, werden ausführlicher in Kapitel 2.5 besprochen.

Alle geologischen Vorgänge auf unserer Erde lassen sich zusammenhängend in Form eines Kreislaufes der Stoffe beschreiben. Aus dem Erdinneren gelangt das Magma durch Orogenese oder Epirogenese an die Erdoberfläche und erstarrt zu Magmatiten. Mit Magma (griech. geknetete Masse, dicke Salbe) wird die glutheiße silicatische Schmelze im Erdinneren bezeichnet. Unter *Orogenese* versteht man eine zeitlich und räumlich begrenzte Gebirgsbildung (auch Tektogenese genannt). Mit dem Begriff *Epigenese* werden reversible weiträumige Hebungen und Senkungen von Erdkrustenteilen durch lange geologische Zeiträume bezeichnet. Die *Metamorphose* umfasst Umwandlungen von Gesteinen im Druck- und Temperaturfeld der Erdkruste, wobei infolge der Verschiebung im physikalisch-chemischen Gleichgewicht sogenannte Mineralreaktionen (z.B. Umkristallisationen) stattfinden. Je nach Herkunft des Ausgangsgesteins werden Metamorphite als *Orthogesteine* (ehemalige Magmatite) oder *Paragesteine* (ehemalige Sedimente) bezeichnet.

Aus den durch Hebung freigelegten Magmatiten und Metamorphiten entstehen unter der Einwirkung exogener Kräfte (Schwerkraft, Temperatur, Wirkungen des Wassers, Eises und Windes) Verwitterungsprodukte in fester oder gelöster Form und schließlich Böden, wobei bei der Bodenbildung vor allem chemische und biologische Vorgänge eine Rolle spielen. Als Boden wird die oberste, belebte Verwitterungsschicht der Erdrinde bezeichnet (Pedosphäre). Verwitterungsprodukte und Böden werden verlagert und an anderen Stellen in Form klastischer oder (bio)chemischer Sedimente wieder abgelagert. Klastische Sedimentgesteine sind Produkte mechanischer Gesteinsverwitterung (auch Trümmergesteine genannt). Es entstehen sedimentäre Lockergesteine in Form von Staub, Sand, Tonschlamm, Schlick und Torf. Unter chemischen und physikalischen Einflüssen bilden sich im Verlauf einer *Diagenese* neue sedimentäre Festgesteine wie Sand, Dolomit und Kalkstein, Schiefertone sowie Braunkohle.

Für den geologischen Stoffkreislauf ist wichtig, dass jede Förderung von Magma auf einer Störung des Gleichgewichts durch Veränderungen in den Temperatur- und Druckverhältnissen beruht. Plutone entstehen, wenn Magma in der Erdkruste verbleibt, in Vulkanen erreicht das Magma schließlich die Erdoberfläche. Nach der liquidmagmatischen Phase beginnt die eigentliche Erstarrung bei etwa 1200 °C. Die Tiefengesteine werden in den Phasen der Frühkristallisation (bis 900 °C) und der Hauptkristallisation (bis 600 °C) gebildet. Sie bestehen aus kieselsäurenärmeren Silicaten und der Hauptmasse an gesteinsbildenden Mineralien.

Auf dem Wege über das Absinken in größere Tiefen, die durch Vorgänge der Metamorphose, anschließende Aufschmelzung und Wiedererstarren bei Hebung begleitet sind, können im geologischen Kreislauf neue magmatische Gesteine entstehen. Anderseits können sedimentäre Locker- bzw. Festgesteine sofort nach ihrer Entstehung und nach der Freilegung verwittern sowie erneut umgelagert werden. Aus Festgesteinen entstehen durch Metamorphose auch Paragesteine, die dann auch ohne Aufschmelzung an der Oberfläche gelangen können. Schließlich können Magmatite auch vor ihrer Hervorhebung zu metamorphen Orthogesteinen umgewandelt werden, die dann wieder in den exogenen Kreislauf gelangen.

Das *System Erde* wird von der »GeoUnion Alfred-Wegener-Stiftung« wie folgt definiert:

»Die Geowissenschaften befassen sich mit dem ›System Erde‹, d.h. mit dem Planeten, auf dem wir leben, mit den in seinem Inneren und an der Oberfläche ablaufenden chemischen, physikalischen und biologischen Prozessen, sowie den Wechselwirkungen und Austauschvorgängen zwischen den Teilsystemen Geo-, Kryo-, Hydro-, Atmo- und

Biosphäre. Dieses System zeichnet sich durch eine hohe Komplexität aus. Prozesse, die in und auf der Erde ablaufen, sind miteinander gekoppelt und bilden verzweigte Ursache-Wirkung-Ketten, die durch den Eingriff des Menschen in die natürlichen Gleichgewichte und Kreisläufe zusätzlich beeinflusst werden ...«

In den folgenden Abschnitten werden daher auch Modelle und Stoffkreisläufe näher vorgestellt.

Die Erde als Krusten-Ozean-Maschine oder als biogeochemische Fabrik

1971 entwickelten und beschrieben zwei amerikanische Geologen, R.M. *Garrels* und F.T. *Mackenzie*, eine *Krusten-Ozean-Maschine* als

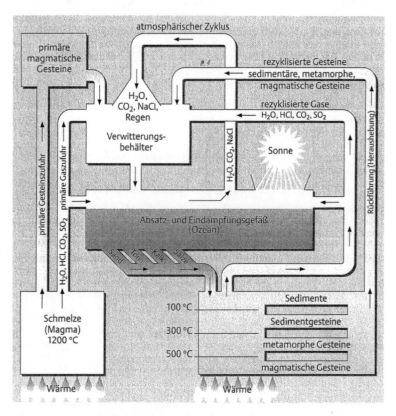

Abb. 11: Die Erde als Krusten-Ozean-Maschine. Aus: G. Schwedt, Taschenatlas der Umweltchemie, Thieme, Stuttgart 1996. Nach der Farbtafel von Joachim Schreiber.

geologisches Rührwerk. Das Modell geht von der Wärmeentwicklung in der Erdkruste, hervorgerufen durch den Zerfall radioaktiver Elemente wie Uran und Thorium, sowie von der Wärmeeinstrahlung aus den auf der Sonne ablaufenden Kernreaktionen aus. Vom radioaktiven Zerfall im Erdinneren mit Energie versorgt werden die endogenen Vorgänge. Gase und Wasserdampf bewirken die Verwitterung der primären magmatischen Gesteine. Die Sedimentgesteine und Ozeane unserer Erde sind das Ergebnis dieser Prozesse in Form eines geologischen Langzeiteffekts. Die Ozeane stellen ein riesiges Absatz- und Verdampfungsgefäß dar. Unter dem Einfluss der Schwerkraft sinken die Sedimentgesteine, durch Konvektionsströme weitergeführt, in größere Tiefen. Hier werden die ursprünglichen Keile und Prismen gefaltet und/oder gebrochen und durchlaufen je nach Tiefe Prozesse der Diagenese (Verfestigung), Metamorphose (Umwandlung) oder auch Anatexis (Aufschmelze). Es entstehen rezyklisierte Gesteine. Bei der Metamorphose freigesetzte (rezyklisierte) Gase und Wasser kehren ebenfalls in den Kreislauf der Verwitterung auf der Oberfläche zurück.

Einer ähnlichen Betrachtungsweise wie der Krusten-Ozean-Maschine liegt dem Bild einer auf wenige Prozesse reduzierten chemischen Fabrik zugrunde. Energie erhält die Wärmemaschine von der Sonne und durch die bereits genannten Vorgänge, den »Ofen«, im Erdinneren. Die insgesamt ablaufenden Prozesse werden auf einzelnen Reaktoren verteilt. Die Wärmemaschine treibt Winde, Ozeanströme und die Kreisläufe des Wassers und der Gesteine an. Das Wasser wird als Transportmittel und auch als chemisches Reagens betrachtet. Die Reaktionen der vulkanischen Emissionen (Säuren) mit den basischen Gesteinen führten über lange Zeiträume zu einer konstanten Zusammensetzung der Ozeane und zu einer Atmosphäre mit konstantem Kohlenstoffdioxidgehalt. Aus Eruptivgesteinen wurden Böden, Sedimente und Sedimentgesteine. Nachdem im Verlauf der Erdentwicklung eine Photosynthese möglich geworden war (mit der Entstehung des Lebens), wurde die Biosphäre zu einer *Entropiepumpe*: Aufgrund des kontinuierlich einfallenden und in Wärmeenergie umgewandelten Sonnenlichtes treibt sie die biologischen und die Stoffkreisläufe an.

Der zentrale *Hauptreaktor* symbolisiert die Ozeane. Er ist mit allen anderen Reaktoren verbunden. Als *Pulvermühle* wird die mechanische Erosion dargestellt, der *Flüssigreaktor* steht für die chemischen

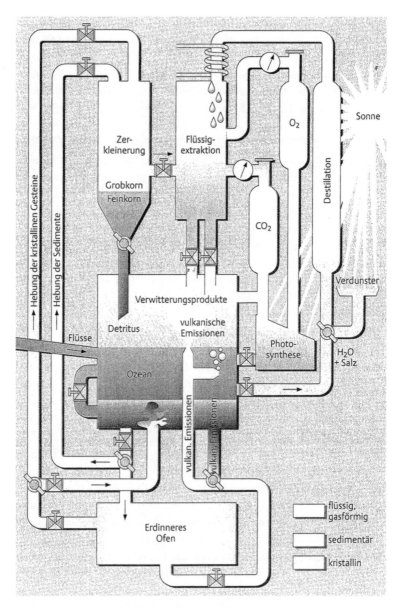

Abb. 12: Die Erde als biogeochemische Fabrik. Aus: G. Schwedt, Taschenatlas der Umweltchemie, Thieme, Stuttgart 1996. Nach der Farbtafel von Joachim Schreiber.

Vorgänge der Verwitterung. Der dritte, *biochemische Reaktor* fasst die biologischen Vorgänge zusammen, durch welche die Kohlenstoffdioxid- und Sauerstoffgehalte geregelt werden. Geht man in dieser Betrachtung vom *Ofen* im Erdinneren aus, so verursacht dessen Energie die Hebung von kristallinen Gesteinen und Sedimenten und führt zu den vulkanischen Emissionen. In den Hauptreaktor gelangen Bestandteile aller drei Nebenreaktoren. Als *Detritus* (im Hauptreaktor über dem Ozean – von lat. detritus: abgerieben, abgeschliffen) werden in der Geologie der durch Verwitterung entstandene Gesteinsschutt und in der Biologie feinverteilte Stoffe (in Gewässern Schwebe- und Sinkstoffe) verstanden, die aus dem natürlichen Zerfall abgestorbener pflanzlicher und tierischer Organismen stammen. Diese wiederum enthalten Organismenreste wie Lignin, Cellulose und Chitin und dienen den Detritus-Fressern als Nahrung. Als *Destruenten* werden die Organismen bezeichnet, die sich von Biomasse, toten Lebewesen, Abfällen wie Laub oder Exkrementen sowie von den begleitenden Mikroorganismen ernähren, sie dadurch aufschließen, d. h. *mineralisieren.*

Im *Flüssig-Extraktor* finden Lösungsvorgänge statt, wobei durch die Verbindung zu den Gasbehältern mit Sauerstoff und Kohlenstoffdioxid insbesondere deren Einfluss auf die Löslichkeit von anorganischen Stoffen (z. B. von Calciumcarbonat durch Kohlenstoffdioxid als Hydrogencarbonat) und von organischen Stoffen (durch Sauerstoff) verdeutlicht wird. Der *Wasserkreislauf* ist durch das Destillationssystem, ausgehend von den Ozeanen bis zur Kondensation in den Flüssig-Extraktor, dargestellt. In diesem Bild der Erde als chemische Fabrik werden neben den Reaktoren folgende Phasen unterschieden: gasförmig, flüssig sowie für fest aus geologischer Sicht sedimentär und kristallin.

Die in der biogeochemischen Fabrik ablaufenden Prozesse lassen sich insgesamt in biologisch/biochemische und geochemische/geophysikalische Abläufe unterteilen. Die erste Gruppe umfasst alle Stoffwechselabläufe (vor allem im Bioreaktor). Geophysikalische/geochemische Prozesse sind hydrologische Vorgänge sowie Erosion, Sedimentation, geologische Metamorphose und Transportvorgänge, die durch Winde hervorgerufen werden, sowie Erdbeben und Vulkanismus. Geochemisch sind vor allem die damit verbundenen Schmelz- und Lösungsvorgänge.

In diesen natürlichen Kreislauf greift der Mensch vor allem durch den sogenannten anthropogenen Raubbau an natürlichen Hilfsquellen ein, d. h. durch den Abbau von Erzen und Gesteinen sowie durch den Verbrauch von Wasser. Hierdurch werden vor allem die Vorgänge der Verwitterung und Erosion (des natürlichen Bodenabtrags durch Wind- und Wassereinwirkung) sowie der Transport und die Umverteilung von Gesteinen und Böden beeinflusst.

Stoffkreisläufe

Nach diesen globalen Modellen betrachten wir den speziellen geochemischen Kreislauf von Metallen. Er beginnt beim Tiefengestein, das infolge von Vulkantätigkeit über die Erdoberfläche oder den Meeresboden in das Wasser und in die Atmosphäre gelangt. Infolge der Verwitterung von Gesteinen werden Metalle gelöst (chemische Verwitterung) in den Wasserkreislauf oder in Form von Stäuben (physikalische Verwitterung als Gesteinszerkleinerung durch mechanische Kräfte) in den Atmosphärenkreislauf gebracht. Die Sedimentation stellt den entgegengesetzten Vorgang dar. Schwermetallverbindungen werden auf diese Weise dem Kreislauf entzogen, können jedoch bei geochemisch oder anthropogen bedingten Veränderungen (pH-Wert-Änderung im Wasser, biogeochemische Veränderung im Sediment, Einfluss von Komplexbildnern aus Abwässern) wieder remobilisiert werden. Ebenfalls gegenläufige Prozesse im geochemischen Kreislauf sind die Übergänge von Metallverbindungen in Aerosolen aus der Hydro- in die Atmosphäre und die Rückkehr über die Niederschläge entweder auf den Boden oder in die Gewässer. Metalle spielen als Gase im Stoffkreislauf nur eine geringe Rolle (Ausnahmen: Hydride von Arsen und Selen sowie elementares Quecksilber im gasförmigen Zustand; flüchtige metallorganische Verbindungen wie Methylquecksilber).

Folgen wir den Geochemikern nun von der Erdkruste und dem Boden in die *Hydrosphäre*. Ozeane, Seen, Flüsse, Grundwasser, Polareis und Gletscher bilden die Hydrosphäre in flüssigem, gasförmigem und festem Zustand. 97,3 % des Gesamtwasservorrats, der etwa 0,3 % der Erdmasse ausmacht, bedecken 71 % der Erdoberfläche und befinden sich in den Ozeanen. Der globale Wasserkreislauf kann als eine riesige, von Sonnenenergie gespeiste Destillationsanlage aufgefasst werden mit einer Kapazität von etwa 420 000 km^3 im Jahr, die zu 85 % aus den Ozeanen stammt. Die Verdunstung ist dann am höchsten, wenn die Wasseroberfläche warm, die Luft trocken ist und eine effektive vertikale Verteilung des Wasserdampfes (durch hohe Windgeschwindigkeit) erfolgen kann. Als bedeutendste Senke für Wasser in der Atmosphäre ist die Kondensation des Wasserdampfes mit anschließendem Ausregnen zu nennen. Die Verweilzeiten des Wassers betragen in der Atmosphäre etwa 8–10 Tage, in den Ozeanen 1700–3000 Jahre. Wasser spielt als Lösemittel eine wichtige Rolle bei Verwitterungsprozessen, bei Transportvorgängen im Boden sowie chemischen Umsetzungen in Flüssen und Meeren.

Die Gehalte an gelösten Bestandteilen unterscheiden sich im Regenwasser, Flusswasser und im Meerwasser sehr deutlich: Im Regenwasser sind Konzentrationen im mg/l-Bereich, im Flusswasser im 10 mg/l-Bereich vorhanden, im Meerwasser dagegen werden Prozentgehalte erreicht. So wurden für Natrium- und Chlorid-Ionen im Regenwasser etwa 1,1 mg/kg (ppm), im Flusswasser 2,5 bzw. 0,6 mg/kg, an Sulfat-Ionen im Regenwasser 4,2 mg/kg, im Flusswasser dagegen 11 mg/kg ermittelt. Meerwasser dagegen enthält 10560 mg/kg an Chlorid-, 18980 mg/kg an Natrium- sowie 2650 mg/kg an Sulfat-Ionen. *Regenwasser* stammt aus dem Destillationsprozess der Natur und sollte daher das reinste Wasser auf der Erde sein. Aufgrund des intensiven Kontakts mit der oxidierend wirkenden Atmosphäre, die Sauerstoff, Wasserstoffperoxid, Ozon und sehr reaktionsfähige Hydroxylradikale enthält, werden insbesondere die Oxide des Schwefels und des Stickstoffs gebildet. Viele dieser Prozesse werden durch Katalyse beschleunigt und sind photochemisch induziert. Die Oxidation von Stickstoffoxiden (Stickstoffmono- und -dioxid) zur Salpetersäure findet vor allem in der Gasphase, die von Schwefeldioxid zur Schwefelsäure dagegen in der Wasserphase statt. Die Niederschlagsbildung bedeutet einen hohen Reinigungseffekt für die Atmosphäre. Im Niederschlagswasser sind Stoffe angereichert, die sich in Wasser gut lösen – Sauerstoff und Kohlenstoffdioxid als natürlich vorkommende Gase, aus anthropogenen Quellen, vor allem aus Industrie- und Fahrzeugabgasen, auch Kohlenstoffmonoxid, Schwefeldioxid, nitrose Gase, Ammoniak, Ruß und schwermetallhaltige Industriestäube sowie organische Verbindungen wie Disulfide. Dazu kommen Meersalzaerosole. Über den geogenen und anthropogenen Staub gelangen auch basisch reagierende Stoffe wie Magnesiumcarbonat und Calciumcarbonat in den Regen. Insgesamt überwiegen im sogenannten *sauren Regen* jedoch die genannten Säuren, sodass pH-Werte um 4,3 erreicht werden.

Die allgemeine Geochemie hat sich in den letzten Jahrzehnten zunehmend zu einer *Umweltgeochemie* entwickelt. Für Untersuchungen über Wechselwirkungen zwischen Wasser und Land – auch als Umweltchemie im Umweltkompartiment Wasser verstanden – werden Methoden der Hydrologie, der Physik, Chemie und der Biologie eingesetzt. Als wichtige Aspekte der Physik sind der Energieeintrag (bestimmend für die Vorgänge der Verdunstung, aber auch für die Geschwindigkeit der Stoffkreisläufe – s. weiter unten), die Erosionsrate, die Einflüsse von Temperatur, die Sedimentationsrate und die Verlandung zu nennen. Die *Erosion* als natürlicher Bodenabtrag, d.h. als Abtransport von Bodenpartikeln an der Landoberfläche durch Wasser- und Windeinwirkung, steigt mit der Strömungsgeschwindigkeit und sinkt mit der Größe der transportierten Partikel und deren Bindungsstärke im Boden. Durch *Sedimentation* entstehen lockere Bodenschichten in einem stehenden Gewässer, die eine wichtige Rolle in deren Stoffkreislauf spielen. Durch Sedimentationen von vor allem organogenem Material (als Schlamm oder Torf) können stehende oder langsam fließende Gewässer schließlich vom Ufer aus zuwachsen, was man *Verlandung* nennt. Die Chemie der Gewässer wird von den Stoffkreisläufen (Beispiel s. weiter unten) und von Gleichgewichten zwischen Boden und Wasser bestimmt. Wesentliche Faktoren sind pH-Änderungen, Stoffumwandlungen wie die des Stickstoffkreislaufes, Vorgänge der Humusbildung, der Auswaschbarkeit (oft damit verbundene Remobilisierung) von Stoffen aus der Festphase und allgemein die Vorgänge einer chemischen Verwitterung.

Im Gegensatz zu einer physikalischen Verwitterung, die eine mechanische Zerlegung von Gesteinen beinhaltet (thermisch durch Frost, auch durch Salz), fasst die *chemische Verwitterung* vier unterschiedliche Vorgänge zusammen: die *Lösungsverwitterung* als chemische Verwitterung allgemein infolge der Umsetzungen von Gesteinen mit Wasser, aber auch mit Kohlenstoffdioxid, Sauerstoff, Schwefel- und Stickstoffoxiden, die *hydrolytische Verwitterung* als die am weitesten verbreitete Art der chemischen Verwitterung, als Mineralzersetzung durch Hydrolyse (vor allem bei Salzen schwacher Säuren wie Carbonaten und Silicaten), die *Oxidationsverwitterung* unter wesentlicher Mitwirkung von Sauerstoff neben der Hydrolyse (bei Eisen- und Mangancarbonaten) und die *Verwitterung durch Komplexbildung* – hier tragen die durch die Zersetzung von Biomasse oder die als Pflanzenexsudate entstandenen organischen Säuren (Essig-, Citronen- oder Fulvosäuren der Huminstoffe) zur chemischen Gesteinsverwitterung und vor allem zur Mobilisierung von Schwermetallen bei.

Die Chemie des Gewässers bestimmt schließlich auch dessen Biologie. Hohe Nährstoffangebote steigern die Nettoproduktion von Organismen. Es können Monokulturen (beispielsweise spezielle Algen) entstehen. Bioregulationsvorgänge bestimmen die Ökologie eines Gewässers, zu der auch die Nischen (als ein von ökologischen Faktoren wie Raum, Zeit, Nahrung und Temperatur bestimmtes Gebilde für eine bestimmte Art) gehören. Der ökologische Regelkreis schließt physikalische und chemische Faktoren als wesentliche Stör- und Regelgrößen ein. Die Eutrophierung eines Gewässers ist das Ergebnis einer anthropogen bedingten Erhöhung des Nährstoffangebotes, gefolgt von einer Erhöhung der Produktivität, die eine Sauerstoff-Zehrung im Gewässer zur Folge hat.

Ein globaler Stoffkreislauf soll am Beispiel des *Schwefelkreislaufes* näher vorgestellt werden. Die Schwefel-Reservoire in der Litho-, Pedo-, Hydro- und Biosphäre werden auf $12 \cdot 10^{15}$, 10^{13}, $1,3 \cdot 10^{15}$ bzw. $6 \cdot 10^{9}$ Tonnen Schwefel geschätzt. Aus Vulkaneruptionen werden jährlich 2–3 Mio. Tonnen Schwefel als Schwefeldioxid oder Schwefelwasserstoff freigesetzt. Die anthropogenen Schwefelemissionen

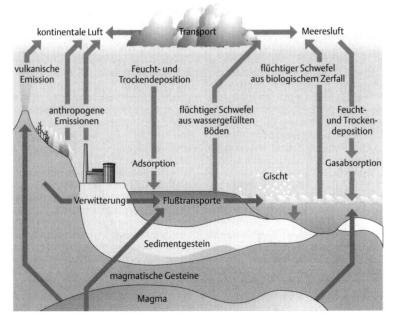

Abb. 13: Globaler Schwefelkreislauf. Aus: G. Schwedt, Taschenatlas der Umweltchemie, Thieme, Stuttgart 1996.

durch die Verbrennung fossiler Brennstoffe betragen etwa 75–80 Mio. Tonnen (Tendenz abnehmend) und stellen damit neben den biogenen Schwefel-Emissionen (s. weiter unten) die dominierende Größe des Schwefelkreislaufes. Als Schwefelsäure (saurer Regen) gelangen sie in Form von Feuchtdepositionen (oder an Partikel absorbiert als Trockendeposition) in die Hydrosphäre. Infolge des Versprühens und Verdampfens entstehen aus ozeanischen Oberflächenwässern sogenannte maritime Sulfat-Aerosole (*seasprays*), über die 1,5 Mio. Tonnen/Jahr (= 10 % der versprühten Schwefelmenge) zunächst zum Kontinent gelangen und nach einer zwischenzeitlichen Ablagerung in Flüssen wieder in die Meere transportiert werden (mittlere Verweilzeiten etwa ein Jahr). Gasförmige Schwefelverbindungen aus dem Zerfall biologischen Materials sind neben dem Schwefelwasserstoff auch Dimethylsulfid, Kohlenstoffdisulfid und Kohlenstoffoxidsulfid in geringen Anteilen. Insgesamt werden etwa 35 Mio. Tonnen Schwefel pro Jahr durch biologische Prozesse in den Böden und in der Hydrosphäre freigesetzt. Prozentual setzen sich weltweit die jähr-

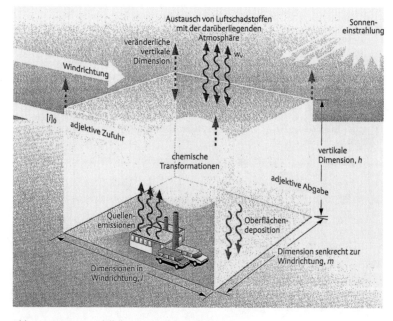

Abb. 14: Kastenmodell der Atmosphärenchemie. Aus: G. Schwedt, Taschenatlas der Umweltchemie, Thieme, Stuttgart 1996. Nach der Farbtafel von Joachim Schreiber.

lichen Schwefelemissionen in der Atmosphäre aus 38 % biogenen und 38 % anthropogenen Schwefelemissionen, 20 % Seesalzaerosolen und 4 % Gasen vulkanischen Ursprungs zusammen.

Die Kastenmodelle der Gewässer- und der Atmosphärenchemie

Das sogenannte Kastenmodell der Gewässerchemie veranschaulicht als einfaches Bild viele Charakteristika, die auch in komplizierteren Modellen eine entscheidende Rolle spielen. Es macht zwei Wege deutlich, auf denen chemische Stoffe (Spezies) in den Kasten (die Box) gelangen können: als Niederschlag von oben aus der Atmosphäre und über Wasserströme wie Flüsse, Kanalisationen u. a. (Zufuhr). Das Modell geht davon aus, dass alle chemischen Spezies innerhalb des Kastens, des festgelegten Raumes, in welchem chemische Umsetzungen stattfinden können und betrachtet werden sollen, gut gemischt sind. Die wichtigsten Veränderungen in der Zusammensetzung werden durch Reaktionen zwischen Ionen und Molekülen sowohl in den ankommenden als auch in den abfließenden Strömen, durch Ablagerungen und durch die Wechselwirkungen zwischen flüssigen und festen Bestandteilen hervorgerufen. Das Modell hat die Aufgabe, Parameter wie Ionengleichgewichte, Zustandsumwandlungen von festen zu flüssigen Bestandteilen (und umgekehrt) sowie die Wasser- und Ionenaufnahmefähigkeit der Böden im Auffangbecken wiederzugeben.

Der niederländische Meteorologe Paul *Crutzen* (geb. 1933; 1980–2000 Direktor am Max-Planck-Institut für Chemie in Mainz, Nobelpreis mit M. J. Molina und F. S. Rowland 1995) beschrieb mit seinem Mitarbeiter *Graedel* 1994 ein einfaches Modell für die chemischen Vorgänge in der Atmosphäre, ebenfalls als Kasten- oder Boxmodell. Der Eintritt chemischer Stoffe in den Kastenraum kann aus Quellenemissionen und infolge atmosphärischer Bewegungen erfolgen. Atmosphärische Bewegungen setzen sich aus Advektionen und Einmischungen zusammen. *Advektionen* beinhalten den Transport chemischer Spezies durch die Bewegung von Luftpaketen. Unter *Einmischung* ist die örtliche Zufuhr durch kleinräumige vertikale Bewegungen von Luftpaketen aufgrund turbulenter Diffusion zu verstehen. Bei der Anwendung auch dieses Kastenmodells sind zur Betrachtung der chemischen Transformationen grundsätzlich die Platzierung und Dimensionierung des Kastens zu beachten. Häufig wird das Kastenmodell für die Atmosphärenchemie auf dem Boden angesetzt, um Veränderungen der vertikalen Dimension mit den tageszeitlichen Schwankungen wiedergeben zu können. Bei Untersuchungen zum Einfluss städtischer Emissionen auf die Luft einer ländlichen Umgebung beispielsweise umfasst der Kasten das Stadtgebiet. So kann davon ausgegangen werden, dass sich die Emissionen innerhalb des Kastens gut durchmischen und auch aus der sauberen Luft chemische Spezies in den Kasten hineingelangen. Das Modell bestimmt dann die chemische Zusammensetzung der Luft, die aus dem Kasten herausströmt – die *advektive Abgabe*. Berücksichtigt werden die Sonneneinstrahlung und photochemische Reaktionen. Es finden Reaktionen im Gaszustand und auf den Oberflächen von Aerosolpartikeln sowie in Wolken-, Regen- und Nebeltröpfchen statt. Die durchschnittliche Aufenthaltszeit der Luft im Kasten ergibt sich aus der Division der horizontalen Kantenlänge durch die Advektionsgeschwindigkeit. Soll z. B. die Luftqualität im Verlaufe eines Tages in einem Stadtgebiet bestimmt werden, so müssen alle zeitabhängigen Änderungen der untersuchten Merkmale, z. B. des Verkehrs und anderer Emissionsquellen, der Windrichtung und Windgeschwindigkeit, der Höhe der Mischungsschicht sowie die wellenlängenabhängigen Schwankungen der Sonneneinstrahlung berücksichtigt werden.

Zu den physikalisch-chemischen Grundvorgängen in der Atmosphäre zählen folgende: Wasser- und Sauerstoffmoleküle absorbieren sowohl im Spektralbereich des einfallenden Sonnenlichts als auch im Infrarot (IR)-Abstrahlungsbereich der Erde. Kohlenstoffdioxid zeigt nur Absorptionsbanden im IR-Bereich, ebenso wie Fluorchlorkohlenwasserstoffe, die FCKW. Zum *Treibhauseffekt* tragen vor allem Kohlenstoffdioxid, die FCKW und in geringerem Maße auch Wasser und Sauerstoff sowie Methan und Ammoniak bei. Ozon zeigt in der Stratosphäre einen negativen Treibhauseffekt durch die Absorption des Sonnen-UV-Lichtes (unter 300 nm) und in der Troposphäre aufgrund seiner Absorptionsbanden im IR einen geringen positiven Effekt. Die wichtigsten photochemischen Primärprozesse sind Oxidationen. Die drei entscheidenden photolytischen Primärreaktionen mit ihren Grenzwellenlängen sind der relativ langsame Zerfall von troposphärischem Ozon in molekularen und angeregten Sauerstoff (ab 310 nm) sowie die rasch verlaufende Spaltung von Stickstoffdioxid (ab 400 nm) und von Formaldehyd (Methanal). Die dabei entstandenen Stoffe, vor allem die reaktionsfähigen Sauerstoffatome und –radikale,

Stickstoffmonoxid und Kohlenstoffmonoxid können dann sekundäre chemische Reaktionen, meist in Form komplexer radikalischer Kettenreaktionen, eingehen. Deren Darstellung ist in speziellen Fachbüchern zu finden (s. Literatur Schwedt).

Der Treibhauseffekt

Wagen wir nun einen ersten Ausblick in das Universum, indem wir uns zunächst den Aufbau der Atmosphäre ansehen. Sie wird vertikal in Stockwerke unterteilt, die sich in Temperatur und Teilchenkonzentration unterscheiden. Die *Troposphäre* (mittlere Ausdehnung in der Polarregion 8, in der Äquatorzone 18 km mit mehr als 80% der Gesamtmasse der gesamten Atmosphäre) vermittelt den Stoffaustausch mit der Hydro- und Lithosphäre. Die *Stratosphäre* enthält die Ozonschicht. In der *Mesosphäre* nimmt die Temperatur von 0 °C bis auf −90 °C ab; sie wirkt mit molekularem und atomarem Sauerstoff als UV-Absorber. In der *Thermosphäre* nimmt die Temperatur wieder zu (bis zu 100 °C). In der Stratosphäre nimmt die Konzentration an ionisierten Teilchen stark zu (*Ionosphäre*). Aufgrund der turbulenten Strömungen in den unteren 100 km der Atmosphäre ist dieser Teil gut durchmischt und wird daher auch als *Homosphäre* bezeichnet. Unter dem Einfluss der Gravitationskraft erfolgt in den höheren Regionen, der *Heterosphäre*, eine partielle Fraktionierung der Luftbestandteile, weshalb nur die leichteren Teilchen in den Welt-

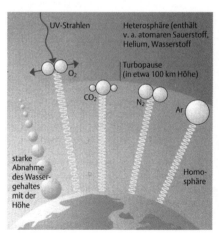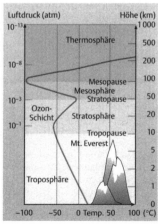

Abb. 15: Aufbau der Atmosphäre. Aus: G. Schwedt, Taschenatlas der Umweltchemie, Thieme, Stuttgart 1996.

raum diffundieren können. Die obere Grenze der Atmosphäre als Einflussgebiet des Menschen liegt bei etwa 1000 km. Die Grenzen zwischen den Sphären werden als *Tropopause* (8 bis 18 km Höhe), *Stratopause* (50 bis 55 km), *Mesopause* (80–85 km) und *Thermopause* (etwa 500 km) bezeichnet. Das Temperaturprofil der Atmosphäre ist auf die Emissions- und Absorptionsvorgänge, der Temperaturabfall auf die teilweise Abgabe von Energie durch Wärmestrahlung und Wasserverdunstung (Wolkenbildung) zurückzuführen. Etwa 30 % der einfallenden Sonnenstrahlung werden durch Reflexion an Wolken (19 %), Rückstreuung an Luftmolekülen und –partikeln (6 %) und Reflexion an der Erdoberfläche (3 %) in den Weltraum zurückgeworfen. Die Absorption solarer Strahlung von der Atmosphäre beträgt insgesamt etwa 25 %, verantwortlich dafür sind Ozon in der Stratosphäre (3 %), Wolken (5 %) und Wassermoleküle in der Troposphäre (17 %). 47 % der einfallenden Sonneneinstrahlung werden somit von der Hydro- und Lithosphäre absorbiert. Das Ozon in der Stratosphäre absorbiert nur den kurzwelligen Teil der UV-Strahlung mit einem Anteil von 3 % an der Gesamtenergie der einfallenden Sonnenstrahlung, schützt damit jedoch das Leben auf der Erde. Die wichtigsten Moleküle bei der Absorption von infraroter (Wärme-) Strahlung sind Wasser und Kohlenstoffdioxid, aber auch Methan, Stickstoffdioxid und Fluorchlorkohlenwasserstoffe (FCKW), die aufgrund ihres Einflusses auf die Erderwärmung auch als *Treibhausgase* bezeichnet werden. Wegen der Absorptionsfähigkeit dieser Gase und der Wolken gelangt nur ein geringer Teil von etwa 5 % der Nettoinfraroteinstrahlung direkt in den Weltraum. Ein Teil der Sonnenenergie, die auf der Erdoberfläche absorbiert wird, geht in sogenannte *latente Wärme* (Wärme in gespeicherter Form) über. Sie wird bei der Umwandlung von Wasser aus dem flüssigen in den gasförmigen Zustand aufgenommen und erst bei der Kondensation des Wasserdampfes wieder abgegeben. Weitere Beiträge zur Freisetzung von Oberflächenwärme liefern Konvektion und Turbulenzen (etwa 10 %) und die Absorption von IR-Strahlung durch die genannten Treibhausgase. Der größte Teil der Nettoinfraroteinstrahlung wird von der Erde wieder abgestrahlt, dann zunächst von den klimarelevanten Gasen absorbiert und als Wärmeenergie gespeichert. Diese strahlen dann die aufgenommene Energie in alle Richtungen ab. Dieser *Wärmestau* entspricht dem eines Treibhauses (zum Gemüseanbau) und wird daher als *Treibhauseffekt* bezeichnet.

Das für die Assimilation der Pflanzen unverzichtbare Kohlenstoffdioxid ist zugleich Hauptverursacher eines zusätzlichen Treibhauseffektes. Während des Tages wird die einfallende Sonnenstrahlung vor allem vom Erdboden als Wärme gespeichert und nachts als IR-Strahlung in den Weltraum wieder abgegeben. Absorption und Reflexion von vor allem Kohlenstoffdioxid in der Troposphäre verringern diese Abstrahlung in gleicher Weise wie die Glasscheiben eines Treibhauses Sonnenlicht durchlassen, im Boden durch Absorption in Wärme umwandeln und diese als IR-Strahlung zurückhalten. Auf diese Weise findet eine Abkühlung des Innenraumes durch Abstrahlung (bei niedrigen Außentemperaturen) nicht statt. Aufgrund dieses Vorganges liegt die Durchschnittstemperatur auf der Erde etwa 33 °C höher als bei totaler Abstrahlung. Der Kohlenstoffdioxid-Gehalt ist seit Beginn der Industrialisierung von etwa 250 ppm (um 1760) auf 300 ppm (um 1920), 330 ppm (1975) und über 350 ppm (2000) unter Berücksichtigung der jahreszeitlichen Schwankungen gestiegen. Damit verbunden ist eine Temperaturzunahme, die für die letzten Jahrzehnte etwa 0,3–0,6 °C betrug – in den nördlichen Breiten mit dem »ewigen Eis« sogar z.T. über 5 °C. Kohlenstoffdioxid hatte um das Jahr 2000 einen Anteil von fast 50 % am Treibhauseffekt. Andere wesentlich beteiligte Spurengase sind Methan (mit 19 %), FCKW (mit 17 %), troposphärisches Ozon (8 %) und Distickstoffoxid (8 %). Die Klimawirksamkeit der auch langlebigen Spuren wie Distickstoffoxid (mit dem Faktor 200 gegenüber Kohlenstoffdioxid) und der FCKW (Faktor 3500 bis 17000) sowie das bodennahe kurzlebige Ozon (Faktor 2000) tragen hierzu wesentlich bei.

2.4 Zur Chemie des Vulkanismus

Vor den anschließenden historischen und touristischen Ausflügen in die Eifel bzw. zu den Vulkanen Vesuv und Ätna sei hier ein Einblick in die moderne *vulkanische Chemie* vermittelt. Unter Vulkanismus werden alle geologischen Vorgänge zusammengefasst, bei denen aus dem Erdinneren fester, flüssige oder gasförmige Stoffe an die Erdoberfläche gelangen. Ausgangspunkt dafür sind schmelzflüssige Magmaansammlungen in Vulkanherden (*Magmakammern*) in unterschiedlichen Tiefen zwischen zwei und 50 km. Wesentliche Vorgänge sind Abkühlung, Druckentlastung und Kristallisation; sie führen zu einer Freisetzung der unter hohem Druck im Magma gelösten Gase. Die Druckentlastung kann an sogenannten tektonischen Schwächezonen erfolgen, an Stellen, an denen Verwerfungen und andere Störungen der Erdkruste entstanden sind. Unter *vulkanischen Förderprodukten* versteht man Laven, Lockermassen und Gase. Als *Pyroklastite* werden zusammenfassend die aus dem (festen oder flüssigen) in die Luft geschleuderten Material entstandenen Gesteine bezeichnet. In den gasförmigen Eruptionen können Wasser (als Dampf), Kohlenstoffdioxid, Schwefeldioxid, Wasserstoff, auch Kohlenstoffmonoxid, Chlorwasserstoff, Fluorwasserstoff oder Schwefelwasserstoff auftreten. Bei den Magmen handelt es sich um Silicate von Aluminium, Eisen, Magnesium, Calcium, Natrium und Kalium mit schwankenden Siliciumdioxidanteilen (33–72%). Bei über 65% Siliciumdioxid spricht man von sauren, bei unter 52% an Siliciumdioxid von basischen Magmen. Saure Magmen stammen vor allem aus den explosiv tätigen Vulkanen.

Bei 700 °C schmelzen in den Vulkanen bereits Kristalle, ab 1100 °C (im Ätna bei etwa 1180 °C) wird das Gestein flüssig. In Kammern bildet sich dann das *Magma*. Es steigt bei einem Ausbruch in einem Schlot auf und tritt an Kratern aus. Außerhalb des Vulkans bezeichnet man das flüssige Gestein als *Lava* (von ital. *labi*, fließen). Begleitet wird der Ausbruch durch das Ausströmen der genannten Gase, vor allem Wasserdampf. Chemisch repräsentiert Lava die Zusammensetzung der Erdkruste. Erkaltet die Lava, so können sich je nach den Umgebungsbedingungen Tuff, Bims, Basalt oder Obsidian bilden.

Allgemein als Schlacke wird die erstarrte Kruste eines Lavastromes bezeichnet. Sie ist blasig, mit dunkelgrauer bis braunroter Farbe und findet als Material für den Wegeunterbau Verwendung. *Tuff* (oder auch Trass) heißen die nachträglich verfestigten (lockeren) vulkanischen Auswurfmassen (Aschen) mit Beimischung verschiedener Gesteine. Tuff kann grau, gelb oder sogar rötlich gefärbt sein, ist relativ weich mit manchmal auch scharfen Kanten und wird als Werkstein verwendet. *Bims* besteht aus einer durch Gase aufgeschäumten Magma mit hellgrauer bis weißer Farbe. Bims ist leicht, porös, schwimmt auf dem Wasser und wird als Mauerstein und Schleifmittel eingesetzt. *Basalt* (lat. von griech. *basanités*, harter Probierstein – wahrscheinlich aus dem Ägyptischen für hartes Schiefergestein zur Goldprüfung) wird eine Gruppe dunkler basischer Vulkanite genannt. Die dunkle Farbe stammt von *Pyroxenen* (kompliziert zusammengesetzten Inosilicaten mit SiO_3^{2-}-Ionen als Bausteinen in Ketten oder Bändern) und fein verteiltem Magnetit (Magneteisenstein Fe_3O_4), Ilmenit (Titaneisenstein $FeTiO_3$) und Olivin [$(Mg,Fe)_2SiO_4$]. *Obsidian* wurde nach Mitteilung von Plinius dem Älteren von dem römischen Reisenden Obsius in Äthiopien entdeckt und nach diesem benannt. Es handelt sich um ein kieselsäurereiches vulkanisches Gesteinsglas (mit Gasresten/-einschlüssen und weniger als 3 % Wasser), das bei einer raschen Erstarrung der Lava gebildet wird. Bereits in der Steinzeit wurde Obsidian vereinzelt in Form von Klingen, Schabern oder Pfeilspitzen verarbeitet. Im Alten Orient, in Ägypten und auf Kreta wurde dieser spezielle (und schwer zu bearbeitende) Werkstoff auch für Gefäße verwendet.

Im Vulkanpark Eifel

Im Oktober 2004 erhielten der Vulkanpark im Landkreis Mayen-Koblenz, der Vulkanpark Brohltal/Laacher See und der Vulkaneifel European Geopark als *Nationaler Geopark Vulkaneifel* nach strengen fachlichen Auswahlkriterien ihre Anerkennung durch die Alfred-Wegener-Stiftung zur Förderung der Geowissenschaften (AWS). Der Nationale Geopark Vulkaneifel zählt zu den UNESCO Global Geoparks. Hervorzuheben ist die Vielfalt des vulkanischen Formenschutzes der Region – von den Maaren, Schlackenkegel, Lavaströmen, -domen, Calderen bis zu den sprudelnden Quellen sowie alten Stollen und Bergwerken im vulkanischen Gestein. In der Vulkaneifel wurden etwa 270 Ausbruchszentren registriert (www.geopark-vulkanland-eifel.de).

Die *Alfred-Wegener-Stiftung zur Förderung der Geowissenschaften* wurde 1980 gegründet. Im Jahre 2004 erfolgte die Umbenennung in *GeoUnion Alfred-Wegener-Stiftung*. Sie trägt den Namen des bedeutenden deutschen Polarforschers Alfred *Wegener* (1880–1930), dessen Kontinentaldrift-Hypothese den Startpunkt der Entwicklung des Bildes einer dynamischen Erde darstellt. Die GeoUnion ist eine Stiftung Bürgerlichen Rechts mit zurzeit (2009) 32 geowissenschaftlichen Organisationen als Trägereinrichtungen (www.geo-union.de).

Die »Deutsche Vulkanstraße« erschließt auf einer Gesamtstrecke von 280 km insgesamt 39 nicht nur geologische, sondern auch kulturhistorische und industriegeschichtliche Sehenswürdigkeiten. Eine

Rundreise zu den wichtigsten geologischen Punkten kann beispielsweise am *Laacher See* bei Maria Laach beginnen. Das Vulkangebiet des Laacher Sees ist durch erdgeschichtlich junge Vulkane geprägt. Das einsam gelegene Kloster ist im Jahre 1093 als Abtei »Sanctae Mariae ad Lacum« von Pfalzgraf Heinrich von der Pfalz gegründet worden. Die zu den herausragenden romanischen Bauwerken in Deutschland zählende Kirche wurde 1156 geweiht. Die Bezeichnung Laacher See ist im doppelten Sinne falsch: Laach, verwandt mit Lache von lat. *lacus* = See, ist ein sogenannter Pleonasmus (überflüssige Häufung sinngleicher Wörter), und es handelt sich auch nicht um einen Vulkansee, sondern eine wassergefüllte *Caldera* (Einbruchkrater).

Der Begriff *Caldera* stammt aus dem Spanischen und bedeutet Kessel. Er wurde von dem bedeutenden deutschen Geologen Leopold von Buch (1774–1853) für eine kesselförmige Hohlform vulkanischer Herkunft auf der Kanareninsel La Palma eingeführt. Vor etwa 13 000 Jahren brach der Vulkan bei Maria Laach zum bisher letzten Male aus, was relativ genau im Jahre 1999 durch dendrochronologische Untersuchungen an sehr gut erhaltenen Baumresten in ascheverschütteten Wäldern auf das Jahr 10 932 v. Chr. datiert wurde. Der Laacher-See-Vulkan ist nur einer der vielen Eifelvulkane, durch deren Ausbrüche in den letzten 300 000 Jahren die menschliche Besiedlung des Rheinlandes stark geprägt bzw. verändert wurde. Nach neuesten Erkenntnissen hatte die Laacher-See-Eruption katastrophale Auswirkungen. Sie dauerte nur wenige Tage, verlief in mehreren Phasen und begrub Pompeji-artig eine prähistorische Landschaft unter teilweise meterhohen Asscheschichten.

Der Ausbruch wird von Geologen als die letzte wirklich große Naturkatastrophe in der nördlichen Hemisphäre am Ende des geologischen Zeitalters Pleistozän (das quartäre Eiszeitalter, früher Diluvium genannt, beginnend vor etwa 1 Mio. Jahren, dauernd bis vor etwa 10 000 Jahren) bezeichnet. In etwa 3 km Tiefe hatte sich eine Lavakammer gebildet. Diese war im unteren Bereich mit flüssigem Gestein (Magma), im oberen mit Gasen gefüllt. Als die Gesteinsschmelze in Kontakt mit Grundwasser kam, öffnete sich über der Kammer infolge der Wasserdampfexplosion ein trichterförmiger Schlot. Die dadurch erfolgte Druckentlastung verursachte eine Entspannung der im Magma gelösten Gase und es kam zur Eruption. Bimsstein und Asche begruben eine Fläche von mehr als 1300 km^2 stellenweise bis zu 10 m hoch unter sich. Die Eruptionssäule stieg bis zu 40 km in die Atmosphäre. In mehreren kurz hintereinander folgenden Phasen ergossen sich rund 20 km^3 Eruptivgestein in die Umgebung des heutigen Laacher Sees. Der Rhein staute sich bei der Andernacher Pforte zeitweise zu einem über 80 km^2 großen See auf. Nach einiger Zeit trat ein Dammbruch ein, der entstandene See entleerte sich und verursachte eine gigantische Flutwelle. Spuren der Asche vom Laacher See wurden in Entfernungen von bis zu 1100 km in der Schweiz, in Frankreich und sogar in Schweden nachgewiesen. Die wassergefüllte Caldera, der Einbruchkrater, der nach dem Entleeren der Magmakammer unterhalb des Vulkankegels durch einen Einsturz entstand, zeigt noch heute die darunter vorhandene vulkanische Aktivität. Unter dem Laacher See (Fläche 3,32 km^2, tiefste Stelle 53 m) herrschen nach wie vor hohe Temperaturen. Aus der sich langsam abkühlenden Magmakammer kann ständig Kohlenstoffdioxid entweichen. Wer einen Rundweg um den Laacher See unternimmt, wird als aufmerksamer Beobachter am südöstlichen Ufer aufsteigendes Kohlenstoffdioxid in Form unterschiedlich großer Gasblasen entdecken können. Das Gas steigt in feinen Rissen und Spalten auf. Bei zugefrorener Randzone bleiben an diesen Stellen deutlich sichtbare Löcher. Tafeln auf diesem Teil des Seerundweges informieren über die Geologie. Vulkanologen und Geologen gehen zurzeit nicht davon aus, dass die Gefahr eines erneuten Ausbruchs besteht; völlig auszuschließen ist es aber auch nicht.

Im benachbarten *Mendig* sind nähere Informationen im *Deutschen Vulkanmuseum Lava-Dome* zu erhalten. Dazu gehört auch die »fiktive Nachrichtensendung im ›Rundkino‹ über einen erneuten Ausbruch des Laacher-See-Vulkans«. Außerdem wird mit entsprechenden Geräuschen und Erschütterungen im Raum der Ausbruch des Vulkans simuliert, wodurch auch die Phasen eines Vulkanausbruches anschaulich demonstriert werden. Die Bezeichnung *Lava Dome* (engl. für Lavakuppel) bezieht sich auf eine Staukuppe oder einen Vulkandom, eine hügelförmige Erhebung. Sie entsteht durch die Eruption sehr zähflüssiger Lava mit einem hohen Siliciumdioxidanteil. Infolge einer schnellen Abkühlung und der sehr geringen Fließweiten entsteht unmittelbar über der Austrittsstelle ein Lavadom, der den Vulkanschlot nach oben verschließt. Der Ortsteil Niedermendig, in dem sich das Vulkanmuseum befindet, ist auf drei Basaltströmen erbaut. Im Stadtzentrum und im Ostteil liegen zwei Lavaströme im Untergrund übereinander. Sie sind von mächtigen Bimsablagerungen überdeckt. Wegen des hohen Anteils an magnetischen Mineralien konnte die Ausdehnung der Lavaströme durch Magnetfeldmessungen festgestellt werden. Die Niedermendiger Lavaströme stammen aus dem nördlich von der Stadt gelegenen Schlackenkegel *Wingertsberg*. Als vor 13 000 Jahren der Vulkan im Laacher See-Gebiet ausbrach, traten riesige Mengen an etwa 1300 °C heißer Magma aus und rasten als 600 °C heiße Glutlawinen durch die Täler. In der Wingertsbergwand am Rande eines Steinbruchs ist eine etwa 50 m hohe Wand aus Tuff und Bims mit einer dünenartigen Wellen-Struktur zu besichtigen. Unterhalb der Stadt Mendig kann der sogenannte *Lavakeller* im Rahmen einer Führung besichtigt werden. In 32 m Tiefe ist auf 3 km^2 ein Netz von unterirdischen Felsenkellern entstanden. Die Bewohner hatten im Lauf der Jahrhunderte die Basaltlava als Baumaterial gewonnen. In der Mitte des 19. Jahrhunderts nutzten dann 28 Brauereien die entstandenen Felsenkeller mit ihrer gleichbleibenden Temperatur von 6–9 °C zur Bierlagerung.

Von Mendig begeben wir uns auf der Deutschen Vulkanstraße über *Nickenich* (mit dem Eppelsberg und dem Aufschluss eines Schlackenkegels) zum *Römerbergwerk Meurin* bei Kretz. Die einzigartige Ausgrabungsstätte wird durch eine futuristisch anmutende freitragende Stahl-Glas-Konstruktion geschützt. Es handelt sich um das größte erhaltene römische Tuffstein-Bergwerk nördlich der Alpen und befindet sich am Rande des noch im Betrieb befindlichen Grubenbetriebes Meurin. Der Tuff stammt aus den Eruptionen des Laacher-See-Vulkans. Der harte Stein war von einer vier bis sechs Meter hohen porösen Bimsschicht überdeckt.

Vom Römerbergwerk (zu besichtigen mit einem Audioführer) führt die Deutsche Vulkanstraße dann zum nächsten Info-Zentrum – zum *Vulkanpark Informationszentrum Rauschermühle* in Plaidt mit zahlreichen Multimedia-Informationen und ebenfalls einem Audioführer. Dieses Infozentrum kann auch als Startpunkt für eine Entdeckungsreise des Mayener Vulkanlandes gewählt werden. Im Rauscherpark, einem Lehrpfad, werden die verschiedenen Techniken der Steinbearbeitung vorgestellt. Ein 25-minütiger Film mit dem Titel »Vulkane der Osteifel – eine heiße Geschichte« wird anhand von Filmmaterial und Computersimulationen die Entstehung der Vulkanlandschaft über 200 000 Jahre dargestellt. Im Tuffbergwerk wird ein 3-D-Kurzfilm im »Kinostollen« gezeigt, der die Zeit des römischen Tuffabbaus darstellt. Dort erfährt der Besucher auch Details zur Entstehung von Tuffstein, insbesondere, dass sich die ursprünglich lockeren bimsreichen Ablagerungen der Aschströme durch Grund- und Oberflächenwasser in unterschiedlich verfestigten Tuff umgewandelt haben und dass die Neubildung von Kristallen zu einer Zementation im Tuff schließlich bei andauerndem Kontakt mit Wasser zur Bildung von Tuffstein führte.

Im westlichen Teil der Deutschen Vulkanstraße können wir beispielsweise eine Rundreise in *Bad Bertrich* beginnen, bekannt durch seine 32 °C warme Glaubersalzquelle und die sogenannte »Käsegrotte«, wo eine spezielle Basaltverwitterung beobachtet wird. Auf dem Weg zum Ort *Strohn*, wo eine riesige *Basaltbombe* aus dem Wartgesberg zu bewundern ist, kommt man am Immerather Maar und am Pulvermaar vorbei. Die Basaltbombe entstand, als ein Stück Kraterwand in den glühenden Schlot zurückrutschte und danach mehrmals wieder nach oben geschleudert wurde. Bei diesen Vorgängen setzten sich immer mehr siedend heiße Lavastücke an dem Brocken an, der infolge der Rollbewegung ständig an Größe zunahm. Nach dem Erkalten verblieb die »Bombe« in der Lavawand und löste sich bei Steinbrucharbeiten (Sprengungen) plötzlich aus der Wand. Im *Vulkanhaus Strohn* sind zahlreiche interaktive Stationen aufgebaut. Unter anderem wird der auf Wasser schwimmende Bims gezeigt und der »heiße Atem der Vulkane« (aus Kohlenstoffdioxid, Schwefeldioxid, Schwefelwasserstoff und Wasser) dargestellt. In der Dorfmitte steht eine 6 m lange und 4 m hohe Lavaspaltenwand, die 1980 beim Abbau eines nahen Steinbruchs gefunden wurde. Auf dem Weg nach *Daun* kommt der Reisende an einem Ort des Ausblicks auf das »Dürre Maar« (Hochmoor), das »Hitsche« genannte Maar (kleinstes Maar der Eifel) und am Gmünder Maar vorbei. In Daun, dem Kneippkurort und der Eifel-Metropole, befindet sich das *Eifel-Vulkanmuseum*. Dort kann der Besucher einen Vulkan zum Leuchten bringen, rotglühendes Magma an die Oberfläche pumpen und sich interaktiv am Computer informieren. Im relativ kleinen Museum können auch Informationen über die Geo-Routen im European Geopark erhalten werden.

Von Daun reisen wir zum *Kaltwasser-Geysir* in *Wallenborn*. Auf den unweit gelegenen Bertradaburg wurde Kaiser Karl der Große geboren und verbrachte dort einen Teil seiner Kindheit. Der wallende Born, der dem Ort seinen Namen gab, wurde 1933 durch eine Bohrung freigesetzt (s. auch weiter unten: der Geysir bei Andernach). Das physikalisch-chemische Prinzip lässt sich anhand einer Flasche mit Sprudelwasser veranschaulichen: Schüttelt man die geschlossene Flasche und öffnet sie dann, spritzt Wasser heraus. Geologisch gesehen befindet sich in einer Tiefe von etwa 30 m eine Kammer, in der sich aus den in der Eifel noch aktiven vulkanischen Prozessen Kohlenstoffdioxid sammelt, bis der Druck größer als die darüberstehende Wassersäule geworden ist. Dieses Phänomen tritt in Abständen von 35–40 min auf. Es erfolgt dann eine Eruption des Wassers als Calciumhydrogencarbonat-Säuerling.

Auf der Reise von Wallenborn nach *Manderscheid* kommt man am größten Maarkessel, dem Meerfelder Maar, vorbei. In Manderscheid sind im *Maarmuseum*, einer ehemaligen denkmalgeschützten Festhalle im Baustil der Neuen Sachlichkeit, nicht nur das begehbare Modell eines Maares, sondern auch das »Eckfelder Urpferd« (lebte vor 45–50 Mio. Jahren, gefunden im Eckfelder Maar) als vollständig erhaltenes Skelett einer trächtigen Stute zu bewundern. Ebenso wird über die Entstehung und Beschaffenheit der für die Vulkaneifel typischen Kraterseen ausführlich informiert (s. auch www.deutsche-vulkanstraße.com).

Kehrt der Reisende von der Deutschen Vulkanstraße an den Rhein zurück, so kann er bei *Andernach* einen zweiten *Geysir* beobachten. Die Geschichte des Geysirs von Andernach beginnt um 1900. Im toten Rheinarm der Halbinsel *Namedyer Werth* (früher eine sogenannte Rheinaninsel, seit 1857 eine Halbinsel infolge der Rheinbegradigung)

Abb. 16: Der Geysir in Namedy bei Andernach am Rhein springt 50 m hoch aus 350 m Tiefe. Ausschnitt aus einer Postkartenansicht des Namedyer Sprudels aus dem Jahre 1910.

wurden erstmals aufsteigende Gasblasen beobachtet. 1903/04 brachte man eine Bohrung nieder, um ein Mineralwasservorkommen zu erschließen. Bei diesen Arbeiten sprang plötzlich ein Geysir etwa 40 m hoch.

Bei einem Geysir handelt es im ursprünglichen Sinne um eine heiße Quelle (isländisch zu *geysa*, in heftige Bewegung bringen), die überwiegend in regelmäßen Abständen eine Wasserfontäne ausstößt. Am bekanntesten sind die Geysire auf Island. Sie funktionieren nach dem Prinzip, das oben für den Geysir von Wallenborn beschrieben wurde. Aus den zahlreichen Kohlenstoffdioxidquellen der Vulkaneifel dringt das Gas durch die ebenso zahlreich vorhandenen Risse und Klüfte der Gesteinsschichten und trifft in einer Tiefe von mehreren hundert Metern unter dem Namedyer Werth auf relativ kaltes Grundwasser. Wegen der niedrigen Wassertemperatur können dort große Mengen an Kohlenstoffdioxid gelöst werden. Dieses an Kohlenstoffdioxid gesättigte kalte Grundwasser gelangt in den etwa 350 m tiefen Bohrbrunnen aus dem Jahre 1904. Hier steigt die Wassersäule langsam bis zur Erdoberfläche an, wodurch sich der Druck bei vollständig gefülltem Brunnen in der Tiefe auf 35 bar erhöht. Auf diese Weise steigt weiterhin auch der Gehalt an gelöstem Kohlenstoffdioxid. Beim Aufstieg des an Kohlenstoffdioxid gesättigten Wassers verringert sich der Druck, sodass Kohlenstoffdioxid als Gas freigesetzt wird.

Die weiteren Vorgänge bis zum Auftreten des Geysirs lassen sich wie folgt beschreiben: Auf dem Weg zur Erdoberfläche erhöht sich das Volumen der Gasblasen. Infolge des Zustroms an Grundwasser aus der Tiefe und der Volumenausdehnung der Kohlenstoffdioxidbläschen wird zugleich das entsprechende Wasservolumen verdrängt, sodass am Brunnenkopf Wasser überzulaufen beginnt. In der Folge nimmt der Druck ab, die Löslichkeit von Kohlenstoffdioxid verringert sich dadurch, so dass immer mehr Gasblasen in Richtung Brunnenkopf aufsteigen und immer mehr Grundwasser überströmen lassen. Der so ausgelöste Domino-Effekt beschleunigt den Vorgang so stark, dass eine Fontäne als Naturschauspiel aufsteigt. Nach dem Ausbruch füllt sich der Brunnen erneut mit kaltem Grundwasser und der beschriebene Vorgang wiederholt sich in relativ gleichmäßigen Abständen. Der Geysir von Andernach (www.geysir-andernach.de) gehört heute zu den Attraktionen des Vulkanparks Eifel und ist seit dem Frühsommer 2009 Besuchern zugänglich. Gleichzeitig wurde ein Erlebnis- und Informationszentrum eröffnet, in dem die Besichtigung beginnt und von dort zum Geysir mit einer Schifffahrt fortgesetzt wird. Der seit dem 7. Juli 2006 regelmäßig springende Geysir ist als der größte Kaltwassergeysir der Welt seit November 2008 auch im Guinness-Buch der Rekorde verzeichnet.

Aktive Vulkane in Südeuropa: Ätna und Vesuv

Beobachtungen *vulkanischer Phänomene* zählen zu den ältesten Verfahren, den inneren Aufbau der Erde zu erforschen.
Der römische Schriftsteller und Gelehrte *Gaius Plinius Secundus* (Plinius der Ältere; 23 oder 24 n. Chr. bis 79 n. Chr.), der bei einem Ausbruch des Vesuvs ums Leben kam, berichtet in seiner *Historia naturalis* (Naturgeschichte) in 27 Bänden (Kapiteln) über das gesamte naturwissenschaftliche Wissen seiner Zeit. Sein Neffe und Adoptivsohn Plinius der Jüngere (Gaius Plinius Cecilius Secundus, römischer Redner und ebenfalls Schriftsteller, 61 oder 62 bis um 113 n. Chr.) schrieb an seinen Freund Tacitus in einem Brief über den Tod seines Oheims beim Vesuvausbruch u. a. Folgendes:

»... Er war in Misenum [etwa 25 km vom Vesuv entfernt] und führte persönlich das Kommando über die Flotte. Am 24. August 79 ungefähr um 13 Uhr zeigte meine Mutter ihm an, dass eine Wolke von ungewöhnlicher Größe sowie auch Aussehen sich gebildet hatte. Plinius hatte ein Sonnenbad genommen, sich mit kaltem Wasser erfrischt, liegend hatte er gespeist und studiert. Er verlangte nach seinen Schuhen und bestieg die Stelle, von der aus jene wundersame Erscheinung sehr gut erblickt werden konnte. Es war für den aus Ferne Schauenden unsicher, aus welchem Berg sich die Wolke erhob (später erfuhr er, dass es der Vesuv gewesen war), deren Ähnlichkeit und Form kein anderer Baum besser als die Pinie ausgedrückt hätte. Denn sie wuchs wie ein Riesenstamm empor und teilte sich auch in einige Äste. Ich glaube, weil sie durch den frischen Druck gehoben, der dann nachließ und sogar durch ihr Gewicht herabgedrückt wurde, sodass sie sich in die Breite verflüchtigte. Manchmal erschien sie weiß, manchmal schmutzig und fleckig, je nach dem sie Erde oder Asche hochgehoben hatte. Diese bedeutende Erscheinung war für einen sehr gelehrten Mann eine nähere Betrachtung wert.«

Im Folgenden berichtet sein Neffe an Tacitus sehr ausführlich und manchmal etwas umständlich über die weiteren Aktionen seines Onkels (die auch den Zweck verfolgten, seinen Freund Pomponianus aus Stabiae zu retten), weshalb hier nur die wichtigsten Beobachtungen zitiert werden:

»Plinius befahl den Schnellsegler vorzubereiten und stellte mir anheim, ihn zu begleiten. Ich antwortete, dass ich lieber studieren wolle und zufällig hatte er mir selbst etwas gegeben, das ich schreiben sollte. (...) Er eilte dorthin, woher andere flohen, er hielt den Kurs und steuerte geradewegs in die Gefahr, so sehr von der Angst befreit, dass er alle Stufen jenes Unglücks und alle Erscheinungen mit dem Auge wahrnehmen konnte und nach Diktat aufschreiben ließ. Schon fiel die Asche auf die Schiffe, je näher sie herankamen desto heißer und dichter wurde sie. Schon fiel Bimsstein und durch Feuer geschwärzte, verbrannte und geborstene Steine auf das Schiff, schon zeigte sich durch den Einsturz des Berges eine unwegsame, plötzlich entstandene Untiefe am Strand.«

Plinius der Ältere hatte den Golf von Neapel durchquert und bei günstigem Wind gegen 16 Uhr die Küste bei Heraculaneum erreicht. Die Stadt war bereits verwüstet, eine Landung auch wegen der Untiefen unmöglich, so dass er weiter nach Stabiae segelte, wo er bei seinem Freund Pomponianus einkehrte, ein Bad nahm und ein Mahl einnahm.

»Inzwischen leuchteten vom Vesuv an mehreren Orten Feuer und hohe Brände, deren Glanz und Helligkeit durch die Dunkelheit der Nacht verstärkt wurde.«

Plinius der Ältere legte sich trotzdem zum Schlafen nieder. Als aber der Hofraum im Hause des Pomponianus sich mit Asche füllte, weckte man ihn:

»Aufgeweckt ging er weg und begab sich zu Pomponianus und den Übrigen, die gewacht hatten. Gemeinsam überlegten sie, ob sie in den Häusern bleiben oder im Freien auf- und abgehen sollten. Denn durch häufige und heftige Erdstöße schwankten die Häuser, so als würden sie aus dem Fundament gerissen und es schien, als ob sie hin- und herschwankten. Unter freiem Himmel fürchtete man das Herunterfallen von Bimsgestein, obwohl es leicht und ausgehöhlt war. (...) Sie legten sich Kissen auf den Kopf und sie banden sie mit Leintüchern fest. Dieses geschah zum Schutz gegen herabfallende Steine. Schon war es anderswo Tag, dort jedoch Nacht, schwärzer und dichter als alle Nächte bisher. Doch machten viele Fackeln und andere Lichterscheinungen das Dunkel erträglich.

Man beschloss hinaus an den Strand zu gehen, um aus der Nähe zu sehen, ob man sich schon auf das Meer hinaus wagen könne. Hier legte sich mein Onkel auf ein Leintuch, verlangte wiederholt nach frischem (kaltem) Wasser und trank es. Nun schlugen die Flammen und als Vorboten der Flammen auch der Geruch nach Schwefel die Anderen in die Flucht und zwangen Plinius aufzustehen. Gestützt auf zwei Sklaven erhob er sich und fiel sofort wieder hin. Ich vermute, durch den ziemlich dichten Qualm wurde seine Luftröhre abgeschnürt, sein Magen wurde verschlossen, der bei ihm ohnehin schwach, eng und häufig entzündet war. Als es wieder Tag wurde – es war der dritte seit seinem Hingang – fand man seinen Körper unversehrt, ohne Verletzung und in derselben Kleidung, die er zuletzt getragen hatte. Er glich eher einem Schlafenden als einem Toten.«

Der damals 18 Jahre alte Neffe berichtete in einem weiteren Brief über seine eigenen Erlebnisse. Mit seiner Mutter und einem Freund des Onkels floh er aus dem Haus in Misenum. Auch er erlebte einen weiteren Ausbruch des Vesuv:

»Sobald wir die Häuser hinter uns gelassen hatten, hielten wir an. Ein neues schreckliches Schauspiel erwartete uns. Die mitgenommen Wagen schwankten in alle Richtungen, obwohl sie sich auf einem ganz ebenem Gelände befanden, und selbst wenn man Steine vor die Räder schob, blieben sie nicht auf der Stelle. Das Meer schien sich selbst aufsaugen zu wollen und wurde durch die Erdstöße gleichsam zurückgedrängt. Auf jeden Fall hatte sich der Strand verbreitert und viel Seegetier bedeckte den trockengelegten Strand. Auf der anderen Seite öffnete sich eine furchterregende schwarze Wolke, die durch plötzliche Feuerausbrüche, die kreuz und quer hervorschossen, zerrissen wurde. Sie loderten in länglichen Feuergarben auf, mit Blitzen vergleichbar, doch größer. (...) Kurze Zeit später senkte sich die Wolke herab auf die Erde und bedeckte das Meer, sie umgab Capri, entzog die Insel unseren Blicken und verbarg das Vorgebirge bei Misenum.«

Nach Stunden großer Angst und Gefahr ist jedoch der Vulkanausbruch zu Ende:

»Endlich lichtete sich die Finsternis, der Qualm löst sich in eine Art von Rauch auf. Bald wurde es tatsächlich Tag, die Sonne schien sogar, aber fahl wie bei einer Sonnenfinsternis.«

Heute wissen wir, dass die erste Phase des historischen Ausbruchs des Vesuvs im Jahre 79 n.Chr. am 24. August gegen 10 Uhr stattfand. Als man gegen 13 Uhr in Misenum die Auswirkung des Ausbruchs bemerkte, hatte der Vesuv bereits seinen Gipfel gesprengt und der Untergang Pompejis hatte begonnen.

Über das Leben von Plinius dem Älteren ist im »Brockhaus« von 1839, dem »Bilder-Conversations-Lexikon für das deutsche Volk«, u. a. zu lesen:

»Plinius (Gajus) Secundus, der Ältere, der fleißigste und vielseitigste Gelehrte und Schriftsteller des alten Roms, (...), diente als Unterbefehlshaber längere Zeit in Deutschland und erhielt von den ihm wohlwollenden Kaiser Vespasian den Oberbefehl in Spanien. Nach Verwaltung weiterer wichtiger Ämter war er zuletzt Oberbefehlshaber der bei Misenum unweit des Vesuv liegenden röm. Flotte, als er bei demselben Ausbruch des Vesuv, welcher Heraculaneum und Pompeji verschüttete, und indem ihn seine Wißbegierde zur Beobachtung jenes furchtbaren Naturereignisses zu nahe und zu lange dabei verweilen ließ, von den über die ganze Umgebung sich verbreitenden Dämpfen erstickt wurde. Nur durch unermüdliche Thätigkeit konnte es ihm möglich sein, neben seinen amtlichen Geschäften so außerordentlich viel für die Wissenschaften zu leisten. Von seinen zahlreichen Schriften (...) sind die meisten verloren, allein auch in der erhaltenen Naturgeschichte, einem von P. aus mehr als 2000 meist untergegangenen griech. und lat. Schriftstellern zusammengetragenen, den ganzen Kreis der wissenschaftlichen Kenntnisse seiner Zeit umfassenden Werke, besitzen wir eine höchst werthvolle Arbeit desselben, die für mehrere Gegenstände des Alterthums die hauptsächlichste und mitunter alleinige Quelle von Nachrichten ist. (...)«

Über seinen Neffen heißt es:

»Cajus Plinius Cäcilius Secundus, der Jüngere, ein Schwestersohn P. des Älteren und von ihm an Kindesstatt angenommen und erzogen, besaß ebenfalls eine ausgezeichnete und vielseitige Bildung ... (Er) war später beim röm. Heere in Syrien, dann Sachwalter in Rom, wo er durch seine Beredsamkeit großen Beifall erwarb, mehre öffentliche Ämter bekleidete und im 31. Jahre Prätor wurde. (...) Nach Cicero ist beinahe kein röm. Redner so berühmt geworden, wie der jüngere P., gleichwohl hat sich, eine Lobrede auf Trajan ausgenommen, keine seiner Reden erhalten und auch von seinen anderen prosaischen und dichterischen Werken besitzen wir nur noch eine Sammlung von Briefen sehr anziehenden und mannichfachen Inhalt, welche manche Einsicht in die Verhältnisse des röm. Staatslebens jener Zeit gewähren. Auch von Charakter war P. der Jüngere rühmenswerth, mild gegen Untergebene, edel und treu gegen Freunde und von seinem großen Vermögen soll er in jeder Hinsicht einen vernünftigen und edeln Gebrauch gemacht haben.«

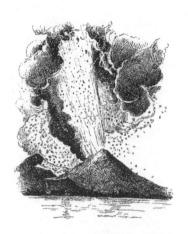

Abb. 17: Ausbrüche des Vesuv 1794 und 1822 (oben – nach Zeichnungen) sowie 1872 (unten – nach einer Fotografie). Aus: Svante Arrhenius, Erde und Weltall, III. Kapitel: Das Innere der Erde, Leipzig 1926, zuerst 1906 in schwedischer Sprache erschienen (s. auch Kap. 3.10).

Auf seiner italienischer Reise 1786 bis 1787 bestieg Johann Wolfgang *von Goethe* insgesamt dreimal den im November 1786 erneut ausgebrochenen Vesuv. Aus seinen Berichten werden die wichtigsten Beobachtungen – begleitet von teilweise dramatischen Erlebnissen – im Folgenden zitiert:

»Den 2. März bestieg ich den Vesuv, obgleich bei trübem Wetter und umwölktem Gipfel. Fahrend gelangt' ich nach Resina, sodann auf einem Maultiere den Berg zwischen Weingärten hinauf; nun zu Fuß

über die Lava vom Jahre einundsiebzig, die schon feines, aber festes
Moos auf sich erzeugt hatte; dann an der Seite der Lava her. Die Hütte
des Einsiedlers blieb mir links auf der Höhe. Ferner den Ascheberg
hinauf, welches eine saure Arbeit ist. Zwei Dritteile dieses Gipfels
waren mit Wolken bedeckt. Endlich erreichten wir den alten, nun aus-
gefüllten Krater, fanden die neuen Laven vor zwei Monaten, vierzehn
Tagen, ja eine schwache von fünf Tagen schon erkaltet. Wir stiegen
über sie an einem erst aufgeworfenen vulkanischen Hügel hinauf, er
dampfte aus allen Enden. Der Rauch zog von uns weg, und ich wollte
nach dem Krater gehen. Wir waren ungefähr fünfzig Schritte in den
Dampf hinein, als er so stark wurde, daß ich kaum meine Schuhe
sehen konnte. Das Schnupftuch, vorgehalten, half nichts, der Führer
war mir auch verschwunden, die Tritte auf den aufgeworfenen Lava-
bröckchen unsicher: ich fand für gut, umzukehren und mir den
gewünschten Anblick auf einen heitern Tag und verminderten Rauch
zu sparen. Indes weiß ich doch auch, wie schlecht es in solcher Atmosphäre Atem holt.

Übrigens war der Berg ganz still: weder Flamme noch Brausen noch
Steinwurf, wie er doch die ganze Zeit her trieb. Ich habe ihn nun
rekogniziert, um ihn förmlich, sobald das Wetter gut werden will, zu
belagern.

Die Laven, die ich fand, waren mir meist bekannte Gegenstände. Ein
Phänomen hab' ich aber entdeckt, das mir sehr merkwürdig schien
und das ich näher untersuchen, nach welchem ich mich bei Kennern
und Sammlern erkundigen will. Es ist eine tropfsteinförmige Beklei-
dung einer vulkanischen Esse, die ehemals zugewölbt war, jetzt aber
aufgeschlagen ist und aus dem alten, nun umhüllten Krater heraus-
ragt. Dieses feste, graulich, tropfsteinförmige Gestein scheint mir
durch Sublimation der allerfeinsten vulkanischen Ausdünstungen,
ohne Mitwirkung von Feuchtigkeit und ohne Schmelzung, gebildet
worden zu sein; es gibt zu weiteren Gedanken Gelegenheit.«

Am 6. März erfolgte die zweite Besteigung des Vesuvs. Begleitet
wurde Goethe von dem Maler Tischbein, der zwar ungern, aber doch
in treuer Anhänglichkeit folgte. Diese Besteigung wurde zu einem
nicht ganz ungefährlichen Abenteuer:

»Der Weg durch die äußersten Vorstädte und Gärten sollte schon auf
etwas Plutonisches Hindeuten. Denn da es lange nicht geregnet,
waren von dicken aschgrauem Staube die von Natur immergrünen
Blätter überdeckt, alle Dächer, Gurtgesimse, und was nur irgendeine
Fläche bot, gleichfalls übergraut, so daß nur der herrliche blaue Himmel und die hereinscheinende mächtige Sonne ein Zeugnis gab, daß
man unter den Lebendigen wandle.

Am Fuße des steilen Hanges empfingen uns zwei Führer, ein älterer und ein jüngerer, beides tüchtige Leute. Der erste schleppte mich, der zweite Tischbein auf den Berg hinauf. Sie schleppten, sage ich: denn ein solcher Führer umgürtet sich mit einem ledernen Riemen, in welchen den Reisende greift und, hinaufwärts gezogen, sich an einem Stabe, auf seinen eigenen Füßen, desto leichter emporhilft.

So erlangten wir die Fläche, über welcher sich der Kegelberg erhebt, gegen Norden die Trümmer der Somma.«

Der *Monte Somma* (Höhe 1132 m) ist ein alter Vulkan nördlich des Vesuvs und als Berg das Ergebnis des Vesuvausbruchs von 79 n. Chr., bei dem Pompeji zerstört wurde. Davor war der Vesuv wesentlich größer. Bei der Eruption wurde ein großer Teil des Berges weggesprengt, es entstand eine Senke zwischen dem Vulkankegel und dem Vesuv. Weiter lesen wir bei Goethe:

»Ein Blick westwärts über die Gegend nahm, wie ein heilsames Bad, alle Schmerzen der Anstrengung und Müdigkeit hinweg, und wir umkreisten nunmehr den immer qualmenden, Stein und Asche auswerfenden Kegelberg. Solange es der Raum gestattete, in gehöriger Entfernung zu bleiben, war es ein großes geisterhebendes Schauspiel. Erst ein gewaltsamer Donner, der aus dem tiefsten Schlunde hervortönte, sodann Steine, größere und kleinere, zu Tausenden in die Luft geschleudert, von Aschewolken eingehüllt. Der größte Teil fiel in den Schlund zurück. Die andern nach der Seite zu getriebenen Brocken, auf die Außenseite des Kegels niederfallend, machten ein wunderbares Geräusch: erste plumpten die schwereren und hupften mit dumpfem Getön an der Kegelseite hinab, die geringeren klapperten hinterdrein, und zuletzt rieselte die Asche nieder. Dieses alles geschah in regelmäßigen Pausen, die wir durch ein ruhiges Zählen sehr abmessen konnten.

Zwischen der Somma und dem Kegelberge ward aber der Raum enge genug; schon fielen mehrere Steine um uns her und machten den Umgang unerfreulich. Tischbein fühlte sich nunmehr auf dem Berge noch verdrießlicher, da dieses Ungetüm, nicht zufrieden, hässlich zu sein, auch noch gefährlich werden wollte.

Wie aber durchaus eine gegenwärtige Gefahr etwas Reizendes hat und den Widerspruchsgeist im Menschen auffordert, ihr zu trotzen, so bedachte ich, daß es möglich sein müsse, in der Zwischenzeit von zwei Eruptionen, den Kegelberg hinauf, an den Schlund zu gelangen und auch in diesem Zeitraum den Rückweg zu gewinnen. Ich ratschlagte hierüber mit den Führern, unter einem überhängenden Felsen der Somma, wo wir, in Sicherheit gelagert, uns an den mitgebrachten Vorräten erquickten. Der jüngere getraute sich, das Wagestück mit mir zu bestehen: unsere Hutköpfe fütterten wir mit leinenen und seidenene Tüchern, wir stellten uns bereit, die Stäbe in der Hand, ich seinen Gürtel fassend.

Noch klapperten die kleinen Steine um uns herum, noch rieselte die Asche, als der rüstige Jüngling mich schon über das glühende Geröll hinausriß. Hier standen wir an dem ungeheuren Rachen, dessen Rauch eine leise Luft von uns lenkte, aber zugleich das Innere des Schlundes verhüllte, der ringsum aus tausend Ritzen dampfte. Durch einen Zwischenraum des Qualmes erblickte man hie und da geborstene Felsenwände. Der Anblick war weder unterrichtend noch erfreulich; aber ebendeswegen, weil man nichts sah, verweilte man, um etwas herauszusehen. Das ruhige Zählen war versäumt, wir standen auf einem scharfen Rande vor dem ungeheuren Abgrund. Auf einmal erscholl ein Donner, die furchtbare Ladung flog an uns vorbei: wir duckten uns unwillkürlich, als wenn uns das vor den niederstürzenden Massen gerettet hätte; die kleineren Steine klapperten schon, und wir, ohne zu bedenken, daß wir abermals eine Pause vor uns hatten, froh, die Gefahr überstanden zu haben, kamen mit der noch rieselnden Asche am Fuße des Kegels an, Hüte und Schultern genugsam eingeäschert.«

Am 13. März besuchte Goethe auch Pompeji, am 18. März war er in Herkulanum. Am 20. März veranlaßte Goethe die »Kunde einer soeben ausbrechenden Lava, die, für Neapel unsichtbar, nach Ottajano hinunterfließt«, nochmals den Vesuv mithilfe der beiden früheren Führer zu besteigen:

»Auf die Höhe gelangt, blieb der eine bei den Mänteln und Viktualien, der jüngere folgte mir, und wir gingen mutig auf einen ungeheuren Dampf los, der unterhalb des Kegelschlundes aus dem Berge brach; sodann schritten wir an dessen Seite her gelind hinabwärts, bis wir endlich unter klarem Himmel aus dem wilden Dampfgewölbe die Lava hervorquellen sahen.

Man habe auch tausendmal von einem Gegenstande gehört, das Eigentümliche desselben spricht nur zu uns aus dem unmittelbaren Anschauen. Die Lava war schmal, vielleicht nicht breiter als zehn Fuß; allein die Art, wie sie eine sanfte, ziemlich ebene Fläche hinabfloß, war auffallend genug: denn indem sie während des Fortfließens an den Seiten und an der Oberfläche verkühlt, so bildet sich ein Kanal, der sich immer erhöht, weil das geschmolzene Material auch unterhalb des Feuerstroms erstarrt, welcher die auf der Oberfläche schwimmenden Schlacken rechts und links gleichförmig hinunterwirft, wodurch sich denn nach und nach ein Damm erhöht, auf welchem der Glutstrom ruhig fortfließt wie ein Mühlbach. Wir gingen neben dem ansehnlich erhöhten Damme her, die Schlacken rollten regelmäßig an den Seiten herunter bis zu unsern Füßen. Durch einige Lücken des Kanals konnten wir den Glutstrom von unten sehen und, wie er weiter hinabfloß, ihn von oben beobachten.

Durch die hellste Sonne erschien die Glut verdüstert, nur ein mäßiger Rauch stieg in die reine Luft. Ich hatte Verlangen, mich dem Punkte zu nähern, wo sie aus dem Berge bricht; dort sollte sie, wie mein Führer versicherte, sogleich Gewölb' und Dach über sich her bilden, auf welchem er öfters gestanden habe. Auch dieses zu sehen und zu erfahren, stiegen wir den Berg wieder hinauf, um jenem Punkte von hinten her beizukommen. Glücklicherweise fanden wir die Stelle durch einen lebhaften Windzug entblößt, freilich nicht ganz, denn ringsum qualmte der Dampf aus tausend Ritzen;

und nun standen wir wirklich auf der breiartig gewundenen erstarrten Decke, die sich aber so weit vorwärts erstreckte, daß wir die Lava nicht konnten herausquellen sehen.

Wir versuchten noch ein paar Dutzend Schritte, aber der Brocken ward immer glühender; sonnenverfinsternd und erstickend wirbelte ein unüberwindlicher Qualm. Der vorausgegangenen Führer kehrte bald um, ergriff mich, und wir entwanden uns diesem Höllensprudel.

Nachdem wir uns die Augen an der Aussicht, Gaumen und Brust aber am Weine gelabt, gingen wir umher, noch andere Zufälligkeiten dieses mitten im Paradies aufgetürmten Höllengipfels zu beobachten. Einige Schlünde, die als vulkanische Essen keine Rauch, aber glühende Luft fortwährend gewaltsam ausstoßen, betrachtete ich wieder mit Aufmerksamkeit. Ich sah sie durchaus mit einem tropfsteinartigen Material tapeziert, welches zitzen- und zapfenartig die Schlünde bis oben bekleidete. Bei der Ungleichartigkeit der Essen fanden sich mehrere dieser herabhängenden Dunstprodukte ziemlich zur Hand, so daß wir sie mit unseren Stäben und einigen hakenartigen Vorrichtungen gar wohl gewinnen konnten. Bei dem Lavahändler hatte ich schon dergleichen Exemplare unter der Rubrik der wirklichen Laven gefunden, und ich freute mich, entdeckt zu haben, daß es vulkanischer Ruß sei, abgesetzt aus den heißen Schwaden, die darin enthaltenen verflüchtigten mineralischen Teile offenbarend.«

Goethes Spuren folgend, wird der Reisende heute diese Beobachtungen am Vesuv nicht mehr nachvollziehen können, aber am Ätna auf Sizilien spielen sich viele der beschriebenen Vorgänge noch täglich ab (s. weiter unten). Der erste Ausbruch des Vesuvs ist für das Jahr 63 n. Chr. belegt, die letzte größere Eruption fand am 22. März 1944 statt; dabei kamen 26 Menschen ums Leben und der Vulkan erhielt sein heutiges Aussehen. 1999 traten noch einmal leichte Erd-

Abb. 18: Der Vesuv im Brockhaus »Bilder-Conversations-Lexikon« von 1841.

beben in der Umgebung von Neapel auf, auch eine verstärkte Rauchentwicklung aus dem Inneren des Vulkans wurde beobachtet. Zu einem Ausbruch kam es bisher jedoch nicht. Die Gestalt des Vulkans hat sich über die Jahrhunderte sehr verändert, vor allem infolge der häufigen Eruptionen zwischen 512 und 1500 sowie zwischen 1707 und 1929.

Der amerikanische Schriftsteller *Mark Twain* (eigentlich Samuel Langhorn Clemens, 1835–1910) unternahm ausgedehnte Reisen durch Europa und berichtete über seine erste Europareise im Jahr 1867 humorvoll in seinem 1869 erschienenen Werk »The Innocents Abroad« (deutsch: »Reise durch die alte Welt«). Dort finden wir eine sehr anschauliche, farbige Schilderung des Vesuvs:

»… Endlich standen wir auf dem Gipfel … Was wir dort sahen, war einfach ein kreisrunder Krater – ein kreisförmiger Graben, wenn man so will, der etwa sechzig Meter tief und hundertzwanzig oder hundertfünfzig breit war und dessen innere Wand einen Umfang von etwa einer halben Meile aufwies. In der Mitte des auf diese Weise gebildeten großen Ringes ragte eine dreißig Meter hohe, zerfetzte und zerklüftete Erhebung auf, die über und über mit einer Schwefelschicht in vielen leuchtenden und schönen Farben beschneit war: der Graben umgab sie wie ein Burggraben, oder wie ein kleiner Fluss eine Insel umschließt, wenn der Vergleich besser ist. Der Schwefelmantel dieser Insel war äußerst farbenfreudig; im üppigsten Durcheinander waren da Rot, Blau, Braun, Schwarz, Gelb, Weiß vermischt – ich wüsste nicht,

Zur Chemie des Vulkanismus

dass eine Farbe oder Schattierung oder Farbzusammenstellung nicht vertreten gewesen wäre –, und als die Sonne durch den Frühdunst brach und diese farbige Pracht entflammte, stand die Insel dem fürstlichen Vesuv zu Haupt wie eine juwelenstrotzende Krone!

Der Krater selbst – der Graben – besaß keine so buntschillernde Färbung, aber mit der Gedämpftheit und Fülle und zurückhaltender Eleganz seiner Tönung erschien er dem Auge noch bezaubernder, noch faszinierender. Es gab nichts Grelles an seinem wohlerzogenen und gutgekleideten Aussehen. Schön? Man könnte die Woche lang stehen und hinunterschauen, ohne dessen überdrüssig zu werden. Er hatte den Anschein einer schönen Wiese, deren ranke Gräser und samtartige Moospolster mit einem leuchtenden Staub bestreut und mit dem blassesten Grün getönt waren, das sich allmählich zum dunkelsten Ton des Orangenblattes vertiefte, um sich zu einem ernsten Braun weiter zu verdunkeln, dann zu Orange verblasste, in das strahlendste Gold überging und schließlich im zarten Rosa einer soeben erblühten Rose gipfelte. Wo Teile der Wiese versunken und wo andere Teile wie Eisschollen herausgebrochen waren, da hing an den höhlenartigen Öffnungen und den zerrissenen, nach oben gekehrten Kanten ein Spitzenbesatz aus zartgetönten Schwefelkristallen, der ihre Unförmigkeit in wunderliche Gestalten und Formen voller Anmut und Schönheit verwandelte.

Von den Wänden des Grabens leuchteten gelbe Schwefelbänke und Lava und Bimsstein in vielen Farben. Nirgends war Feuer sichtbar, aber Schwaden schwefligen Dampfes traten im Krater durch tausende kleine Risse und Schrunden still und unsichtbar aus und wurden mit jedem Windzug in unsere Nasen geweht. Doch solange wir unsere Nasenlöcher im Taschentuch vergruben, war die Erstickungsgefahr gering.

Die Aussicht vom Gipfel wäre prächtig gewesen, wenn die Sonne nicht nur in langen Abständen die Nebel zu durchdringen vermocht hätte. Deshalb waren die spärlichen Blicke, die wir von dem großartigen Panorama unter uns erhaschen konnten, nur flüchtig und unbefriedigend.«

Im Hauptwerk von *Plinius* – der »Naturgeschichte« – berichtet dieser im »Zweiten Buch. Von der Welt und den Elementen« u.a. über Vulkane und speziell über den Ätna:

»110. (...) Der Aetna brennt immer des Nachts, und sein Feuerstoff reicht nach so unendlicher Zeit noch aus. Im Winter ist er mit Schnee bedeckt, und seine ausgeworfene Asche überzieht sich mit Reif. Aber nicht in ihm allein wüthet die Natur, und bedroht die Erde mit Verbrennng. Auch in Phaeselis [Hafenstadt in Lycien, jetzt Igeder – Lycien: antike Landschaft im südwestlichen Kleinasien, zwischen Karien und Pampylien, ab 43 n. Chr. röm. Provinz] brennt der Berg Chimära Tag und Nacht beständig fort. (...) In demselben Lycien brennen die vulkanischen Berge, wenn man sich mit einer brennenden fackel nähert, so heftig, dass selbst Steine und Sand im Wasser glühen (!); (...) Doch wenn kann alles noch in Verwunderung setzen? Brannte doch mitten im Meere die Insel Hiera [Vulcano] in der Nähe von Italien sammt dem Meere mehrere Tage hindurch zur Zeit des Bundesgenossenkrieges [begann 91. v. Chr.], bis eine Gesandtschaft des Senats es versöhnte. Mit der grössten Flamme jedoch brennt ein Bergrücken in Äthiopien, der Götterwagen genannt, und speiet während der Sonnenhitze ganze Ströme von Feuer aus. An so vielen Orten und mit so vielen Flammen brennt die Erde.« [In der Übersetzung von G. C. Wittstein (1810–1887) aus dem Jahr 1881 steht nach diesem Satz ein Fragezeichen.]

Der Vulkan *Ätna* auf Sizilien ist noch heute aktiv (s. weiter unten). *Chimära* ist in der griechischen Mythologie ein feuerspeiendes Ungeheuer in Lykien. Diesen Namen führte auch ein feuerspeiender Berg in Lykien in vorchristlicher Zeit. *Vulcano* ist der Name einer der Liparischen Inseln und zugleich eines erloschenen Stratovulkans (letzte Ausbrüche 1888–1890; noch heute sind vulkanische Aktivitäten auf der Insel zu beobachten). Die letzte Angabe bei Plinius über einen Vulkan namens »Götterwagen« ist auf einen Reisebericht von *Hanno dem Seefahrer* (vor 480 bis ca. 440 v. Chr.) zurückzuführen. Der karthagische Herrscher und Admiral segelte um 470 v.Chr. entlang der afrikanischen Westküste. Seine Beobachtung (im Reisebericht »Periplus« in griech. Sprache) von nachts aufsteigenden Feuern ist aber wahrscheinlich auf Brandrodungen und nicht auf eine Vulkantätigkeit zurückzuführen.

Im Frühjahr 2005 reiste der Autor dieses Buches nach Sizilien und sammelte aus einem 1992 entstandenen Nebenkrater des *aktiven Ätna* auf einer Höhe von über 1800 m einige Gesteinsproben, die anschließend in seinem Institut analysiert wurden.

An der Ostküste Siziliens, zwischen Catania und Taormina, erhebt sich der Ätna als größter aktiver Vulkan Europas, dessen letzte größere Ausbrüche sich 1991/92 und 2001/02 ereigneten. Eine Fahrstraße führt bis auf 1880 m, das vulkanologische Observatorium liegt auf einer Höhe von 2942 m, der Hauptkrater erreicht 3340 m. Bis zur Baumgrenze von 2200 m wachsen Birken und Buchen. Kastanienhaine und Haselnusskulturen erreichen 1400 m und die mediterrane Stufe mit Gemüseanbau und Ölbaumhainen am Südwestfuß des Vulkans endet auf 500 m über dem Meeresspiegel. Die Lavaausbrüche bis in das Jahr 2002 fanden an den Flanken des Ätna statt; sie erfolgten aus Spalten und Nebenkratern. Das Niederschlagswasser

Abb. 19: Ausbruch des Ätna (Ausschnitt), 1637 von Athanasius Kircher (s. Kap. 1.1) beobachtet. Aus seinem Werk »Mundus subterraneus« I, S. 186.

versickerte durch Laven und Tuffe. Über undurchlässigen Tonschichten tritt das Wasser in tieferen Lagen wieder aus und verwandelt den Boden in eine fruchtbare Landschaft. Der Ätna ist der höchste Vulkan Europas. Es handelt sich um einen Schichtvulkan mit aufgesetztem Stratovulkan, aufgrund von Flankenausbrüchen mit kleinen Nebenvulkanen übersät. Dem Hauptkrater entströmen auch heute noch fast ständig Dämpfe und Gase, die häufig von kleineren Ascheauswürfen unterbrochen werden. Die zahlreichen Spalten an den Hängen entstehen infolge des Drucks im Inneren durch nachdrängende

Lavamassen aus den tieferen Bereichen und die sich daraus befreienden Gase.

Der Ätna gehört im Unterschied zum Vesuv, dessen Aktivität in historischer Zeit erst mit dem Ausbruch von 79 n. Chr. bekannt wurde, zu den fast ununterbrochen aktiven Vulkanen. Von ihm sind mindestens 200 Eruptionen, in manchen Jahren zwei bis drei, bekannt. Als dramatischste der historischen Eruptionen wird der Ausbruch von 1669 bezeichnet, bei dem etwa 2000 Menschenleben zu beklagen waren. In der Nacht vom 10. auf den 11. März riss eine vom Gipfel des Ätna bis zum Ort Nicolosi reichende Spalte auf, aus der sich zahlreiche aktive Krater bildeten. In der Nähe von Nicolosi wurden die beiden Parasitärkrater des Monte Rossi aufgeschüttet, von wo aus Goethe im Jahre 1787 seine Beobachtungen machte. Es begannen gewaltige Lavamassen auszufließen, welche am 12. März das Städtchen Malpasso zerstörten und am 15. April auch die Mauern von Catania erreichten. Die Bewohner hatten durch den Bau von Schutzmauern, Dämmen und Wällen versucht, die vom Ätna andrängende Lava abzulenken. Sie konnten jedoch nicht verhindern, dass eine 50 m breite Bresche in die Mauern geschlagen wurde, durch die der Lavastrom durch die Stadt bis zum Meer floss. Dieser Ausbruch hatte auch zur Folge, dass der Gipfel des Ätna einstürzte, wodurch der Berg etwa 300 m an Höhe verlor. 1991/92 fand der dramatische Versuch statt, die Lavaströme zur Rettung der Ortschaft Zafferana abzulenken. Historisch bekannt sind Ausbrüche in den Jahren 475, 396 und 36 v. Chr. Der Ätna ist bis heute ein sehr aktiver Vulkan, geradezu ein Schulbeispiel für eine gemischt explosiv-effusive Tätigkeit.

Auf seiner ersten italienischen Reise im Jahre 1787 bestieg Goethe nach dem Vesuv (von Neapel aus am 2., 6. und 13. März – s. oben) auch den Ätna auf Sizilien. Am 19. April begann er von Palermo aus seine Reise in das Innere von Sizilien. Vom 1. bis 5. Mai hielt er sich in Catania auf, von wo er den Monto Rosso bestieg. Die heutige italienische Provinzhauptstadt (mit 370 000 Einwohnern) an der sizilianischen Ostküste wurde 727 v. Chr. als Katane von den Griechen gegründet, war ab 263 v. Chr. römisch (Catina) und wurde im 9. Jahrhundert von den Arabern, 1061 von den Normannen erobert. Vulkanausbrüche des Ätna bzw. Erdbeben zerstörten die Stadt 123 v. Chr., 1169 und 1693. Am 5. Mai 1787 machte Goethe sich auf einem Maultier in Begleitung des Zeichners Kniep auf den Weg zum Gipfel des Ätna. Zuvor hatte ihm Guiseppe Gioeni, Professor für Naturwissenschaften an der Universität Catania, einige Ratschläge gegeben. Goethe berichtete:

»Folgsam dem guten Rate machten wir uns zeitig auf den Weg und erreichten, auf unseren Maultieren immer rückwärts schauend, die Region der durch die Zeit noch ungebändigten Laven. Zackige Klumpen und Tafel starrten uns entgegen, durch welche nur ein zufälliger Pfad von den Tieren gefunden wurde. Auf der ersten bedeutenden Höhe hielten wir still. Kniep zeichnete mit großer Präzision was hinaufwärts vor uns lag: die Lavenmassen im Vordergrunde, den Doppelgifpel des Monte Rosso links, gerade über uns die Wälder von Nicolosi, aus denen der beschneite, wenig rauchende Gipfel hervorstieg. Wir rückten dem roten Berge näher, ich stieg hinauf; er ist ganz aus rotem vulkanischem Grus, Asche und Steinen zusammengehäuft. Um die Mündungen hätte sich bequem herumgehen lassen, hätte nicht ein gewaltsam stürmender Morgenwind jeden Schritt unsicher gemacht; wollte ich nur einigermaßen fortkommen, so mußte ich den Mantel ablegen, nun aber war der Hute jeden Augenblick in Gefahr in den Krater getrieben zu werden und ich hinterdrein. Deshalb setzte ich mich nieder, um mich zu fassen und die Gegend zu überschauen; aber auch diese Lage half nichts; der Sturm kam gerade von Osten her, über das herrliche Land, das nah und fern bis an's Meer unter mir lag. Den ausgedehnten Strand von Messina bis Syrakus, mit seinen Krümmungen und Buchten sah ich vor Augen; entweder ganz frei oder durch Felsen des Ufers nur wenig bedeckt...«

Das Bild Goethes erschließt sich dem Besucher auf ähnliche Weise bis in unsere Zeit. Anstelle des Maultierritts fährt man bequem mit dem Auto oder Bus bis zur Talstation der Seilbahn (2001 zerstört, 2004 wieder aufgebaut) Rifugio Sapienza (1910 m), die zum La Montagnola führt; von dort bringt ein Jeep mit Bergführer die Touristen bis zum Torre del Filosofo (2917 m), von wo es dann zu Fuß bis zum Kraterrand geht.

In den Souvenirshops am und um den Ätna wie in Taormina (auch im Deutschen Vulkanpark in der Eifel) werden den Touristen Mineralien und Gesteine angeboten, zum Beispiel Kästchen mit Lava, Obsidian, Covellin und Schwefel (in der Vulkaneifel mit Bims, Basalt, Schlacke und Tuff).

Covellin, nach dem italienischen Chemiker und Mineralogen Nicola *Covelli* (1790–1829) benannt, ist ein blauschwarzes bis indigoblaues hexagonales Kupfersulfid-Mineral (CuS, auch Kupferindig genannt), das als Oxidationsprodukt von Kupferglanzlagerstätten (Kupferglanz Cu_2S) vorkommt. Die Überprüfung der Gesteinsprobe aus dem Souvenirkästchen zeigte jedoch, dass es sich hier um Kupfervitriol (Blaustein, Kupfersulfat mit fünf Molekülen Kristallwasser) handelte.

Vulkanische Gase können je nach Sauerstoff-Partialdruck sowohl Schwefeldioxid als auch Schwefelwasserstoff enthalten, die untereinander unter Bildung dichter gelber Schwefelwolken reagieren. Bis 1838 war die europäische chemische Industrie fast vollständig vom sizilianischen Schwefel abhängig.

Im »Neuesten Waaren-Lexikon für Handel und Industrie« (erschienen in Leipzig 1870) wird Sizilien (als) »die Hauptschwefelkammer für Europa« bezeichnet:

»Auf Sicilien erstreckt sich die Schwefelgegend an der Südküste von Girgenti nordöstlich bis an den Fuß des Aetna in einer Länge von beiläufig 20 Meilen bei 5–6 Meilen Breite. Man gewinnt das schwefelhaltige Gestein und Erdreich (Thon, Mergel) theils in offenen Brüchen, theils bergmännisch in Stollen. Die Gesteine enthalten durchschnittlich etwa 25 Proc. Schwefel, die reichsten gegen 50; ist der Gehalt nur 8 Proc., so ist die Bearbeitung unlohnend. Es giebt in jener Gegend etwa 700 Gruben und 60 Schmelzwerke, welche über 20.000 Menschen beschäftigen und es werden mehrere Millionen Center Schwefel gewonnen; ganz Italien soll 6 Mill. Center jährlich erzeugen ...«

Vom Autor gesammelte Lavaproben wurden im Institut für Anorganische und Analytische Chemie der TU Clausthal analysiert. Wässrige Extrakte (mit pH-Werten zwischen 6,4 und 6,7) wurden nach dem Mahlen und Sieben der Proben durch Auskochen mit destilliertem Wasser gewonnen. Für eine Extraktion im Sauren wurde 2 mol/l Salzsäure verwendet. Die löslichen Anteile von Calcium, Magnesium, Eisen, Aluminium, Kalium und Silicium (zwischen 0,07 g/kg für Magnesium bis 5,6 g/kg für Silicium) stiegen in den salzsauren Extrakten etwa auf das 10-fache (Silicium von 5,6 für eine graue Lava-Probe auf 50 g/kg) bis auf das über 400-fache (Eisen von 0,11 auf 58 g/kg) an. Es blieben stets Rückstände, die vor allem aus polymeren Silicaten beziehungsweise Siliciumdioxid bestanden. Aufgrund der Verwitterungsvorgänge nimmt der wasserlösliche Anteil der Lavagesteine langsam zu, worauf auch die Fruchtbarkeit der Böden am Ätna zurückzuführen ist. Junge Lavaproben enthalten Eisen in der Oxidationsstufe +2 (graue Proben); an der Luft erfolgt dann langsam eine Oxidation (rotbraunes Lavagestein).

2.5 Methoden der geowissenschaftlichen Forschung

Im Zusammenhang mit der Definition des Systems Erde beschreibt die »GeoUnion Alfred-Wegener-Stiftung« (s. Kap. 2.3) auch das Spektrum der heute zur Verfügung stehenden und angewendeten Forschungsmethoden:

»Die rasche Entwicklung der Messtechnik und der heute verfügbaren Computertechnologien haben den Geowissenschaftlern völlig neue Möglichkeiten an die Hand gegeben, Prozesse in allen zeitlichen und räumlichen Skalenbereichen hochaufgelöst zu erfassen. Hierzu wird ein breites Spektrum von Methoden und Techniken eingesetzt, das von speziellen Satelliten- und raumgestützten Messsystemen über die verschiedensten Verfahren der geophysikalischen Tiefensondierung und Forschungsbohrungen bis hin zu Laborexperimenten unter simulierten natürlichen Bedingungen sowie der Modellierung von Geoprozessen reicht ...«

Zu den historisch frühesten Methoden zur Erforschung des Erdinneren zählen *Analogieschlüsse* aus *Analysen von Meteoriten* (s. Kap. 3.3). Die Methoden der heutigen Forschung erstrecken sich von Bohrungen (s. Kap. 2.2) bis zu den wichtigsten geophysikalischen Verfahren unter Anwendung physikalischer Phänomene wie Gravitation, Wellenausbreitung (Seismik) und Wärmeleitung (Geothermie).

Die Geologie liefert Informationen aus den Beobachtungen an der Erdoberfläche, in Bergwerken oder in Tiefbohrungen sowie an Materialproben vom Meeresboden, wobei stets die chemisch-physikalische Analytik eine wesentliche Rolle spielt.

Aus der Messung des *Schwerefeldes* ergeben sich Daten über die Dichteverteilung in der Tiefe. In der Geophysik wird die Fallbeschleunigung als *Schwere* bezeichnet. Allgemein versteht man unter Schwere die Eigenschaft eines materiellen Körpers, von einem anderen Körper, insbesondere der Erde, angezogen zu werden. *Wärmestrom*-Messungen vermitteln Informationen über die Abgabe der Wärmeenergie an den Außenraum der Erde. Zur Ermittlung von Daten zur Magnetisierung und elektrischen Leitfähigkeit der Materie werden Messungen des *Magnetfeldes* und des *elektrischen Feldes* durchgeführt. Von den geophysikalischen Methoden kommt der *Seismik* die größte Bedeutung zu, deren Grundlagen im Folgenden näher beschrieben werden.

1798 bestimmte Henry *Cavendish* (1731–1810) erstmals die Gravitationskonstante. Mittels einer sehr empfindlichen Drehwaage verglich er die Anziehung zwischen zwei Blei- und zwei Goldkugeln. Aus den Messungen leitete er eine mittlere Erddichte von 5,48 g/cm³ ab – heute gilt allgemein der Wert 5,517 ± 0,004 g/cm³. 1837 ermittelte der an der Bergakademie Freiberg tätige Mineraloge Ferdinand *Reich* (1799–1882) für die Dichte Werte zwischen 5,44 und 5,58 (die Einheit g/cm³ wird im Folgenden der Kürze halber weggelassen). Zusammen mit seinem Assistenten H.T. *Richter* (1825–1898) war er auch der Entdecker des Indiums in der schwarzen Zinkblende durch Spektralanalyse.

Oberflächennahe Gesteine weisen nur eine durchschnittliche Dichte von 2,8 auf; im Erdinneren muss somit eine wesentliche höhere Dichte (größer als 5,5) vorherrschen. Daraus lassen sich folgende Schlüsse ziehen: Das Gesteinsmaterial nimmt infolge enorm hoher Drücke ein viel kleineres Volumen als in der Erdkruste ein; die chemische Zusammensetzung bewirkt infolge des Auftretens spezifisch schwerer Elemente, d.h. von Schwermetallen, ebenfalls eine Zunahme der Dichte.

Bereits in einer frühen Ausgabe des Lexikons »*Der große Brockhaus*« (um 1900) wird über die Methoden zur *Bestimmung der Erdmasse* ausführlich und allgemeinverständlich berichtet. In der Ausgabe 2001 findet man solche Angaben nicht mehr! Die Angaben vermitteln zugleich einen Einblick in die historischen Methoden:

»Die Masse der E(rde) oder auch die sie bestimmende mittlere Dichte, ihr spez(ifisches) Gewicht, kann (...) auf verschiedene Arten ermittelt werden:

(1) durch Vergleichung der Anziehung der E(rde) mit der eines Berges, die durch die beobachtete Lotablenkungen ermittelt wurde;

(2) durch Vergleichung der Beschleunigung der Schwere an der Erdoberfläche und in der Tiefe eines Schachtes;

(3) durch Versuche mit der Drehwaage, einem Waagebalken, der an einem Quarzfaden aufgehängt ist und durch dessen Torsionskraft eine bestimmt Richtung einnimmt. Werden den kleinen, vorn am Waagebalken angebrachten Kugeln große Bleikugeln von der Seite genähert, so erfolgt ein seitlicher Ausschlag des Waagebalkens, aus dessen Größe die Anziehungskraft der Kugel berechnet werden kann, die nun mit der Anziehungskraft der E(rde) verglichen wird;

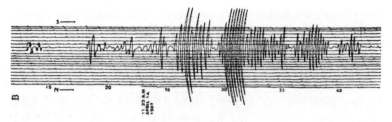

Abb. 20: Beispiel für ein Seismogramm eines am 14. April 1907 in Mexiko stattgefundenen Erdbebens, aufgenommen vom Seismographen in Washington (D.C.).
Aus: S. Arrhenius, Erde und Weltall, 1926 (s. Kap. 3.10).

(4) durch die Bestimmung der Anziehung großer Bleikugeln auf kleine Kugeln, die an den Enden einer senkrechten, fast genau in ihrem Schwerpunkt unterstützten Stange angebracht sind;

(5) durch Vergleichung der Gewichte einer Masse von etwa 2 kg, wenn einmal nur die Erdanziehung, zum anderen außerdem noch die eines unter oder über der Waagschale befindlichen Bleiklotzes von mehreren tausend Kilogramm wirksam wird.

Aus allen diesen Versuchen ergab sich als Durchschnittswert 5,52 für die mittlere Erddichte, die E(rde) wiegt, also 5,52-mal so viel wie eine gleich große Wasserkugel.

Der hohe Wert der mittleren Erddichte, verglichen mit dem durchschnittlichen spez. Gew. 2,7–3,1 der Gesteine an der Erdoberfläche, deutet darauf hin, dass das Erdinnere aus einem schwer wiegenden Material, vielleicht aus Eisen, besteht, das sich, worauf die Zunahme der Temperatur beim Eindringen in die Erdrinde, das Hervorbrechen geschmolzener Gesteinsmassen und die Bildung von Gesteinsfaltung durch Abkühlung und Zusammenziehung der E(rde) hinweist, zwar in Glühhitze befindet, infolge des starken Druckes sich aber wie ein fester Körper verhält.

Unter diesen Umständen ergibt die Rechnung, dass der Druck im Erdkern über 3 Mill. atm betragen muss. In einer Tiefe von 120 km ist der Gesteinsmantel zwar nicht flüssig, aber plastisch genug, so dass der Druck der darüberliegenden Massen überall der gleiche ist, dass also Isostasie herrscht.«

Die *Seismik* (Erdbebenkunde, Seismologie) beschäftigt sich mit der Entstehung, Ausbreitung und Auswirkung von Erdbeben. Mit dem Begriff *angewandte Seismik* werden die geophysikalischen Verfahren zur Untersuchung des geologischen Aufbaus des Erdinneren bezeichnet – sowohl für wissenschaftliche Projekte als auch zur

Abb. 21: Emil Wiechert, Professor in Göttingen, Pionier der instrumentellen Geophysik, an seinen Messgeräten.

Lagerstätten- und Baugrundforschung. Elastische seismische Wellen werden hierfür künstlich durch Sprengung, Fallgewichte oder Vibratoren erzeugt. Diese Wellen pflanzen sich in den verschiedenen Gesteinen unterschiedlich schnell fort. Sie werden an den Schicht- oder Verwerfungsgrenzen gebrochen (Refraktions-Seismik) oder zurückgeworfen (Reflexions-Seismik). Sogenannte *Geophone* (Erdhörer, Seismophon) als mikrophonähnliche Vorrichtungen wandeln die bei sprengseismischen Untersuchungen ausgelösten Bodenerschütterungen in elektrische Signale um. Bei Sprengungen im Meer werden sie *Hydrophone* genannt und sind in speziellen Bojen untergebracht.

Als Begründer der modernen Erdbebenkunde gilt der Göttinger Geophysiker Johannes Emil *Wiechert* (1861–1928), dem wir bereits in Kapitel 2.3 begegnet sind. Emil Wiechert war das einzige Kind des Tilsiter Kaufmanns Johann Wiechert und dessen Frau Emilie. Ab 1881 studierte er an der Königsberger Universität Physik. Er war ab 1890 Professor an der Universität Königsberg (damals zum Königreich Preußen gehörend), wo er sich mit dem Aufbau der Materie beschäftigte. Wenig bekannt ist, dass er eine der ersten Bestimmungen zum Verhältnis von Ladung zu Masse eines Elektrons durchführte, etwa

Methoden der geowissenschaftlichen Forschung

gleichzeitig mit J.J. *Thomson* (1856–1940), der als Entdecker des Elektrons genannt wird und 1906 den Nobelpreis erhielt. Wiechert wirkte von 1898 in Göttingen als Direktor des von ihm gegründeten weltweit ersten Instituts für Geophysik. 1903 entwickelte er einen Pendel-Seismographen, bereits 1896/97 war erstmals sein grundlegendes Werk »Über die Beschaffenheit des Erdinneren« erschienen. Die Unstetigkeitsfläche zwischen Erdmantel und Erdkern wird nach ihm und dem in Kapitel 2.3 vorgestellten Geochemiker Gutenberg als *Wiechert-Gutenberg-Diskontinuität* (s. weiter unten) bezeichnet.

1907 formulierte Wiechert die Theorie über die Ausbreitung von Erdbebenwellen und vermutete »in relativ geringer Tiefe eine flüssige oder doch sehr nachgiebige Magmaschicht«. Ab 1900 hatten Wiechert und seine Schüler, darunter *Gutenberg*, gezeigt, dass es seismologische Unstetigkeitsflächen gibt, aus der sich ein Schalenaufbau der Erde schließen lässt.

Erdbebenwellen entstehen durch die bei einem Erdbeben freigesetzte Energie in Form elastischer Wellen. Sie entsprechen den Schallwellen in der Luft. Je heißer und damit weicher das Gestein ist, desto langsamer pflanzen sie sich fort. Man unterscheidet *P-* und *S-Wellen*. Sie kommen durch die unterschiedliche Bewegungsrichtung der in Schwingung gesetzten Materieteilchen zustande und unterscheiden sich in ihren Laufzeiten. *P-Wellen* (primäre Wellen) sind *Longitudinalwellen* (Fortpflanzung längs der Ausbreitungsrichtung), Druckwellen mit einer Druck-Zug-Bewegung, die sich in der Nähe der Erdoberfläche mit Geschwindigkeiten um 5,5 km/s, in größeren Tiefen bis 13 km/s fortpflanzen. Die *S-Wellen* (sekundäre Wellen) sind *Transversal-* oder *Scherwellen* (schwingen senkrecht zur Ausbreitungsrichtung, können Flüssigkeiten nicht durchqueren) und sind langsamer als die P-Wellen; daher auch die Bezeichnung sekundär. In der Nähe der Erdoberfläche erreichen sie Geschwindigkeiten von 3,1 km/s, in tieferen Schichten bis zu 8,0 km/s. Die Ausbreitungsgeschwindigkeiten beider Wellenarten hängen von der Dichte und von der Elastizitätskonstante des Gesteins ab, in dem sie sich bis an der Erdoberfläche (Übergang zwischen fest und gasförmig) fortpflanzen. Zusätzlich werden sie an Schicht- und anderen *Diskontinuitätsflächen* gebeugt und/oder gebrochen. Als *seismische Tomographie* (in Analogie zur Computertomographie in der Medizin) wird ein System bezeichnet, das die Signale der täglich auftretenden kleineren Erdbeben verarbeitet, die ein weltweites Netz Hunderter hochempfindlicher Seismographen liefert. Spezielle

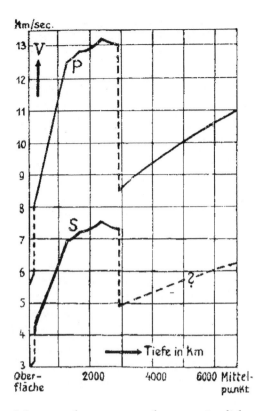

Abb. 22: Geschwindigkeit der P- (longitudinalen) und S- (transversale) Wellen im Erdinneren, nach Gutenberg (1923).

Seismographennetze wurden ursprünglich angelegt, um unterirdische Atombombentests registrieren zu können.

Für die seismologischen Untersuchungen des Erdinneren werden nach dem Auslösen eines künstlichen Erdbebens (Bebenimpulses) an verschiedenen Messstationen die Ankunftszeiten der P- und S-Wellen registriert. Aus den Daten werden *Laufzeitkurven* erstellt, in denen die Wellengeschwindigkeiten als Funktion der Tiefe dargestellt sind. In einer bestimmten Tiefe verschwinden die S-Wellen, woraus zu schließen ist, dass in diesen Bereichen die Materie sich wie eine Flüssigkeit verhält. Außerdem zeigen sich Sprünge in den Ausbreitungsgeschwindigkeiten, die auf Änderungen in den Elastizitätseigenschaften zurückzuführen sind. Aus diesen Diskontinuitäten ergibt sich das Bild der Erde aus Schalen, das im folgenden Kapitel vorgestellt wird.

Eine weitere Forschungsrichtung, die zu einem besseren Verständnis der Chemie im Erdinneren beitragen kann, ist die *experimentelle Mineralogie*. Unter der Überschrift »Ein Diamantfenster in den Erdmantel« berichtet Martin Redfern in »Die Erde« folgende Geschichte. Eines Tages habe Professor Bill Bassett in seinem Labor an der Cornell University einen Kristall in einen sogenannten Diamantamboss gezwängt. Bei der Diamantamboss-Technik wird zwischen zwei Diamanten eine mikroskopisch kleine Gesteinsprobe eingespannt. Dann wird mithilfe einer Rändelschraube das Ganze zusammengepresst. Dabei wird die Kraft zwischen den winzigen Diamantambossen so konzentriert, dass durch das Drehen der Schraube Drücke bis in den Bereich von mehreren hundert Millionen bar erreicht werden. Wegen der kleinen Flächen werden für eine Diamantfläche vom einen Quadratmillimeter für 1 Megabar nur Kräfte von unter einer Tonne benötigt, die ohne Schwierigkeiten mittels einer mit einem Handrad versehenen Gewindestange aufgebracht werden können. Von besonderem Vorteil bei dieser Methode ist die Durchlässigkeit des Diamanten für elektromagnetische Strahlung in einem sehr weiten Frequenzbereich. So kann man beispielsweise die Probe mithilfe eines Laserstrahls erhitzen und gleichzeitig die Veränderungen unter dem Mikroskop beobachten. Diese Methode erlaubt es, einen Einblick in die Vorgänge in den Tiefen des Erdmantels im Laboratorium zu erhalten.

Bill Bassett erhöhte mithilfe dieser Technik den Druck auf einen kleinen Kristall, wobei zunächst nichts geschah. Als er sein Labor jedoch verlassen wollte, hörte er vom Diamantamboss ein plötzliches Knacken. Er nahm an, dass seine wertvollen Diamanten zerbrochen seien. Als er jedoch durch das Mikroskop schaute, stellte er fest, dass diese unbeschädigt waren, sich seine Kristallprobe jedoch in eine neue (Hochdruck-) Form umgewandelt hatte. Am Beispiel des Magnesium-Eisen-Silicats Olivin lassen sich solche im Erdinneren stattfindenden Phasenumwandlungen im Labor nachvollziehen. Sie finden offensichtlich genau in den Tiefen statt, von wo aus seismische Wellen reflektiert werden können. William A. *Bassett* (Promotion 1959 an der Columbia University über Schichtsilicate) war ab 1978 Professor und Mitglied der geologischen Fakultät an der Cornell University (Ithaka, New York). Er untersuchte Eigenschaften von Mineralen unter hohem Druck und hoher Temperatur mit dem Ziel, eine besseres Verständnis über Materialien und Vorgänge im Erdinneren zu erreichen, u. a. unter Verwendung von Infrarot-YAG-Lasern für die Versuche in Diamantamboss-Zellen. In den 1990er Jahren publizierte er die Ergebnisse seiner Untersuchungen über Phasenübergänge im Hinblick auf die Mechanismen tiefer Erdbeben. Heute wird die experimentelle Mineralogie auch als Forschungsgebiet an deutschen Universitäten betrieben.

Die Wiechert-Gutenberg-Diskontinuität und die (in Kap. 2.6 erläuterte) Moho-Fläche stellen Stoffgrenzen dar. Weitere Übergangszonen, die durch ein plötzliches Ansteigen der Geschwindigkeiten der Kompressions- und Schwerewellen charakterisiert sind, lassen sich auf druckbedingte Änderungen der Kristallstrukturen zurückführen, was durch Hochdruckversuche an Olivin, der Hauptkomponenten des Erdmantels, in der synthetischen Mineralogie bestätigt wurde. Bei steigendem Druck treten sehr spezifische Änderungen in den Wechselwirkungen der Valenzelektronen von Atomen in ihren Verbindungen auf. Ionische Bindungen werden in unpolare und schließlich sogar in metallische Bindungen umgewandelt; unter Druckeinfluss werden aus Nichtleitern dann Halbleiter und schließlich sogar metallische Leiter. Für komplexe Silicate des Erdmantels lassen sich mehrere Umwandlungsstufen feststellen. Bei einem Druck von 10–20 kbar springt die Koordinationszahl des Aluminiums von 4 nach 6 (Beispiel: $Na[AlSi_3O_8] \rightarrow NaAl[Si_2O_6] + SiO_2$) im Temperaturbereich von 500–1500 °C. In der Umwandlungsstufe II (100 bis 200 kbar) tritt die sogenannte isocheme Ringwood'sche Transformation ein (Umwandlung von Olivin in einen Silicium-Spinell mit Anstieg der elektrischen Leitfähigkeit: $(Mg,Fe)_2[SiO_4] \rightarrow (Mg_2,Fe_2,Si)O_4$). Die isocheme Umwandlung beinhaltet auch eine Verringerung des Radius des Anions (O^{2-}) sowie eine Vergrößerung des Kationenradius (Si^{4+}), wodurch der Valenzzustand in Richtung einer weniger polaren Bindung der Atome verschoben wird. In der Umwandlungsstufe III (bei 200–400 kbar) tritt ein charakteristischer Koordinationswechsel beim Silicium von 4 nach 6 ein. Damit wird auch die Grenze zwischen oberem und unterem Erdmantel überschritten. Es entstehen komplexe Hochdruckoxide (mit einem Übergang der unpolaren bis halbmetallischen Bindung in den metallischen Zustand). Die Chalkogenide, die Sulfide und auch Selenide sowie Arsenide der Metalle Eisen und Nickel unterscheiden sich von den genannten Hochdruckoxiden an der Mantel-Kern-Grenze durch einen starken Dichtesprung von 6 auf 9 g/cm³. Daraus ergibt sich die Unmischbarkeit der Chalkogenide mit den Hochdruckoxiden – eine Erklärung für die Existenz der Wiechert-Gutenberg-Diskontinuitätsfläche (nach W. Kiesl).

2.6 Der Schalenaufbau der Erde

Die erste wichtige Aussage über den Aufbau der Erdkruste konnte man auch aus Messungen des Schwerefeldes ableiten. Man normierte die Messwerte auf eine einheitliche Höhenlage der Beobachtungspunkte und stellte fest, dass die gemessenen regionalen Unterschiede bis auf wenige Ausnahmen fast vollständig verschwinden. Das bedeutet, dass die Gesteinssäule unter jedem der Beobachtungspunkte auch etwa gleich schwer und damit unabhängig vom Relief der Erde sein muss. Bei hochaufragenden Kontinenten bedeutet dies ein Massendefizit in der Tiefe, die spezifisch leichtere Erdkruste der Kontinente scheint auf einem spezifisch schwereren Erdmantel zu schwimmen. Für diese Zusammenhänge hat man den Begriff *Isostasie* geprägt – für einen Zustand, der quasi zu einem Schwimmgleichgewicht führt. Er bezeichnet das hydrostatische Gleichgewicht zwischen den »Schollen« der festen Erdkruste und dem spezifisch schwereren, d. h. dichteren und zähflüssigen Untergrund, dem Erdmantel.

Die *Isostasie-Lehre* ist auf den englischen Astronomen und Physiker George Biddell *Airy* (1801–1892) sowie den amerikanischen Geologen Clarence Edward *Dutton* (1841–1912) zurückzuführen. Sie vertraten bereits in der zweiten Hälfte des 19. Jahrhunderts die begründete Meinung, alle Krustenteile der Erde hätten annähernd die gleiche Gesteinsdichte. Somit würden einzelne Blöcke eisschollenartig in den Untergrund eintauchen wie im Meer treibende Eisberge. Auftrieb und Last halten sich gerade im Gleichgewicht. Die Grenzen dieser Hypothese werden erreicht, wenn man wissen will, in welchen Tiefen der Massenausgleich erfolgt.

Dazu hatte 1909 der kroatische Geophysiker Andrija *Mohorovičić* (1857–1936), ab 1882 Professor in Bakar, ab 1891 in Zagreb und Direktor der dortigen Landesanstalt für Meteorologie und Geodynamik, Erkenntnisse aus seismischen Messungen gewonnen. Er stellte aus dem Verlauf der Erdbebenwellen in den Ostalpen fest, dass in einer Tiefe von 30–40 km deutliche Zunahmen der Ausbreitungsgeschwindigkeit der elastischen Kompressionswellen (P-Wellen) von etwa 6,5 auf 8,2 km/s und zugleich der Dichte von etwa 2,8 auf 3,2 g/cm^3 festzustellen sind. Diese sogenannte Unstetigkeitsfläche zwischen der Unterkruste und dem Erdmantel bezeichnet man seither als *Mohorovičić*-Diskontinuität oder kürzer *Moho-Diskontinuität* bzw. *M-Fläche*. Die M-Fläche ist bis heute unter allen Teilen der Erde nach-

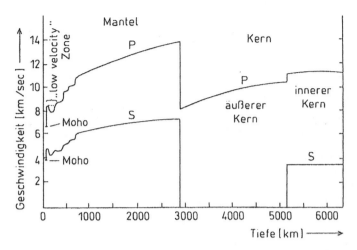

Abb. 23: Darstellung der seismischen Geschwindigkeiten von P- und S-Wellen innerhalb des Erdmantels und Erdkerns. Nach Hart et al., J. Geophys. Research 82, 1647–1652 (1977). Zu sehen ist die Moho- und die Wiechert-Gutenberg- Diskontinuität (bei etwa 2900 km – Übergang Mantel/Kern).

gewiesen worden – unter den Festländern in 30–40 km, unter Ozeanenböden in etwa 10 km Tiefe. Auch die Geschwindigkeit der S-Wellen nimmt an der M-Fläche von etwa 4,5 auf 6,5 km/s zu (s. auch Kap. 2.7).

Aus diesen Ergebnissen ergibt sich folgendes Bild eines *Schalenmodells*:

- Die Kruste reicht von der Erdoberfläche bis zur ersten Diskontinuitätsfläche, der *Moho-Diskontinuität*.
- Der Mantel schließt daran bis zur zweiten Diskontinuitätsfläche, der im vorigen Kapitel bereits genannten *Wiechert-Gutenberg-Diskontinuität* an.
- Der Kern erstreckt sich von der zweiten Diskontinuität bis zum Erdmittelpunkt.

An der Basis des Mantels verschwinden die S-Wellen. Daraus lässt sich vermuten, dass sich die Materie des Kerns wie eine flüssigkeitsähnliche Substanz verhält.

Im »Großen Brockhaus« um 1900 hatten diese Theorien bereits ihren Eingang gefunden. Allgemeinverständlich wird dort berichtet (Fortsetzung des Textes aus Kap. 2.3):

»Die Grenzen der verschiedenen Schichten im Erdinneren können aus den Aufzeichnungen der Erbebenwellen gefunden werden. Einerseits zeigen die Wellen beim Übergang in eine andere Schicht eine plötzliche Veränderung ihrer Stärke, andererseits ändert sich die Geschwindigkeit der Wellen, die sich aus deren Eintrittszeit berechnen lässt. Der Radius des Erdkernes wurde zuerst von Gutenberg zu etwa 3500 km gefunden. Die Grenze des Steinmantels der E. (Lithosphäre) wurde von Wiechert, Zoeppritz und Geiger in 1200 km Tiefe festgestellt.

Auf Sueß geht die Unterscheidung in zwei Hauptklassen von Material der Lithosphäre: Sima (Silizium-Magnesium) und Sial (Silizium-Aluminium) nach den charakteristischen Bestandteilen zurück. Ersteres ist schwerer, basischer und weniger nachgiebig gegen Formveränderungen als das letztere. Die Kontinente werden in ihren oberen Teilen von sialischem Material gebildet, während der Anteil von Sial und Sima am Aufbau der Ozeane noch nicht ganz geklärt ist; nach Gutenberg beträgt die Sialdicke in den Kontinenten etwa 45 km, im Atlant. und Ind. Ozean etwa 2–25 km, während sie im Pazifischen Ozean nur sehr gering ist. Alfr. Wegener und andere Forscher nehmen an, dass die Kontinente fast ganz aus leichterem Sial, die Ozeanböden aus simaischem Material bestehen. Da zwischen beiden Schalen statisches Gleichgewicht bestehen soll, so tauchen die Kontinentalblöcke tief in das plastische Sima ein und ›schwimmen‹ in ihm wie Eisberge im Wasser. Das Sial soll in frühesten Zeiten als geschlossene Decke über dem Sima gelegen haben, später bis auf Reste, den heutigen Festlandssockel, zerstört worden sein.

In den Grenzgebieten zwischen Sial und Sima ist der Zusammenhalt gering, die Erdkruste gibt leicht nach, infolge der dabei auftretenden Druckverminderung erniedrigt sich der Schmelzpunkt und das bis dahin feste Material (›Magma‹) wird flüssig und tritt in den Vulkanen an die Oberfläche.

Zwischen Erdmantel und Erdkern liegen zwei ebenfalls als Kugelschalen aufzufassende Übergangszonen; der Erdkern selbst, die Barysphäre, besteht überwiegend aus Nickel und Eisen (Ferrum), daher nach Sueß Nife genannt.«

Eduard *Sueß* (1831–1914) war österreichischer Geologe, von 1857 bis 1911 Professor in Wien und von 1897 bis 1911 auch Präsident der Kaiserlichen Akademie in Wien. Er veröffentlichte bedeutende Arbeiten zur Geotektonik und von 1883 bis 1905 drei Bände zum Thema »Das Antlitz der Erde«, worin er einen Gesamtüberblick über den Aufbau und die damals gültigen Theorien zum Bau der Erdoberfläche darstellte.

Alfred Lothar *Wegener* (1880–1930), deutscher Geophysiker und Meteorologe, entwickelte die *Kontinentalverschiebungstheorie* und schrieb 1915 über »Die Entstehung der Kontinente und Ozeane«. Nach ihm wurde u. a. das 1980 gegründete Alfred-Wegener-Institut für Polar- und Meeresforschung genannt. Er starb als Leiter der Deutschen Grönland-Expedition im November 1930 beim Rückmarsch von der Station »Eismitte«.

100 Jahre nach dem zitierten Lexikon-Beitrag wird das Schalenmodell wie folgt beschrieben:

- Der *obere Erdmantel* (bis 500 km) besteht aus Materie, die dem olivinreichen Tiefengestein Peridotit entspricht – diese Schicht wird deshalb auch *Peridotit-Schicht* genannt.
- Zwischen 400 und 900 km (als Übergangszone bezeichnet) ist Olivin infolge des zunehmenden Drucks wahrscheinlich durch Perowskit (nach dem russischen Politiker Graf L. A. *Perowski* (1792–1856), Calciumtitanat) ersetzt.
- In 100 bis 300 km Tiefe geht die Fortpflanzungsgeschwindigkeit der P-Wellen sprunghaft zurück, die S-Wellen setzen sogar vorübergehend aus. Es wird ein relatives Minimum von etwa 7,7 km/s erreicht. Dieses Minimum wurde von dem deutsch-amerikanischen Geophysiker Beno *Gutenberg* 1948 bei der Analyse kalifornischer Erdbeben gefunden. Daraus zieht man den Schluss, dass hier die Temperatur so hoch ist und der Druck niedrig genug ist, dass ein kleiner Teil des Erdmantelmaterials aufgeschmolzen ist. Als quasischmelzflüssige Zone wird sie aus seismischer Sicht *Low-Velocity-Zone*, aus geologischer Sicht *Asthenosphäre* (oder auch Gutenberg-Zone) genannt. Diese Erscheinung ist vor allem für die Verschiebungen der Kontinente von großer Bedeutung. Zu erklären ist das Verhalten der P-Wellen aus den Temperaturverhältnissen. Die Erdkruste stellt eine mächtige Wärme-Isolationsschicht dar. In Tiefen von 100 bis 200 km entsteht ein Wärmestau, weshalb die dort herrschenden Temperaturen den Schmelztemperaturen der Gesteine sehr nahe kommen. Sie sind zwar nicht flüssig, weisen aber eine hohe Fließfähigkeit auf, wodurch die Gesteine ein plastisches Verhalten zeigen.
- Im *unteren Erdmantel* zwischen 900 und 2900 km, der noch stärker verdichtet ist, bestimmen offensichtlich als Hochdruckminerale Eisen-Magnesium-Silicate die Zusammensetzung. Es

gibt jedoch auch andere Vermutungen, nach denen hier Eisen- und andere Schwermetallsulfide sowie -oxide angereichert sind – daher der Name *Chalkosphäre*.

- Unterhalb der *Wiechert-Gutenberg-Diskontinuität*, ab 2900 km, beginnt der *Erdkern*, auch als *Sidero-* oder *Barysphäre* bezeichnet. Der äußere Erdkern bis 5100 km Tiefe verhält sich wie eine zähe Flüssigkeit, in der die P-Wellen ihre Geschwindigkeit von 13,6 km/s auf 8,0 km/s verringern und die S-Wellen aussetzen. Im *inneren Erdkern* jedoch steigt die Geschwindigkeit der P-Wellen wieder an und die S-Wellen treten wieder auf, woraus man auf einen festen Zustand schließen kann.

Die Temperaturen im Erdkern werden auf 3000 °C im unteren Erdmantel und auf 4700–5000 °C an der Grenze zum Erdkern sowie auf etwa 7000 °C im Erdmittelpunkt geschätzt (nach anderen Autoren auch auf nur 4000–5000 °C).

In der chemischen Zusammensetzung der *Gesamterde* steht Eisen mit 30,6 % an erster Stelle, gefolgt von Sauerstoff (27,7 %), Silicium (14,6 %), Magnesium (8,7 %) und Nickel (3,2 %) sowie Calcium (2,5 %) und Aluminium (1,68 %). Alle anderen Elemente weisen nur Gehalte deutlich unter 1 % auf.

Die Erdkruste macht 0,8 Volumenprozent des Erdvolumens aus, der Erdmantel 83,0 Vol.-% und der Erdkern 16,2 Vol.-% (in Masseprozent: 0,4/67,2/32,4).

Der *mittlere Erdradius* wird mit 6371 km angegeben.

Die geheimnisvolle Moho-Fläche

1910 entdeckte der kroatische Meteorologe und Geophysiker Andrija *Mohorovičić* (1857–1936) an Seismogrammen des Erdbebens von Pokupsko in der Nähe von Zagreb (am 8. Oktober 1909), dass einige P- und S-Bebenwellen später eintrafen als erwartet. Aus diesen Abweichungen (s. Kap. 2.5) schloss er, dass diese Wellen an einer Grenze von etwa 54 km gebeugt würden. Nach ihm wurde diese Trennfläche, die später allgemein in Tiefen zwischen 30 und 50 km bestätigt werden konnte, als *Mohorovičić-* oder *Moho-* bzw. noch kürzer *M-Diskontinuität* bezeichnet.

Mohorovičić hatte von 1875 bis 1879 in Prag Mathematik und Physik studiert, wo der Physiker und Philosoph Ernst *Mach* (1838–1916; seit 1867 Professor in Prag) zu seinen Lehrern gehörte. Er wurde danach zunächst Lehrer an einer Oberschule und an der Seemannsschule in Bakar östlich von Rijeka (ital. Fiume, am Adriatischen Meer in Kroatien), wo er 1887 ein meteorologisches Observatorium gründete. 1891 wurde er Professor an der Technischen Hauptschule und Direktor der Landesanstalt für Meteorologie und Geodynamik in Zagreb. 1891 promovierte er an der Universität Zagreb. Ab 1900 beschäftigte er sich vorwiegend mit der Seismologie. 1901 gelang ihm die Anschaffung eines leistungsfähigen Seismographen und eines sogenannten astatischen Pendels von Emil Wiechert aus Göttingen; diese benutzte er für die genannte Entdeckung. Astasierung (zu astatisch) bedeutet allgemein, dass der Einfluss störender elektrischer und magnetischer Felder (des Erdmagnetfeldes) durch Kopplung gleicher Messsysteme, um 180° gegeneinander versetzt, beseitigt wird. Sein Sohn Stjepan Mohorovičić (1890–1980), Physikprofessor an einer Schule in Zagreb, sagte 1934 die Existenz des Positroniums vorher und auch die Existenz einer Moho-Diskontinuität auf dem Mond, die durch Messungen im Rahmen des Apollo-Programms durch Astronauten bestätigt werden konnte.

Die Moho-Diskontinuität erwies sich im Verlaufe zahlreicher Untersuchungen im 20. Jahrhundert als ein weltweites Phänomen. Sie trennt innerhalb der Lithosphäre (als äußerer Schale der Erde) die Erdkruste von der äußeren Schicht des oberen Erdmantels. In Tiefen zwischen 30 und 50 km (unter den Alpen) beginnt bei Temperaturen von etwa 600 °C der Erdmantel. Die elastischen Kompressionswellen zeigen die deutliche Zunahme von etwa 6,5 auf 8,1 km/s bei einem Anstieg der Dichte von etwa 2,8 auf 3,2 g/cm^3. In ozeanischen Tiefseegebieten liegt die Moho-Grenzfläche 5–10 km unter dem Meeresboden. Im Bild bezeichnet man die Alpen auch als einen schwimmenden Eisberg auf dem Erdmantel.

Mason und *Moore* schrieben 1982 (engl. Ausgabe) in ihrem Lehrbuch »Grundzüge der Geochemie«, das Wesen der Moho sei lange ein Thema von beträchtlichen Kontroversen gewesen. Die eine Richtung habe für eine physikalisch bedingte Diskontinuität plädiert, die das Ergebnis von Phasenübergängen sei. Tiefer gelegenes Krustenmaterial sei lediglich in dichteres Material von ziemlich derselben Zusammensetzung übergegangen. Die andere Denkrichtung habe die Annahme einer chemisch bedingten Diskontinuität diskutiert. Die Autoren stellen dann fest, dass ein wichtiger Schritt zum Verständnis der Übergangszone innerhalb des Mantels die Realisierung der Bedeutung von polymorphen Phasenübergängen der Minerale bei sehr hohen Temperaturen und Drücken gewesen sei. Aus diesen Betrachtungen ergab sich als eine erste Annäherung an den Aufbau der Übergangszone eine mutmaßliche Zusammensetzung aus Magnesiumoxid und Siliciumdioxid – als Mischung aus Olivin (Mg_2SiO_4) und Pyroxen ($MgSiO_3$). Geht man davon aus, dass diese Mineralphasen bis in eine Tiefe von etwa 400 km stabil sind, so schließen sich daran weitere Phasenübergänge an, die durch immer dichter gepackte Kristallgitterformen charakterisiert sind. Diese Serie von Phasenübergängen, verbunden mit einer Dichtezunahme von 3,2 auf 3,9 g/cm^3 (bezogen auf einen Druck von null) dürften bei 1000 km Tiefe abgeschlossen sein. Der Mantel enthält neben Magnesium und Silizium noch weitere Elemente, meist Eisen, Calcium, Aluminium und Natrium, die in den Mineralphasen andere Atome substituieren.

Auch Klaus *Strobach* (bis 1988 o. Prof. für Geophysik in Berlin und Stuttgart) berichtete 1990 in seinem Buch »Vom Urknall zur Erde. Werden und Wandlung unseres Planeten im Kosmos«, dass die Moho-Diskontinuität auf den Übergang auf das im Vergleich zur Erdkruste wesentlich dichtere, ultrabasische Gestein des Erdmantels mit den Mineralen Olivin (57 % – Spinellstruktur), Pyroxene (29 % – Granatstruktur) und Granat (14 %) zurückzuführen sei. Er gibt die Dichte dieses Gesteins unmittelbar unter der Erdkruste mit 3,3 g/cm^3 an und vermerkt, dass diese der mittleren Dichte des Mondes entspreche.

Die beschriebenen Übergänge der Kristallstrukturen sind auch in Laborversuchen mithilfe spezieller Pressen und Heizungsvorrichtungen (Erzeugung hoher Drucke mit Schockwellen) bewiesen bzw. aufgeklärt worden.

Der Erdkern

In einer Tiefe von etwa 2900 km findet ein abrupter Übergang zum *Eisenkern* statt, der in seinen äußeren Teilen flüssig ist. Im flüssigen Teil können sich die S-Wellen nicht ausbreiten.

Mason und *Moore* stellten fest, dass die Annahme eines Eisenkerns wesentlich älter ist als die zu seiner Existenz Anlass gebenden seismischen Ergebnisse. Bereits 1866 seien Vermutungen publiziert worden, die aus dem Aufbau von Meteoriten gefolgert worden seien (s. Kap. 3.3). Das Konzept eines Eisenkerns habe sich inzwischen (1985) weitgehend bei den Geowissenschaftlern durchgesetzt. Die physikalischen Eigenschaften des Kerns erforderten Elemente aus der Gruppe der Übergangsmetalle, und von Eisen sei genügend vorhanden. Die geophysikalischen Annahmen wiederum erfordern eine mittlere Kernladungszahl von 22 – die von Eisen beträgt 26. Im Kern müssten also noch andere Elemente mit niedrigerer Kernladungszahl vorhanden sei, beispielsweise Kohlenstoff (6), Schwefel (16) oder Silicium (14). Die Herkunft des irdischen Magnetfeldes könne, so die Autoren, durch die Existenz eines schmelzflüssigen Kerns erklärt werden. Es sei anzunehmen, dass umlaufende elektrische Ströme im Kerninneren das irdische Magnetfeld hervorrufen und diese Ströme im hochleitenden Kernmaterial eher fließen als im silicatischen Mantel. Auch können Säkularvariationen (Veränderungen in längeren Zeiträumen im erdmagnetischen Feld) als Ausdruck von Konvektionsströmungen im schmelzflüssigen Teil des Kerns erklärt werden.

Strobach geht auf die Diskussion ein, dass der Erdkern aus Eisen mit etwas Nickel bestehe. Dagegen spreche eine um 8% zu hohe Dichte. Auch würden die P-Wellen-Geschwindigkeiten höhere Werte aufweisen als sie reinem Eisen oder Nickeleisen entsprächen. Daraus sei zu schließen, dass im Eisen 10–12% eines leichteren Elementes enthalten sein müssten – er nennt neben Schwefel auch den Sauerstoff (Kernladungszahl 8). Bei 5200 km findet dann der Übergang zum inneren Kern statt, der fest ist.

Andere Wissenschaftler haben angenommen, dass der Erdkern aus gediegenem Eisen und Nickel mit Beimengungen möglicherweise von Silicaten des Eisens und Magnesiums bestehe. Sie begründen ihre Annahme eines metallischen Kerns und eines silicatischen Mantels mit den Ergebnissen der Meteoritenforschung. Meteoriten zeigen – als Trümmer anderer Himmelskörper – beide Arten der Zusammensetzung, so sind Eisen-Meteorite aus Nickel-Eisen-Legierungen mit bis zu 9% Nickel und Stein-Meteorite aus Silicaten bekannt.

Es wird davon ausgegangen, dass der Erdkern keine Kugel darstellt. Seine Oberfläche weist nach Auswertung von Erdbebenwellen Aufwölbungen und Einbuchtungen auf, die mit der Höhe des Mount Everest und der Tiefe des Marianen-Grabens verglichen werden. Begründet wird die unregelmäßige Form des Erdkerns mit Vorgängen im Erdmantel, der aus verformbarem Gestein besteht. Wo »kühleres« dichteres Gestein nach unten sinke, bildeten sich vermutlich die Einbuchtungen. Andererseits könne sich in den Bereichen, in denen heißes Mantelgestein aufsteige, der Erdkern nach oben wölben. Nach der Meinung anderer Wissenschaftler seien gewaltige nach außen und innen gerichtete Strömungen im flüssigen Teil des Erdkerns selbst die Ursache. Sie würden möglicherweise vom Magnetfeld der Erde und dessen Anomalien gesteuert.

Aus Hochdruck- und Hochtemperatur-Versuchen ist eine weitere, jedoch nicht allgemein anerkannte Hypothese entstanden, wonach im Erdkern keine anderen Mineralarten als in der Kruste vorhanden sein müssten, diese nur mit dichterer »metallischer« Gitterbindung aufträten. Die Vertreter dieser Hypothese meinen, die Elektronenschalen der Atome seien unter dem hohen Druck zusammengebrochen, die Atome auf kleinerem Raum zusammengedrängt worden und so sei auch die sprunghafte Zunahme der Dichte die Folge.

Der *Druck* steigt vom obersten Erdmantel bis zum Erdmittelpunkt von 1,4 Mbar auf 3,6 Mbar (Millionen bar), die Dichte von 9,5 auf 13 g/cm^3, die Temperatur nach Schätzungen von 3000 °C im unteren Erdmantel auf bis zu 5000 °C an der Grenze zum Erdkern und auf etwa 7000 °C im Erdmittelpunkt – nach anderen Autoren nur bis auf 4000–5000 °C. Die Schwerkraft nimmt von der Kerngrenze bis zum Erdmittelpunkt hin gleichmäßig bis auf null ab.

2.7 Zur Entstehung der Erde

In der ersten Hälfte des 20. Jahrhunderts veröffentlichte der Astronom, Schriftsteller und Wissenschaftspublizist Bruno Hans *Bürgel* (1875–1948) zahlreiche populärwissenschaftliche Bücher, u.a. die sehr verbreiteten Werke »Du und das Weltall« (1925) und »Der Mensch und die Sterne« (1946).

Im letzteren Buch ist über die Entstehung der Erde Folgendes zu lesen:

> »Vor grauen Zeiten war ja diese Erde einmal Bestandteil der kosmischen Gasmasse, aus der sich die Sonne mit ihren Planeten formte. Auch sie war einmal ein heißer, leuchtender Ball, der freilich – Millionen Mal kleiner als die Sonne da droben – schnell erkalten musste.
>
> Versuchen wir, ihre Geschichte seit jenen Tagen in großen Zügen zu verfolgen!

Der Schollenpanzer hatte sich um die in tiefer Rotglut schimmernde Erde geschlossen. Immer wieder wurde er, in jahrtausendelangen Kämpfen, von den aus der Tiefe hervorbrechenden Feuerströmen zerrissen, immer wieder flickte ihn die Kälte des Raumes zusammen, schweißte sie die Bruchstellen der Schollen aneinander, verdickte sie die steinerne Kruste. Noch war diese erste Haut der Mutter Erde selbst, gleich einer Ofenplatte, glühend heiß. Ein gewaltiger, dichter, vollkommen undurchsichtiger Dampfmantel umgab den Planeten. Die Wassermassen, die später die Ozeane der Erde bildeten, wogten als heiße Atmosphäre um sie her. Ihre oberen, von der heißen Kruste nicht mehr erhitzten, von der Kälte des Raumes stark abgekühlten Schichten verdichteten sich zu Wasser, sanken nieder, wurden wieder verdampft, wieder emporgewirbelt und verdichteten sich aufs neue. So wirbelte es ›am Anfang‹ chaotisch durcheinander, unvorstellbar gewaltige Strömungen quirlten in dem Dampfmantel unseres Planeten in diesen seinen Jugendtagen. Gelegentlich barst wieder einmal eine Scholle, glühender Brei schoss empor, bildete Feuerseen, über deren nun ganz besonders heftige Wirbel in der Atmosphäre entstanden.«

An diesen Text anschließend erfolgt zunächst ein Vergleich mit dem Zustand des Planeten Jupiter und ein Einblick in die Erdgeschichte anhand radiometrischer Altersbestimmungen. Dann wird noch einmal die weitere Entwicklung der Erde angesprochen:

»Die Abkühlung schritt weiter fort. In jahrtausendelangen heißen Regengüssen stürzten die Wassermassen, die später die irdischen Meere bildeten, auf die noch heiße Rinde nieder, wurden verdampft wie die Tropfen, die auf die Platte des Herdes fallen, wirbelten empor, fielen zurück, und endlich vermochte die auf diese Weise immer mehr abgekühlte Erdrinde die Massen nicht mehr zu verdampfen: das erste, noch heiße Urmeer umspülte unsere Weltkugel ...«

Abb. 24: Erde und Mond im Weltenraum. Aus: Bruno H. Bürgel, Der Mensch und die Sterne.

Bruno Hans *Bürgel* wurde als Sohn der Näherin Luise Emilie Sommer geboren. Nach dem frühen Tod seiner Mutter (1884) wurde er von dem Schuhmacher Gustav Bürgel und dessen Frau adoptiert. Seinen Aufstieg vom Steindrucker, später Fabrikarbeiter, schilderte Bürgel in seinem Buch »Vom Arbeiter zum Astronomen. Der Aufstieg eines Lebenskämpfers« (1919). Als Autodidakt eignete er sich ein umfangreiches naturwissenschaftliches Wissen an und es gelang ihm nach dem Verlust seines Arbeitsplatzes (1895) eine Stelle als Beobachter an der Urania-Sternwarte in Berlin zu erhalten. Ab 1899 war Bürgel freiberuflicher Schriftsteller. 1903 und 1904 besuchte er auf Empfehlung von Wilhelm *Foerster* (1832–1921; 1865–1903 Direktor der Berliner Sternwarte mit Arbeiten über Planetoide, Mitbegründer der Berliner Urania) Vorlesungen an der Berliner Universität. Bürgels erstes Buch »Aus fernen Welten« (1910) wurde ein großer Erfolg. 1955 wurde in der DDR aus Anlass seines 80. Geburtstages die »Bruno-H.-Bürgel-Gedenkstätte« in Babelsberg gegründet. 1971 wurde das Astronomische Zentrum im Neuen Garten von Potsdam (mit Planetarium und einem Gedenkraum) unter dem Namen »Bruno H. Bürgel« eingeweiht, das sich seit 2007 in der Gutenbergstraße befindet (www.urania-planetarium.de).

Im Zusammenhang mit den Theorien zur Entstehung der Erde verwenden auch Geophysiker (und nicht nur Astronomen) den Begriff *Akkretion* (lat. *accretio*, Anwachsen, Zunahme). Sie bezeichnen damit einen Prozess, durch den ein kosmisches Objekt Materie aus seiner Umgebung aufnimmt und dadurch seine Masse vergrößert, also das langsame Anwachsen von Körpern durch fortlaufend sich anlagernde Materie. Als Bild dafür lässt sich die Reifbildung im Winter verwenden, bei der gasförmige Bestandteile der Atmosphäre, Wasserdampf, sich an Gegenständen in fester Form unter des flüssigen Zustandes als Eiskristalle abscheiden. Dem Bild entsprechend stellt man sich vor, dass aus dem Sonnennebel gasförmige Substanzen an schon vorhandene Partikel »anfrieren« unter Beteiligung elektrostatischer und magnetischer Kräfte.

K. *Strobach* beschreibt (1990) sehr anschaulich unsere Vorstellungen über die Entstehung der Erde. Nachdem er zunächst über die Bildung des Planetensystems berichtet hat, stellt er fest, dass die letzten Phasen der Akkretion auf den späteren Erdaufbau einen entscheidenden Einfluss gehabt hätten. Die schrittweise Akkretion der Materie des ursprünglichen Nebels (als kosmische Gas- und Staubwolken)

Abb. 25: Porträts von Pierre Simon de Laplace (1749–1832), links, und Immanuel Kant (1724–1804), den Begründern einer Theorie zur Entstehung des Weltalls mit dem Planetensystem als Gasellipsoid (Laplace) bzw. einem ganzen Weltengebäude nach Newton'schen Grundsätzen.

habe das Baumaterial auch für die Erde bereitgestellt. Es habe aus kilometerdicken, aber auch kleineren Blöcken sehr unterschiedlicher Materialien bestanden, die einzelnen Blöcke jedoch seien chemisch einheitlich zusammengesetzt gewesen. Aus der Akkretion von sogenannten *Planetesimalen* als Vorstufen eines Planeten, nach zwei Generationen von kleinsten und größten Körpern, entstehe im dritten Akt ein Planet. Die Akkretion derartiger Blöcke oder Planetesimale führe, falls sie gut durchmischt und wie ein Mauerwerk zusammengefügt wurden, zu großen Körpern. Eine Sonderung in Kern, Mantel und Kruste hätte infolge dieser Vorstellungen erst nach der Akkretion der Erde erfolgen können.

Bevor wir eine zweite Theorie beschreiben, soll ein kurzer historischer Ausblick zeigen, dass sich auch Philosophen wie Immanuel *Kant* (1724–1804) oder der Mathematiker Pierre Simon de *Laplace* (1749–1827) im 18. Jahrhundert mit der Frage der Entstehung unserer Erde beschäftigt haben. Sie gingen (Kant 1755, Laplace 1796) von einer scheibenförmigen Nebelmasse aus, deren Zentren sich zur Sonne hin verdichtet hätten. Aus ihren äußeren Bereichen seien dann die Planeten hervorgegangen, also auch unsere Erde. Kant entwickelte seine Theorie in dem Werk »Allgemeine Naturgeschichte und Theorie des Himmels oder Versuch von der Verfassung und dem mechanischen Ursprung des ganzen Weltgebäudes nach Newton'schen Grundsätzen abgehandelt«. Laplace geht in seiner »Exposition du système du monde« von einem Gasellipsoid aus, der bereits einen Drehimpuls besitzt. Arthur *Schopenhauer* fasste beide Hypothesen unter dem Namen *Kant-Laplace-Theorie* zusammen – mit der zentralen These, das heutige Sonnensystem sei im Verlauf eines Prozesses der »Anziehung und Abstoßung« entstanden. Kant schrieb:

»Ich habe, nachdem ich die Welt in das einfachste Chaos versetzt, keine anderen Kräfte als Anziehung- und Zurückstoßungskraft zur Entwicklung der großen Ordnung der Natur angewandt, zwei Kräfte, welche beide gleich gewisse, gleich einfach und gleich ursprünglich und allgemein sind.«

In der Philosophie- und Wissenschaftsgeschichte wird der Kant-Laplace-Theorie ein hoher Stellenwert beigemessen, da beide die Entstehung des Planetensystems ohne Zuhilfenahme einer übernatürlichen Ordnungskraft beschrieben. Isaac Newton, auf dessen mechanische Grundsätze sich Kant berief, hatte noch das Wirken Gottes für unverzichtbar gehalten. Laplace, der in seiner Theorie von einer von Anfang an rotierenden, durch die Fliehkraft abgeplatteten Gasmasse ausgegangen war, kommt damit den heutigen Vorstellungen der Wissenschaft am nächsten.

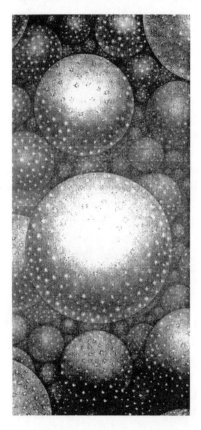

Abb. 26: Thomas Wrights Vorstellung vom Universum, erfüllt von »Weltgebäuden« (oder Galaxien).

Anstöße für Kants Vorstellungen über ein scheibenförmiges Sternsystem stammten offensichtlich von dem Engländer Thomas Wright (1711–1786), der sich seinen Lebensunterhalt als Immobilienberater adliger Familien und durch populärwissenschaftliche Vorträge verdiente. Er entwickelte eine frühe Kosmologie, die von der Theologie seiner Zeit geprägt war. Über seine Modelle veröffentlichte die Hamburger Zeitschrift »Freye Urteile« 1751 eine Zusammenfassung, die auch Kant in Königsberg zu lesen bekam. Da er dadurch aber nur sehr unvollkommene Kenntnisse über Wrights Vorstellungen (u. a. über den biblischen Himmel als Zentrum des Universums, mit dem »Auge Gottes« dargestellt) erhielt, konnte Kant relativ unbeeinflusst seine eigene Kosmologie entwickeln.

Die bereits beschriebene Akkretion der Erde kann nach Ansicht anderer Forscher auch auf andere Weise erfolgt sein. Nach ihren Vorstellungen habe sich zuerst der *Eisenkern* der Erde zusammengeballt. Erst danach habe sich die *Silicathülle* des Erdmantels angelagert. Damit steht der sogenannten »homogenen Akkretion« (oben) eine Theorie der *heterogenen Akkretion* gegenüber. Bei der homogenen Akkretion müsste vor allem eine Erklärung gefunden werden, auf welche Weise die Trennung von Materie aus einer stofflich homogenen Erde erfolgen konnte. Für die Theorie der heterogenen Akkretion spricht, dass der heutige Eisenkern offensichtlich schon früh entstanden ist, wie paläomagnetische Untersuchungen ergaben. Der äußere, flüssige Erdkern wird als Generator beschrieben, der das magnetische Feld der Erde erzeugt. Bereits die ältesten Gesteine der Erdkruste, die fast 4 Mrd. Jahre alt sind, zeigen eine remanente Magnetisierung. Daraus folgt, dass ein Magnetfeld und damit der Erdkern bereits in früher Zeit existierten.

Der australische Geochemiker A. E. *Ringwood* (1930–1993) fasste beide Hypothesen bzw. Überlegungen auf folgende Weise zusammen (1991):

Am Anfang der Akkretion hat sich aus einer Anzahl von größeren und kleineren Planetesimalen ein Kern gebildet. Infolge der nun zunehmenden gravitativen Massenanziehung wächst der Kern, die Akkretionsrate nimmt immer mehr zu. Auf den Kern »stürzen« immer mehr neue, sehr unterschiedlich zusammengesetzte Planetesimale, zu Beginn noch ohne die Freisetzung größerer Mengen Wärmeenergie. Die Akkretion verläuft somit zunächst recht »kühl«. Die mechanische Wucht der aufstürzenden Körper nimmt jedoch zu;

mechanische Energie wird in eine Zersplitterung der Projektile und auch der bereits gebildeten oberen Erdschichten umgesetzt – die Erde erhitzt sich. Frühere Spekulationen, dass Wärme durch den Zerfall radioaktiver Substanzen entstanden sei, konnten anhand von Berechnungen abgewiesen werden: Solche Prozesse hätten nicht ausgereicht, um auch die riesigen Gesteinsmassen in der Tiefe aufzuschmelzen. Man geht daher heute davon aus, dass die Gesteinsbrocken in immer kürzeren Abständen auf die sich bildende Erde fielen und die beim Aufprall entwickelte Wärmeenergie kaum noch in den Weltraum abstrahlen konnte. Gegen Ende der Akkretion war somit der oberste Teil der Erde aufgeschmolzen und es entstanden auch gasförmige Substanzen, die im Gravitationsfeld der Erde als *Uratmosphäre* festgehalten wurden. Die in der Uratmosphäre eingefangenen Substanzen stammten aus jenen Planetesimalen, die sich aus den Niedrigtemperatur-Kondensaten der flüchtigen Elemente zusammengeballt hatten – Wasserdampf und Wasserstoff, außerdem, in geringeren Anteilen, Stickstoff, Ammoniak und Kohlenstoffdioxid.

Zunächst konnte diese Uratmosphäre aber weiteren Reaktionen unterworfen sein – beispielsweise durch die Zufuhr von metallischem Eisen aus Hochtemperatur-Kondensaten. Dadurch erfolgte eine Reaktion mit Wasserdampf zum Eisenoxid (FeO) und Wasserstoff. Das Eisenoxid gelangte in die feste Erde, der Wasserstoff konnte später wieder ins Universum entweichen. Die Bildung des Eisenkerns kann man sich auch in diesem Zusammenhang vorstellen. Nachdem die Materie, auch das Eisen, auf der Oberfläche zu schmelzen begann, konnten Tröpfchen von Eisen zum Erdmittelpunkt absinken. In Folge entstand ein gigantischer Schwerkraftprozess, dessen Energie ebenfalls in Wärme umgewandelt wurde. Alle diese Vorgänge führten schließlich zu einer »Stoffsortierung« – schwere Stoffe sanken in Richtung Erdmittelpunkt, leichtere stiegen wieder an die Oberfläche. So entwickelte sich unsere Erde allmählich mit ihrer heutigen Gliederung in unterschiedliche Schalen von Erdkruste, Erdmantel und Erdkern. Bei der Abkühlung bildeten sich auf der Oberfläche erste Inseln aus festem Gestein. Aus Mineralen mit den höchsten Schmelzpunkten entstanden die ersten Basalte, auch als Urgesteine bezeichnet.

In einem mit »Die Geburt der Erde« überschriebenen Kapitel erklären die Physiker Harald *Lesch* (Professor für Theoretische Astrophysik am Institut für Astronomie und Astrophysik der Universität

München) und Jörn *Müller* (ebenfalls am genannten Institut tätig) die Entstehung der Erde wie folgt. Die Geschichte unserer Erde habe nach dem derzeitigen Stand der Forschung (2001 bzw. 2006) mit einer gewaltigen Explosion einer Supernova begonnen. Eine Supernova ereignet sich, wenn ein massereicher Stern am Ende seiner Entwicklung durch einen explosiven Vorgang – verbunden mit einer enormen Leuchtkraftsteigerung – einen großen Teil seiner Masse verliert. Supernovae werden nach ihrem optischen Spektrum klassifiziert. Typ I weist Linien verschiedener Elemente mit Ausnahme des Wasserstoffs auf. Im Haupttyp Ia werden Monate nach dem Helligkeitsmaximum Emissionslinien von Eisen und Nickel festgestellt. In den Spektren des Typs II sind Wasserstofflinien charakteristisch. Aus den Linienverschiebungen (Doppler-Effekt) lassen sich Expansionsgeschwindigkeiten des Gebildes in der Größenordnung von 5000–10 000 km/s ermitteln. Bei der Untersuchung von Meteoriten, die sich wahrscheinlich seit Entstehung des Sonnensystems im Weltraum befinden, hat man nur das Isotop ^{16}O und nicht die normalerweise ebenfalls, wenn auch in geringen Anteilen, vorkommenden Isotope ^{17}O und ^{18}O feststellen können (auf 2600 Kerne ^{16}O kommen etwa fünf ^{18}O- und ein ^{17}O-Kern). Daraus ist zu schließen, dass ein solcher Meteorit bei einer Supernova-Explosion entstanden ist, bei der sich die selteneren Isotope nicht bilden. Somit ist das Isotop ^{16}O in diesen Meteoriten seit der Entstehung des Sonnensystems enthalten. Die Sonne mit ihren Planeten, also auch der Erde, entstand in weniger als einer Million Jahre nach der Explosion der Supernova infolge der Zusammenballung einer riesigen Gas- und Staubwolke, wobei sich die weit verteilten Wasserstoff- und Heliumatome mit schwereren Atomen wie denen des Kohlenstoffs, Sauerstoffs, Stickstoffs und auch des in der Supernova bereits entstandenen Eisens durchmischten. *Lesch* und *Müller* beschreiben in ihren populärwissenschaftlichen Büchern (2001, 2006) das weitere Geschehen so: Alle Atome wären langsam zum Zentrum der Wolke getrieben worden, die gegenseitige Anziehungskraft habe zugenommen, die Wolke habe sich dadurch zusammengezogen. Aus Verwirbelungen seien kleinere, rotierende Fragmente und schließlich ein solarer Urnebel entstanden, aus dem sich Sonne und Sonnensystem bilden sollten. Die schweren Elemente wie Eisen und Nickel bewegten sich zum Zentrum des Urnebels, das immer heißer wurde, während sich der Rand der Scheibe abkühlte. Dort entstanden schließlich aus kleinen Staubpartikeln größere Körner und dann auch Gesteinsbrocken, die bereits genannten Planetesimale, über deren Akkretion schon berichtet wurde. Verfolgen wir die weitere Entstehungsgeschichte der Erde, so muss zunächst festgestellt werden, dass der Planet zu diesem Zeitpunkt noch nicht seine endgültige Form erhalten hatte. *Lesch* und *Müller* nennen als Nächstes das gewaltige Bombardement durch Gesteinsbrocken, dem auch unsere Urerde bei der Entstehung des Sonnensystems ausgesetzt gewesen ist. Der Einschlag zahlloser Asteroiden, die auf chaotischen Bahnen im noch jungen Sonnensystem unterwegs waren, führte der Urerde weitere Materie und Energie zu. Dadurch war die Oberfläche noch flüssig, die Uratmosphäre bestand weitgehend aus Wasserstoff. Das geophysikalische Leben der Erde begann damit, dass sich ihre Oberfläche langsam abkühlte, dadurch verfestigte, aber auch wieder aufplatzte und eine Schrumpfung insgesamt einsetzte. Als Folge davon heizte sich das Erdinnere weiter auf, die Metalle begannen zu schmelzen. Während der Explosion der Supernova waren in den mit einigen zehntausend Kilometer pro Sekunde in den Raum rasenden, mehrere Milliarden Grad heißen Sternhüllen auch die schweren Elemente Thorium und Uran »erbrütet« worden. Sie befanden sich ebenfalls in dem zusammengewürfelten Material der Erde. Infolge der radioaktiven Zerfallsprozesse heizten und schmolzen sie das Erdmaterial auf. Es kam zu einer Trennung der leichten und schweren Elemente – die schweren Elemente wie Nickel und Eisen gelangten in das Zentrum der Erde, die leichteren wie Silicium und Sauerstoff bildeten eine Kugelschale aus flüssigem Gestein, den späteren festen Erdmantel. Zugleich entstanden unter dem Druck der Strömungen im Inneren Vulkane. Aus dem heißen Erdinneren kamen mit der Lava große Mengen an Gasen wie Wasserdampf, Kohlenstoffdioxid, Methan und Ammoniak an die Erdoberfläche und bildeten so die erste Atmosphäre. Die Strömungen an flüssigem Eisen setzten zugleich einen elektrischen Prozess in Gang, der mit einem »Dynamo« vergleichbar ist und zur Entstehung des Erdmagnetfeldes führte.

Lesch und *Müller* gehen in ihrer »Kosmologie für Fußgänger« speziell auf die Entstehung des für uns lebensnotwendigen Wassers ein. Aus chemischer Sicht kann Wasser aus den Gasen Wasserstoff und Sauerstoff (Knallgasreaktion) sowie in der Erdfrühzeit auch aus Reaktionen zwischen Methan und Sauerstoff aus Silicaten und Eisenoxid entstanden sein. Der Wasserdampf sei dann kondensiert, infolge der Schwerkraft von der Erde festgehalten worden und schließlich als Regen niedergegangen. Aus neuesten Tiefbohrungen habe man aber auch andere Erkenntnisse gewonnen: Aus mehreren tausend Metern sei ein Fluid aus Wasser, Salzen und Gasen mit dem Isotop ^{3}He zutage gefördert worden, das nicht irdischen Ursprungs sei, sondern aus dem Kosmos – zusammen mit dem Wasser – auf der Erde gelangt sei. Die Autoren ziehen daraus den Schluss, das Wasser auf unserer Erde sei zum größten Teil aus dem Weltall gekommen (s. auch Kap. 3.10).

3
Reisen in das Universum

3.1 Weltraumreisen in der frühen Science-Fiction-Literatur

Der bereits in Kapitel 2.1 vorgestellte französische Science-Fiction-Autor Jules *Verne* schrieb auch zwei utopische Romane, die sich mit Reisen zum bzw. um den Mond beschäftigen: »Von der Erde zum Mond« (Originalausgabe »De la terre à la lune«, 1865) und »Reise um den Mond« (Originalausgabe »Autour de la lune«, 1870). Im erstgenannten Roman lassen sich drei Personen in einem überdimensionalen »Projektil« mit einer Kanone zum Mond schießen. Im neunten Kapitel wird die »Pulverfrage« für die Kanone diskutiert, welche das Projektil zum Mond abschießen soll. Zur Wirkung des historischen Schwarzpulvers heißt es u. a.:

> »Also ein Liter Pulver wiegt ungefähr zwei Pfund [amerik. pounds; = ca. 900 g]; es erzeugt beim Entzünden vierhundert Liter Gas; ist dies Gas frei und unter Einwirkung der Temperatur von bis zu zweitausendvierhundert Grad, so nimmt es den Raum von viertausend Litern ein. Also verhält sich der Umfang des Pulvers zu dem des durch seine Verbrennung erzeugten Gases wie 1:4000. Danach ermesse man die entsetzliche Stoßkraft dieses Gases, wenn es in einen 4000mal zu engen Raum eingepresst ist.«

Das Projektil erreicht nicht wie geplant die Mondoberfläche, sondern wird von der Anziehungskraft des Mondes in eine Umlaufbahn gezwungen. Der Direktor des Observatoriums zu Cambridge, J. M. Belfast, stellt in dem Roman fest:

> »Seine Bewegung in gerader Richtung hat sich in eine Kreisbewegung von ungeheurer Geschwindigkeit verwandelt; es wird in einer elliptischen Bahn um den Mond herum fortgerissen, sodass es zum eigentlichen Trabanten desselben geworden ist.«

Abb. 27: Das »Projektil« in der Nähe des Mondes. Illustration aus der französischen Ausgabe »Autour de la lune« von Jules Verne.

In »Reise um den Mond« erleben drei Abenteurer in einer Kapsel, die mit einer Riesenkanone ins Weltall geschossen wird, eine aufregende Reise um den Mond. Anhand von zwei ausgewählten Textstellen wird deutlich, dass Jules Verne sich über den damaligen Stand der Mondforschung umfassend informiert hat.

Im Kapitel XII »Über die Mondoberfläche« ist u. a. zu lesen, dass den »Astronauten« die *Mappa selenographica* von *Beer* und *Mädler*, auf die im Anschluss an den Textauszug näher eingegangen wird, bekannt war. Über den Mondkrater Kopernikus, den sich die drei Abenteurer näher ansehen wollen, heißt es:

»Dieses auf neun Grad nördlicher Breite und zwanzig Grad östlicher Länge gelegene Bergmassiv erhebt sich bis zu einer Höhe von 3438 Metern über der Mondoberfläche. Es ist von der Erde aus gut sichtbar und eignet sich vorzüglich für astronomische Studien, vor allem in der Phase zwischen dem letzten Viertel des Mondes und Neumond. Dann nämlich wandern die Schatten von Osten nach Westen und erlauben eine Bestimmung der Höhe.

Der Kopernikus ist neben dem auf der südlichen Hemisphäre gelegenen Tycho das bedeutendste Strahlensystem auf der Mondoberfläche. Es handelt sich um einen isolierten Gebirgsstock, der, gleich einem riesigen Leuchtturm, aus jenem Teil des Meers der Wolken emporragt, der an das Meer der Stürme grenzt. Mit seiner phantastischen Strahlkraft erhellt er diesen beiden Meere auf einmal. Es bedeutet ein Erlebnis ohnegleichen, das Schauspiel der langen, bei Vollmond fast das Auge blendenden Lichtschweife zu verfolgen, die nach Norden über das Randgebirge des Meeres hinwegzogen und im Meer des Regens erloschen. Es war ein Uhr morgens Erdzeit, als die Kapsel wie ein im Weltall verlorener Ballon über diesem faszinierenden Berg schwebt.

Barbicane [Präsident des Kanonenclubs, einer nach dem amerikanischen Bürgerkrieg in Baltimore gegründeten Vereinigung von Artillerie-Experten] konnte seine wichtigsten Merkmale genau feststellen. Der Kopernikus wird unter die runden Gebirgsformationen, Untergruppe Ringgebirge, eingeordnet. Genauso wie der Kepler und Aristarchos, die das Meer der Stürme beherrschen, erscheint er zuweilen wie ein schimmernder Punkt durch das Graulicht hindurch und wurde daher schon für einen aktiven Vulkan gehalten. Doch in Wirklichkeit ist er, wie alle anderen Feuerberge auf dieser Mondseite erloschen. Die Messung seiner Umwallung ergab einen Durchmesser von ungefähr dreiunddreißig Kilometern. Durch das Fernrohr erkannten die Raumfahrer Hinweise auf Schichten, die sich durch aufeinanderfolgende Ausbrüche auf dem Berg abgeladen hatten, und seine Umgebung erschien in weitem Umkreis mit vulkanischem Trümmergestein übersät, das sich zum Teil aber auch im Innern des Kraters abgelagert hatte ...«

Abb. 28: Die Oberfläche des Mondes aus Sicht der »frühen Raumfahrer« von Jules Verne aus unterschiedlicher Entfernung. Illustrationen nach der französischen Ausgabe »Autour de la lune«.

Heute gehen die Astronomen davon aus, dass die Krater auf dem Mond durch Meteoriteneinschläge entstanden sind. Es handelt sich also um Einschlagkrater, die beim Aufprall »kosmischer Bomben« zurückgeblieben sind. Infolge der geringen Anziehungskraft des Mondes weist der Mond keine Atmosphäre auf, wodurch »Wind und Wetter« in Jahrmillionen die Einschlagskrater hätten einebnen können. Die Apollo-17-Mission brachte Material vom Kopernikus zur Erde. Aus deren Untersuchungen wird die Entstehung des Kraters auf eine Periode datiert, die vor 810 Mio. Jahren begann und als »Kopernikanische Periode« bezeichnet wird. Die aktuell im Jahre 2010 angegebenen Daten des Kraters Kopernikus sind: 93 km Durchmesser, bis zu 3760 m tief mit Zentralbergen bis zu 1250 m und einem Ringwall, der um etwa 900 m über die Umgebung hinausragt. Kopernikus weist eine imposante Strahlenstruktur von bis zu 700 km Radius auf und wird auch heute noch als der spektakulärste Krater auf dem Mond bezeichnet. Weitere markante Strahlenkrater (aus Auswurfmaterial, als Ergebnis des Meteoriteneinschlags) tragen die Namen Tycho, Kepler und Aristarchus.

Im weiteren Verlauf der Reise um den Mond wird auch von dem Ausbruch eines Vulkans berichtet – nach heutigem Wissen unwahrscheinlich. Doch dann folgt die Schilderung eines bedrohlichen Abenteuers:

»Diesmal ging es um mehr als ein kosmisches Schauspiel, vielmehr drohte eine ernste Gefahr, deren Folgen verheerend sein konnten.

Plötzlich war nämlich aus der tiefen Dunkelheit des Alls eine enorme Masse aufgetaucht, die an einen Mond, einen weißglühenden Mond erinnerte und deren grelles Leuchten umso unerträglicher war, als es in einem scharfen Gegensatz zur unerbittlichen Finsternis des Weltraums stand. Die kreisrunde Masse strahlte eine solche Helligkeit aus, dass das Projektil bis in den hintersten Winkel mit Licht erfüllt wurde. Barbicanes, Nicholls und Michel Ardans Gesichter nahmen unter diesem gleißenden, schmerzhaft grellen Lichtschatten jenes gespenstisch wirkende, leichenblasse Aussehen an, das die Physiker mit Hilfe künstlichen Lichts auf der Basis von Alkohol und Salz erzeugen.

›Donnerwetter‹, meinte Michal Ardan, ›wie hässlich wir sind! Was ist denn das für ein unangenehmer Vertreter?‹

›Ein Bolid‹, erwiderte Barbicane.

›Wieder eins von diesen brennenden Trümmern, die das All unsicher machen?‹

›So ist es.‹

Barbicane irrte sich nicht: Bei dem Feuerball handelte es sich wirklich um einen Boliden. Von der Erde aus betrachtet, strahlen Meteore gewöhnlich nur ein Licht ab, das ein wenig schwächer ist, als das des Mondes; in der Finsternis des Äthers dagegen wirken sie wie glühende Feuerbälle. Diese Wandelsterne tragen die Ursache für ihr Leuchten in sich selbst, denn sie benötigen keinen Sauerstoff, um zu verbrennen...«

Glücklicherweise verfehlt der Bolid das »Raumschiff«, und die Astronauten können das Schauspiel des Bolideneinschlags auf dem Mond beobachten:

»Es war, als ob sich ein gewaltiger Krater öffnete, als ob ungeheures Feuer loderte und seine Funken versprühte. Unzählige glühende Trümmer erleuchteten das All und durchfurchten es mit hellem Schweif. Eine bunte Mischung von Gesteinsbrocken aller möglichen Größen und Schattierungen bildete ein wildes Chaos, das sich mit seinen gelben, geblichen, roten, grünen und grauen Strahlenbündeln wie ein giganti-

Abb. 29: Begegnung mit einem Boliden, einer Feuerkugel. Aus der französischen Ausgabe von Jules Vernes »Reise um den Mond«.

sches Feuerwerk ausnahm. Von der riesigen Kugel waren jetzt nur noch kleinere Bestandteile vorhanden, die, ihrerseits zu Asteroiden geworden, in alle möglichen Richtungen auseinanderstoben und teils wie Schwerter aufblitzten, teils sich mit weißen, wolkenähnlichen Hüllen umgaben oder auch blendende Schweife aus kosmischem Staub hinter sich herzogen...«

Als *Bolid* (Feuerkugel) wird ein Meteor bezeichnet, dessen Helligkeit größer ist als die mittlere Helligkeit der Venus. Leuchtschwächere Erscheinungen nennt man *Sternschnuppen*. Das Leuchten wird durch die Ionisation der Luft erzeugt, kann also in der Nähe des Mondes nicht entstehen, sondern erst beim Eintritt in die Erdatmosphäre und ist in der Regel in etwa 60 km Höhe beendet. Die Helligkeit eines Meteors ist nicht nur von seiner Masse, sondern vor allem von der Eintrittsgeschwindigkeit in die Erdatmosphäre abhängig. Wird sehr viel Material pro Zeiteinheit abgetragen, so wird der Meteor bedeutend heller, verliert aber auch viel schneller an Masse. Damit verringert sich auch die Wahrscheinlichkeit, dass noch wesentliche Reste des Boliden die Erde erreichen.

Zu Beginn des Kapitels XIII über »Mondlandschaften« weist Jules Verne auf die beiden Astronomen *Beer* und *Mädler* und auch auf *Julius Schmidt* als Mondforscher hin.

Johann Friedrich Julius *Schmidt* (1825–1884) erstellte und veröffentlichte die genaueste und vollständigste Mondkarte des 19. Jahrhunderts. Er wurde in Eutin als Sohn eines Glasers geboren, besuchte das Gymnasium in Hamburg und arbeitete ab 1842 (ohne Abitur) an der Altonaer Sternwarte, wo er einen neuen Kometen entdeckte. 1845 war er in der Sternwarte in Düsseldorf-Bilk und ab 1846 an der Bonner Sternwarte unter dem berühmten Friedrich Wilhelm August *Argelander* (1799–1875; bekannt durch seine »Bonner Durchmusterung« des Sternenhimmels mit 324198 Sternen, 1846–1863) tätig. Weitere Stationen von Julius Schmidt waren Olmütz (1853 Leiter der Sternwarte des Propstes Ritter Eduard von Unkrechtsberg) und Athen, wo er ab 1858 die Sternwarte leitete. 1856 erschien sein Werk »Der Mond«, 1866 folgte »Über die Rillen auf dem Mond« und 1878 (nach Erscheinen des Romans von Jules Verne) »Charte der Gebirge des Mondes«.

Wilhelm Wolff *Beer* (1797–1850) war ein sehr erfolgreicher Amateurastronom, hauptberuflich jedoch ein Berliner Bankier und Direktor der Potsdam-Leipziger Eisenbahn-Gesellschaft. Er war ein Bruder des Komponisten Giacomo Meyerbeer. Von 1830 bis 1840 arbeitete er an einer Mondkarte. Einen Ruf als Berufsastronom nach Paris und Pulkovo (südl. Stadtteil von St. Petersburg mit dem astronomischen Observatorium der Russischen Akademie der Wissenschaften) lehnte er jedoch ab. 1829 hatte er im Berliner Tiergarten ein privates Observatorium errichten lassen. Gemeinsam mit dem Astronomen Johann Heinrich *von Mädler* (1794–1874) gab er zwischen 1834 und 1836 eine genaue Mondkarte, die von Jules Verne erwähnte *Mappa Selenographica* heraus. Von Mädler studierte ab 1818 an der neu errichteten

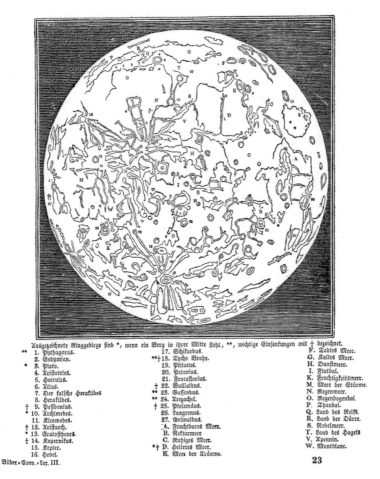

Abb. 30: Mondkarte aus dem Brockhaus »Bilder-Coversations-Lexikon« von 1839.

Weltraumreisen in der frühen Science-Fiction-Literatur **107**

Berliner Universität Mathematik und Astronomie. 1830 wurde er Lehrer am königlichen Lehrerseminar in Berlin. 1824 hatte er Wilhelm Beer kennen gelernt, den er auch in Astronomie und höherer Mathematik unterrichtete. In Beers Sternwarte in der Nähe der Beer'schen Villa führten beide mithilfe eines 1,5-Meter-Teleskops Beobachtungen des Mondes und der Planeten durch. 1840 wurde von Mädler Direktor der Dorpater Sternwarte, die den damals größten von Joseph von Fraunhofer (s. Kap. 3.2) hergestellten Refraktor besaß. Die Zeichnungen der Mondoberfläche fertigte von Mädler zwischen 1830 und 1836 während seiner Beobachtungen in 600 Nächten an, woraus eine große Mondkarte mit vier Blättern entstand. 1837 wurden die Karten zusammen mit einem Textwerk in zwei Bänden publiziert; die Kosten hierfür trug Wilhelm Beer.

Ein deutscher Science-Fiction-Autor hat sich ab dem frühen 20. Jahrhundert ebenfalls mit Themen der Weltraumfahrt beschäftigt. Der in Zwickau 1872 geborene Hans (Joachim) *Dominik* (gest. 1945 in Berlin) war der Sohn eines Journalisten und Verlegers, besuchte verschiedene Gymnasien in Berlin und das Gymnasium Ernestinum in Gotha, wo ihn Kurd *Laßwitz* (1848–1910), einer der Väter der modernen Science-Fiction-Literatur, in Mathematik und Physik unterrichtete. Laßwitz hatte 1897 den Roman »Auf zwei Planeten« veröffentlicht, von dem u. a. der Raumfahrtpionier und Raketenforscher Eugen *Sänger* (1905–1964) inspiriert wurde. Dominik studierte an der Technischen Hochschule in Berlin Maschinenbau (Schwerpunkt Eisenbahntechnik). Von 1900 bis 1905 war er in der Firma Siemens&Halske in Berlin als Elektroingenieur tätig. Bereits 1901 begann er als technischer Autor u. a. im Berliner Tageblatt und ab 1907 im *Neuen Universum* (Jahrbuch für die Jugend) zu publizieren. Nach dem Ersten Weltkrieg war Dominik als Dramaturg und freier Schriftsteller tätig. Er gilt als einer der bedeutendsten Pioniere der Zukunftsliteratur in Deutschland. Seine Romane sind teilweise vom Zeitgeist der 1920er-Jahre geprägt und auch nicht frei von Rassismus. Sie wurden daher nach dem Zweiten Weltkrieg überarbeitet. Auch in der Jubiläumsedition des Heyne Verlages, herausgegeben von Wolfgang Jeschke, sind teilweise Passagen entfernt worden. In der DDR waren die Werke von Hans Dominik verboten.

Im Roman »Ein Stein fiel vom Himmel« (1933) wird eine Szene beschrieben, in der die Hauptperson Prof. Eggerth in seinem Laboratorium die Analyse eines Meteoriten durchführt, von einem »Bröckchen jenes wunderbaren Sternenstoffes, den »St 10« aus der Antarktis mitgebracht hatte«. Als spezifisches Gewicht ermittelte er 11,5 g/cm³. Die Analyse war ein Trennungsgang mit unterschiedlichen Säuren und Nachweisreagenzien und einem am Ende überraschenden Ergebnis:

»Aus einer der Flaschen goss er wasserklare Flüssigkeit in ein Reagenzglas und ließ einen der Brocken hineingleiten. Gasbläschen bildeten sich an dessen Oberfläche und ließen die Flüssigkeit aufschäumen. Doch nicht lange dauerte das Spiel. Schon nach wenigen Minuten hörte die Gasentwicklung auf. Mit einer gläsernen Pinzette holte der Professor das Metallstück wieder heraus und legte es beiseite. Aus einer Flasche goss er ein paar Tropfen zu der Flüssigkeit im Reagenzglas. Im Augenblick begann sie sich zu färben, zeigte grünlich-bläuliche Streifen.

›Nickeleisen‹, murmelte er vor sich hin, ›der leichtere Bestandteil ist natürlich Nickeleisen. Es kann ja kaum anders sein.‹

Andere Flaschen holte Professor Eggerth aus den Regalen, scharfe Säuren goß er in einem großen Glasgefäß zusammen und warf alles Erz hinein. Mächtig schäumte es in dem Gefäß auf, restlos löst sich das Metall in der Flüssigkeit. Nach andern Flaschen und Büchsen griff er dann wieder und gab etwas davon zu der Lösung. Verschiedenfarbige Niederschläge bildeten sich dabei, von denen er die übrig bleibende Flüssigkeit jedes Mal sorgsam abgoß. Die Stunden strichen darüber hin. Längst glänzte die Mittagssonne eines schönen Septembertages am Himmel. Der Professor hinter den verschlossenen Läden seines Laboratoriums ganz in seine Arbeit versenkt, merkte nichts davon. Flammen von Knallgasbrennern begannen zu zischen. Mit reduzierenden Stoffen vermengt, schmolz er jene vielfarbigen Pulver, die er aus seinen Lösungen gewonnen hatte, in feuerfesten Schalen nieder.

Schon ging die Sonne zur Rüste [veraltet für ›untergehen‹], da war das Werk endlich getan; da waren die Erzbrocken in ein Dutzend verschiedenfarbige Schmelzproben umgewandelt. Ein dunkelgrauer Regulus aus chemisch reinem Eisen lag neben einem anderen bläulichweiß schimmernden, der nur reines Platin enthielt. Gelblich glänzte ein dritter, in dem alles Gold der Brocken vereinigt war. Aus Iridium, Palladium und Silber und anderen Metallen bestanden die übrigen.«

Dominik publizierte bereits ab 1907 in der jährlich erscheinenden Buchreihe für die Jugend »Das Neue Universum« utopische Erzählungen – u. a. »Die Reise zum Mars« (im Jahr 2110!), »Eine Expedition in den Weltraum« (im Sammelband »Ein neues Paradies. Klassische Science Fiction-Erzählungen«, Heyne Taschenbuch, 1977 neu aufgelegt). Ein weiteres Buch von ihm mit dem Titel »Flug in den Weltraum« (Originalausgabe »Treibstoff SR« 1939/40) erschien als Neuausgabe nach dem Zweiten Weltkrieg.

Sehr bekannt wurde auch der Roman des englischen Schriftstellers und Journalisten Hans George (H.G.) Wells (1866–1946) mit dem deutschen Titel »Die ersten Menschen auf dem Mond« (1901). Wells wurde nach mehreren abgebrochenen Ausbildungen zunächst Hilfslehrer an der Midhurst Grammar School, erhielt 1884 ein Stipendium für die Normal School of Science, wo u. a. Thomas *Huxley* (1825–1895) die Darwin'sche Evolutionstheorie lehrte. Wells wurde wegen seiner schwachen Gesundheit nicht Lehrer, sondern Schriftsteller. Als erstes bekanntes Werk erschien von ihm 1895 »The Time Maschine« (1904 »Die Zeitmaschine«). Er veröffentliche eine Vielzahl sogenannter »scientific romances«, d.h. wissenschaftlich fundierter Abenteuergeschichten, in denen er das Realistische mit dem Phantastischen sowie das Unmögliche oder Unwahrscheinliche mit dem Alltäglichen vereinte.

Schon während seines Chemiestudiums an der Columbia University (1938/39) begann der Amerikaner russischer Herkunft Isaac *Asimov* (1920–1992) Science Fiction zu schreiben. 1941 schloss er sein

Abb. 31: Die Erde von der Mondoberfläche aus gesehen, als Himmelsobjekt des Mondes. Aus Jules Vernes »Reise um den Mond«, französische Ausgabe.

Studium mit dem Mastergrad ab. Nach dem Zweiten Weltkrieg promovierte Asimov 1948 und wurde 1951 Professor für Biochemie an der Boston University. Ab 1958 arbeitete er als freier Schriftsteller. Ein Schwerpunkt seines umfangreichen Werkes (über 250 Bücher) besteht aus Geschichten um das galaktische Imperium der fernen Zukunft. In deutscher Sprache sind aktuell u. a. »Das galaktische Imperium«, »Der Aufbruch zu den Sternen« und »Die Rückkehr zur Erde« erhältlich. Als bekanntestes Werk wird seine »Foundation-Trilogie« bezeichnet, in der Asimov den Sturz eines galaktischen Imperiums und den darauf folgenden Neuaufbau einer interstellaren Zivilisation beschreibt. Zur frühen Foundation-Trilogie zählen die in deutscher Sprache neu aufgelegten Werke »Ein Sandkorn am Himmel«, »Sterne wie Staub« und »Ströme im All«. Asimov hat auch eine Reihe von Sachbüchern geschrieben – u. a. »Die exakten Geheimnisse unserer Welt« (»Kosmos, Erde, Materie« und »Bausteine des Lebens«, Droemer Knaur, München 1988), »Außerirdische Zivilisationen« (1981) sowie »Wege und Irrwege der Naturwissenschaft« (1959).

3.2 Zu Besuch in Benediktbeuern – Fraunhofers Linien im Sonnenspektrum

Eine Reise auf den Spuren von Joseph *Fraunhofer* (1787–1826) muss in Straubing an der Donau beginnen, mitten in Niederbayern. Dort wurde er als elftes und letztes Kind des Glasermeisters Franz Xaver und dessen Ehefrau Anna Maria geboren. Sein Geburtshaus in der Rindermarktgasse Nr. 260, heute Fraunhoferstraße 1 unmittelbar am Ludwigsplatz, trägt an der Fassade eine Büste mit zwei Schrifttafeln:

»In diesem Hause erblickte Joseph von Fraunhofer, geb. 1787 d. 6.
März, gest. 1826 d. 7. Juni, zuerst das Licht der Welt, dessen Gesetze
zu erforschen und das Sehvermögen des Menschen durch vollkommenere Werkzeuge zu erhoehen er ruhmvoll und erfolgreich strebte. Ihm
widmete dieses Denkmal die Vaterstadt 1827.«

Ein weiteres Denkmal, das Prinzregent Luitpold von Bayern Fraunhofer zu Ehren 1910 errichten ließ, befindet sich an der Mauer des südlichen Torturmes am ehemaligen Straubinger Herzogsschloss.

Bereits mit elf Jahren war Joseph Fraunhofer Vollwaise. Seine Vormünder, ein Drechslermeister und ein Bortenmacher, schlossen für ihn einen zehnjährigen Ausbildungsvertrag mit dem Hofspiegelmacher und Glasschleifer Weichselberger in München. So reiste der elfjährige Niederbayer im Sommer 1798 mit dem Botenwagen nach München, wo er drei Tage später im Thiereckgäßl bei seinem Meister eintraf.

Zu dieser Zeit hatte mit Kurfürst Max Joseph, zuvor Herzog von Pfalz-Zweibrücken, eine neue Epoche der Aufklärung und auch wirtschaftlicher Förderung begonnen. Fraunhofer erlebte zunächst schwere Jahre als Lehrling. Eine Wende in seinem Leben wurde durch ein Unglück bewirkt. Am 21. Juli 1801 stürzten das Haus seines Meisters und das Nachbarhaus bei Ausbesserungsarbeiten ein. Von 42 Menschen in den Häusern wurden drei verschüttet. Sein Lehrherr wurde zuerst gerettet, Fraunhofer erst nach vier Stunden schwieriger Rettungsarbeiten, die der Kurfürst persönlich beobachtete.

Fraunhofer wurde von Max Joseph im Schloss Nymphenburg empfangen, bekam 18 Dukaten als Geschenk und die wohlwollende Zusicherung des Kurfürsten und späteren Königs, »ihm Vater sein zu wollen, falls ihm etwas mangele«. Mit 14 Jahren war der Glasmacherlehrling stadtbekannt. Nun durfte er die Feiertagsschule – Vorläuferin der Berufsschule – besuchen und bei einem neuen Bekannten, dem Optiker Josef Niggle, in dessen Werkstatt an Sonntagen an der Linsenschleifmaschine experimentieren. Im harten Selbststudium eignete sich Fraunhofer die fehlende Schulbildung und das Wissen seiner Zeit in Mathematik, Chemie, Physik und vor allem in der Optik an. Der Gesellenbrief seines Meisters weist ihn als »Spiegelmacher und Zieratenschleifer« aus.

Der weitere Lebensweg Fraunhofers führte nach Benediktbeuern, wo er in das Mathematisch-Mechanische Institut von Reichenbach, Utzschneider und Liebherr eintrat. In einer Zeit wirtschaftlicher Förderung durch den Kurfürsten gründete 1804 der ehemalige Hofkammerrat Joseph von *Utzschneider* (1763–1840), der Artillerieoffizier Georg Friedrich *von Reichenbach* (1771–1826) und der Uhrmacher Joseph *Liebherr* (1767–1840) das genannte Institut zur Herstellung von Geräten für die Landvermessung. Der Biograph Georg von Reichenbachs – W. v. Dyck – beschrieb 1912 den Beginn des Unternehmens:

»Das ... Institut ... begann seine Geschäfte mit großer Thätigkeit – mehrere große Messinstrumente wurden bestellt, auf der Reichenbach-Liebherrschen neuerfundenen Theilmaschine getheilt und bis auf die Gläser vollendet, so daß ein großer Vorrath von fertigen Instrumenten sich sammelte, welche aber nicht verkäuflich waren, weil sie ohne Gläser nicht gebraucht werden konnten; es fehlte an brauchbarem Flint- und Crownglase und über dieses noch an einem fähigen Optiker.«

Mit *Flintglas* werden Gläser mit relativ hoher Dispersion (bezogen auf die Lichtbrechung) bezeichnet, für die sich der Name aus der früheren Verwendung von zerstoßenem Feuerstein (engl. *flint*) anstelle von Sand in Bleialkaligläsern bezieht. *Crown-* oder *Krongläser* sind optische Gläser mit hoher Lichtbrechung und relativ niedriger Dispersion, deren Name auf eine historische Art der Herstellung zurückgeht: Es wurde eine Glaskugel geblasen und diese durch einseitiges Aufschneiden und eine starke Rotation zu einem kronenähnlichen Gebilde geformt. Krongläser enthalten Kalk anstelle von Bleioxid. Der Schweizer Optiker Guinand, Fraunhofers Freund Niggl und schließlich Fraunhofer selbst wurden für die Aufgabe gewonnen. 1806 begann Fraunhofer seine Tätigkeit, er siedelte 1807 nach Benediktbeuern um, wo Utzschneider nach der Säkularisation die Klostergebäude erworben hatte. Auf theoretischem Gebiet hatte Fraunhofer einen deutlichen Vorsprung. Er wurde schon 1809 Betriebsleiter und nach dem Ausscheiden Liebherrs 1814 Teilhaber. 1819 siedelte Fraunhofer wieder nach München über; nur die Glasschmelze blieb in Benediktbeuern.

Das optische Institut wurde im Bräuhaus am Maximiliansplatz untergebracht. Aus den Jahren 1809–1814 stammen Fraunhofers grundlegende Arbeiten zur Verbesserung der Glasherstellung und vor allem zur Berechnung achromatischer Objektive. Seit 1816 wurden insbesondere astronomische Fernrohre hergestellt, so z.B. das 1819 auf der Münchener Gewerbeausstellung gezeigte »größte jemals in Europa verfertigte Objektiv mit 4,133 m Brennweite« für den Refraktor der Dorpater Sternwarte. 1824 wurde der Refraktor aufgestellt. Fraunhofer erhielt für seine Leistungen den Zivildienstorden des bayerischen Königs Max und damit verbunden den persönlichen Adel. Bereits 1821 wurde er zum außerordentlichen Mitglied der Königlichen Bayerischen Akademie der Wissenschaften und 1823 zum Professor und Kurator der mathematisch-physikalischen Staatssammlungen in München ernannt.

Fraunhofer hatte keine Familie gegründet. Seine geringe Freizeit verbrachte er häufig mit Ausflügen in die Berge. 1825 zog er sich bei der Rückreise nach München mit dem Floß auf der Isar eine Infektion der Lungen zu. Da er vermutlich wegen der Verwendung von Bleisalzen für die Glasschmelzen auch unter einer chronischen Bleivergiftung litt, erlag er im Alter von nur 39 Jahren am 7. Juni 1826 einem monatelangen Leiden. Seine Grabstätte auf dem Südlichen Friedhof an der Kapuzinerstraße, auf dem viele Münchener Berühmtheiten ihre letzte Ruhestätte fanden, wurde durch Bomben zerstört. Nur ein einfacher Gedenkstein an der Mauer des alten Teils zum neuen, in der Nähe der Gräber von Utzschneider und Reichenbach, mit dem Relief des Dorpater Refraktors blieb erhalten. Weitere Erinnerungen an Fraunhofer sind sein Denkmal von 1861 mit Prisma und Fernrohr in der Maximilianstraße, seine Büste und die von Utzschneider am Haus Müllerstraße 40 und im Deutschen Museum befindet sich im Ehrensaal ein Porträt Fraunhofers mit dem Text »Seinen Augen haben sich neue Gesetze des Lichtes erschlos-

Abb. 32: Joseph von Fraunhofer führt Utzschneider und Reichenbach ein Gitterspektrometer vor. (Nach einem Gemälde von R. Wimmer 1895.)

sen; näher gerückt sind uns die Sterne durch die Meisterwerke seiner Hand.«

G. D. Roth schrieb in seiner Fraunhofer-Biografie u. a.:

»Fraunhofer schaffte es, die sphärische Abweichung bei zweilinsigen Fernrohrobjektiven in einem Umfang auszuschalten, der für seine Zeit sensationell und vor allen Dingen für den praktischen Gebrauch unübersehbar war.«

Den Schmelzsand bezog Fraunhofer aus einer 10 km entfernten Sandgrube, noch heute Quarzbichl genannt. Neben sehr reinen Quarzablagerungen lassen sich dort auch gelbe, eisenhaltige Adern erkennen. Eine geringe Grünstichigkeit der Fraunhofer'schen Optiken zeigt, dass es damals nicht gelang, diese Eisenverunreinigungen zu entfernen. Weitere Benediktbeuerner Rohstoffe waren Pottasche (Kaliumcarbonat), Kalk (Calciumcarbonat bzw. Calciumoxid) und Bleimennige. Die beiden Hafenöfen, je einer für Flint- bzw. Kronglas, sind fast original erhalten. Sie enthielten bis zu 200 kg Glasmasse. Die erzielten Temperaturen lagen bei 1300 °C. 1814 führte Fraunhofer neue Rohstoffe in die Glasschmelze ein, u. a. Natriumoxid, Kaliumoxid, Calciumoxid, Aluminiumoxid, Bleioxid und Eisenoxid. Durch systematische Versuche entstanden Glassorten, die als Crown Lit M und Flint Nr. 13 bezeichnet wurden.

Mithilfe der Guinand'schen Rührvorrichtung konnte trotz der niedrigen Temperatur (heute bis über 1600 °C) eine Verringerung der Schlierenbildung bei der Glasherstellung erreicht werden. Die Ausbeute für die Optiker betrug etwa 27–29 %. Das Problem der Schlieren- und Bänderbildung veranlasste Fraunhofer, Versuche zur Chemie des Glases vorzuschlagen, so auch zur Erhöhung der Widerstandfähigkeit der Schmelztiegel und vor allem zur Reinigung der Rohstoffe, die er in seiner »Anleitung zum Schmelzen des Kronglases« ausführlich beschrieb. Aufgrund der erzielten Verbesserungen konnte Fraunhofer bereits 1812 große, optisch verwendbare Glasstücke herstellen, aus denen er astronomische Fernrohre baute. Zur Behebung von Fehlern setzte er wie bereits üblich den Achromaten ein, also Doppellinsen aus einer Sammellinse (Kronglas) und einer Zerstreuungslinse (Flintglas). Auch die Entwicklung einer Poliermaschine für Linsen, mit der nach dem Takt eines Metronoms gearbeitet wurde, gehörte zu seinen Verdiensten.

Hand in Hand mit den Verbesserungen beim Glasschmelzen und -bearbeiten gingen seine mathematisch-optischen Untersuchungen, die in die Praxis umgesetzt zur Entwicklung eines Prismenspektralapparates 1813 führten. Die Arbeit, die sich mit der Zerstreuung einer Glassorte aufgrund der Ausdehnung des Spektrums beschäftigte, das mithilfe eines Prismas von bekanntem Winkel erzeugt wurde, reichte er der Bayerischen Akademie der Wissenschaften ein. Für seine Arbeiten setzte Fraunhofer einen Spektralapparat ein, der aus einem schmalen Spalt, einem Prisma (Flint- oder Kronglas) und einem Theodolit-Fernrohr bestand. Das Fernrohr richtete er auf ein Lampenlicht (Öllicht), das er durch verschiedene Medien wie gefärbte Gläser, Schwefelsäure, Terpentinöl u. a. hindurchgehen ließ. Für seine Experimente setzte er neben Öl- auch Weingeistflammen ein (in Form von Kerzenflammen) und erkannte dabei zwei rötlichgelbe Linien mit konstanter, von der Art der Flamme unabhängiger Lage (Natriumlinien), als Streifen, die für ihn eine Markierung seiner Messungen darstellten.

Als er sich dem Sonnenlicht zuwandte, entdeckte er insgesamt 475 dunkle Linien über das ganze Spektrum verteilt. Diese Linien, die er auch im Licht anderer Fixsterne nachwies, dienten Fraunhofer seit

Abb. 33: Sonderbriefmarke der Deutschen Bundespost zum 200. Geburtstag von Joseph von Fraunhofer 1987 mit den von ihm entdeckten dunklen Linien im Sonnenspektrum.

1814 als Messpunkte zur genauen Bestimmung der Brechungsexponenten. Schlussfolgerungen zu ihrer Entstehung konnte er jedoch nicht ziehen.

Die blieb den beiden Naturwissenschaftlern Kirchhoff und Bunsen vorbehalten, die 1859 die Spektralanalyse im heutigen Sinne begründeten. Heute wissen wir, dass die *Fraunhofer-Linien* durch Absorption entstehen: Aus dem kontinuierlichen Spektrum des Sonnenlichtes werden auf dem Wege zur Erde von Elementen, die in Gasform vorliegen (sowohl in der Sonne als auch in der Erdatmosphäre), charakteristische Wellenlängen absorbiert. Die dunklen Linien sind somit eindeutig chemischen Elementen zuzuordnen.

Fraunhofer hat die beobachteten Linien katalogisiert und mit Buchstaben benannt. 1817 berichtete er über die »Bestimmung des Brechungs- und Farbzerstreuungs-Vermögens verschiedener Glasarten, in Bezug auf die Vervollkommnung achromatischer Fernrohre«. 1821 erschien von ihm ein »Kurzer Bericht von den Resultaten neuerer Versuche über die Gesetze des Lichtes, und die Theorie derselben« (von immerhin 41 Seiten) und darin der »Zusatz, die Farbenspectra von Flammen-, Mond- und Sonnenlichte, und vom electrischen Licht betreffend«. Einige der von Fraunhofer katalogisierten Absorptionslinien mit ihrer Zuordnungen zu chemischen Elementen sind: A (759,3 nm) und B (696,7 nm) für Sauerstoff (Erdatmosphäre), C (656,3 nm) und F (486,1 nm) für Wasserstoff, D_1 (589,6 nm) und D_2 (589,0 nm) für Natrium, G (430,8 nm) für Eisen und Titan sowie H (396,8 nm) und K (393,3 nm) für Ca. Weitere methodisch neue Wege wurden von Fraunhofer durch die Herstellung eines Beugungsgitters beschritten: Auf nur einem Millimeter Breite gelang es ihm, mit einem Diamanten 302 Linien auf das Glas zu ziehen.

In der sehenswerten ehemaligen Glasschmelze in Benediktbeuern sind die Geräte und Öfen im Original zu besichtigen. Die Glashütte wurde 1933 unter Denkmalschutz gestellt und 1962 mithilfe der 1949 gegründeten Fraunhofer-Gesellschaft wieder eröffnet, nach Renovierungen erneut im Jahre 2009. In seinem ehemaligen Arbeitszimmer im Kloster steht auf einer Marmortafel zu lesen: »Hier arbeitete Joseph von Fraunhofer, der Erfinder des wellenfreien Flintglases, von dem Jahr 1809 bis 1819.«

3.3 Meteorite

Als Steine, die vom Himmel fallen, oder »Feuerbälle« haben Meteorite Wissenschaftler seit Jahrhunderten beschäftigt. Das Wort *Meteor* ist vom griech. *meteoros,* »in die Höhe gehoben«, abgleitet, und bezeichnet im übertragenen Sinn eine Luft- und Himmelserscheinung. Als Kleinkörper in unserem Sonnensystem wird das Phänomen *Meteoroid,* beim Eintritt in die Erdatmosphäre als Leuchterscheinung *Meteor* und, wenn er nicht vollständig verglüht und auf die Erdoberfläche gelangt, als *Meteorit* bezeichnet. Die erste wissenschaftliche Arbeit veröffentlichte der deutsche Physiker Ernst Florens Friedrich *Chladni* (1756–1827), der vor allem durch seine akustischen Messungen (*Chladni'sche Klangfiguren*) bekannt wurde. Chladni wurde als Sohn eines Juristen in Wittenberg geboren, besuchte 1771 bis 1774 die Fürstenschule Grimma und studierte dann an der Universität Leipzig Jura, wo er 1782 zum Dr. iur. promovierte. Als Privatgelehrter mit musikalischem Talent beschäftigte er sich nach dem Tod seines Vaters zunächst mit der experimentellen Akustik und beschrieb 1787 seine Klangfiguren, die auf mit Sand bestreuten dünnen Platten als Muster bzw. Knotenlinien entstehen, wenn man diese in Schwingungen (beispielsweise mit einem Geigenbogen) versetzt. Chladni betrieb aber auch intensive Studien zu Meteoriten, deren außerirdischer Ursprung damals noch nicht akzeptiert war. In seinem 1794 erschienenen Buch »Über den Ursprung der von Pallas [in Sibirien] gefundenen und anderer ihr ähnlicher Eisenmassen und über einige damit in Verbindung stehende Naturerscheinungen« ist die revolutionäre und zu seiner Zeit noch sehr umstrittene These enthalten, dass Meteorite aus dem Weltraum stammen und Überreste aus der Entstehungsphase der Planeten unseres Sonnensystems sind. Auch berühmte Gelehrte seiner Zeit wie Georg Christoph Lichtenberg und Alexander von Humboldt lehnten Chladnis These ab, nicht anders Goethe als Anhänger des Neptunismus.

Chladnis Theorie wurde jedoch u. a. durch die Analysen des englischen Chemikers Edward Charles *Howard* (1774–1816) gestützt. Howard, zweiter Sohn einer hohen Adelsfamilie, musste sich für einen Beruf entscheiden und befasste sich daher mit der Chemie. 1802 wies Howard in Eisen-Meteoriten einen hohen Nickelanteil nach, der in irdischen Eisenerzen nicht vorkommt, was die umstrittene Theorie von der außerirdischen Herkunft der Meteoriten stützte.

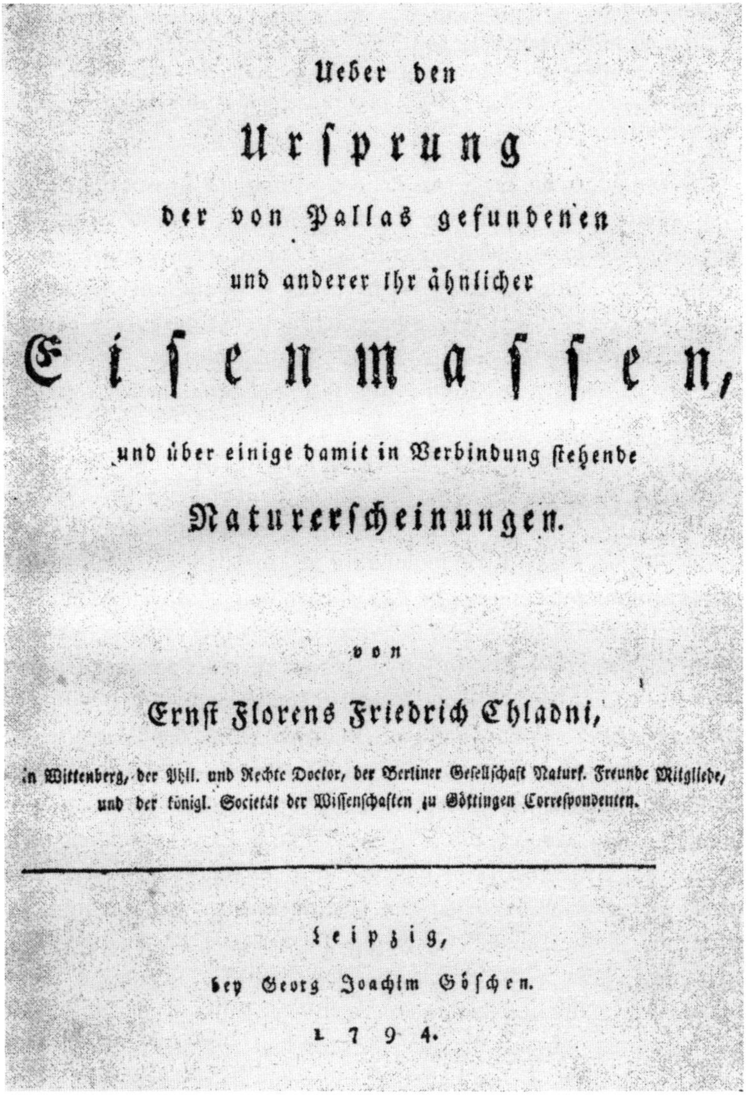

> Ueber den
>
> # Ursprung
>
> der von Pallas gefundenen
>
> und anderer ihr ähnlicher
>
> # Eisenmassen,
>
> und über einige damit in Verbindung stehende
>
> ## Naturerscheinungen.
>
> von
>
> **Ernst Florens Friedrich Chladni,**
>
> in Wittenberg, der Phil. und Rechte Doctor, der Berliner Gesellschaft Naturf. Freunde Mitgliede, und der königl. Societät der Wissenschaften zu Göttingen Correspondenten.
>
> ---
>
> Leipzig,
> bey Georg Joachim Göschen.
> 1 7 9 4.

Abb. 34: Titelseite der Schrift von E.F.F. Chladni aus dem Jahr 1794.

In seiner Schrift definierte Chladni auch den Begriff *Feuerkugel*:

> »Eine Feuerkugel (bolis) nennt man die ziemlich seltene Naturerscheinung, das eine feurige Masse meist anfangs in der Gestalt eines hellen Sternes oder vielmehr einer Sternschnuppe in einer beträchtlichen

Höhe sichtbar wird, sich schnell in einer schief niederwärts gehenden Richtung fortbewegt, dabei an Größe bis zu einem dem Mond bisweilen übertreffenden scheinbaren Durchmesser zunimmt, öfters Flammen, Rauch und Funken auswirft und endlich mit einem heftigen Getöse zerspringt.«

Die Leuchterscheinung von *Boliden* (Feuerkugeln) von der Größe eines Meteoriten entsteht bei der Abbremsung des Festkörpers, der mit kosmischer Geschwindigkeit in die Erdatmosphäre eindringt. Bei sehr großen Meteoroiden bleibt nach der Umwandlung der kinetischen Energie in Wärme ein unaufgeschmolzener Rest übrig, der auf die Erdoberfläche (als Meteorit) auftrifft. Chladni verwendete die Begriffe »meteorische Stein- und Eisenmassen« sowie »Meteor-Steine«.

Als grundlegend wichtig bezeichnet F. L. *Boschke* in seinem Buch »Erde von anderen Sternen« den Meteoritenfall beim Dorf L'Aigle (damals Laigle im Department Orne im Nordwesten von Frankreich, in der Region Basse-Normandie) vom 26. April 1803. Berichte über vom Himmel gefallene Steine gab es bereits seit frühester Zeit. Der griechische Schriftsteller Plutarch etwa schrieb über einen schwarzen Stein, der um 470 v. Chr. in Phrygien vom Himmel gefallen sei. Der erste in Europa beschriebene Meteorit, von dem noch Material vorhanden ist, fiel 1400 in Elbogen (Böhmen). 1803 bei L'Aigle fielen Steine bis zu fast 9 kg Masse auf einer Strecke von mehreren Kilometern vom Himmel (insgesamt etwa 3000 Steinbrocken), was die Französische Akademie der Wissenschaften in Paris veranlasste, den bedeutenden französischen Physiker Jean B. *Biot* (1774–1862; entdeckte die optische Aktivität von Lösungen) zur Untersuchung zu entsenden. Seine exakte Schilderung, die sich nach Boschke »stellenweise wie eine aktuelle naturwissenschaftliche Reportage lesen lässt«, räumte mit den bisherigen Vorurteilen auf – »ja erst seit Biots Publikationen gibt es für die Wissenschaft ›offiziell‹ Meteorite«, schreibt Boschke. Bisher hatten die Wissenschaftler geglaubt, diese »Steine« seien etwa durch Blitzeinschläge hervorgerufen oder durch Staubzusammenballungen in der Atmosphäre entstanden, und Spekulationen über den außerirdischen Ursprung mit Spott und Polemik zurückgewiesen.

Im 19. Jahrhundert begann eine intensive Erforschung der Meteorite. Auch der Göttinger Chemieprofessor Friedrich *Wöhler* (1800–1882), der die Methodik der Mineralanalyse bei dem schwedischen Chemiker Berzelius erlernt hatte, führte Analysen von Meteoriten durch, so von einem noch heute vorhandenen Meteoriten aus Kolumbien von 1823, deren Ergebnisse er unter dem Titel »Analyse des Meteoreisens von Rasgata« (Dorf nordöstlich von Bogota) in den Sitzungsberichten der Wiener Akademie der Wissenschaften 1852 veröffentlichte. Wöhler erhielt 3,977 Gramm, »ein ganzes, scharf abgeschnittenes, auf mehreren Seiten poliertes Stück«, aus dem kaiserlichen Mineralienkabinett in Wien. Das Analysenergebnis Wöhlers lautete: 92,35% Eisen, 6,71% Nickel, 0,25% Cobalt, 0,37% Phosphor-Eisen-Nickel, 0,35% Phosphor, 0,08% Olivin und andere Mineralien; Kupfer, Zinn und Schwefel in Spuren; Summe: 100,11%.

Wöhler schickte dem damaligen Herausgeber der »Annalen der Physik und Chemie«, Johann Christian *Poggendorff* (1796–1877), auch »eine der lebendigsten Beschreibungen über den Fund eines Meteoriten« (F.W. Boschke). Poggendorf veröffentlichte Wöhlers Brief in den »Annalen«:

»... Dr. Mühlenpfordt zu Hannover hat einen sehr merkwürdigen Fund gethan. Auf einer Excursion am 21. Juli 1856 im Paderbornschen fand er bei Hainholz unweit Borgholz eine sehr große Masse, ähnlich einem Eisenstein, die durch die Isoliertheit ihres Vorkommens und ihre Schwere seine Aufmerksamkeit auf sich zog. Sie lag in einer abschüssigen Furche zwischen Aeckern auf Kalksteinfels, der, wie der Augenschein zeigte, durch das Regenwasser von der etwa 4 Fuß tiefen Ackererde entblößt worden war ...«

Der Stein wog »35 Pfund« und wurde von Wöhler in Göttingen mit folgendem Ergebnis analysiert:

»Es kann also keinem Zweifel unterliegen, daß die von Dr. Mühlenpfordt aufgefundene Masse wirklich ein Meteorit ist, der vielleicht schon Jahrhunderte oder Jahrtausende in feuchtem Boden liegend, bis tief in seine Oberfläche durch Oxydation des Eisens und Verwitterung des Olivins verändert worden ist, und der im Innern, aus einem Gemenge von metallischem nickelhaltigem Eisen mit einer schwarzen Grundmasse, Schwefeleisen und Olivin besteht. Nach der Größe seines Gehaltes an metallischem Eisen steht er auf der Gränze zwischen Meteoreisen und Meteorsteinen. Ob er mit der gewöhnlichen, den letzteren eigenthümlichen schwarzen Rinde überzogen war, ist nicht mehr zu entscheiden, wie wohl man hier und da auf der Oberfläche glatte schwarze Stellen sieht, die auf das ursprüngliche Daseyn einer solchen Rinde deuten könnten.«

Abb. 35: Stück eines Eisenmeteoriten (aus dem Besitz von Chladni): graue Stellen – Eisen, schwarze Stellen – Olivin (Pallas-Eisen, Meteorit von Krasnojarsk; Original im Museum für Naturkunde in Berlin).

Nach dem Stand des heutigen Wissens handelte es sich um den verhältnismäßig seltenen Typ eines *Steineisenmeteoriten*. Meteorite sind fast überwiegend Bruchstücke aus dem Asteroidengürtel. Anfang der 1980er Jahre konnte jedoch mithilfe neuester kosmochemischer Daten auch festgestellt werden, dass einige Meteorite (etwa 0,1 %) vom Mond und sogar vom Mars stammen.

Im Wesentlichen bestehen Meteorite aus Eisen-Nickel-Legierungen, aus kristallinen Silicaten (Olivin oder Pyroxen), aus dem speziellen Eisensulfid-Mineral Trollit oder auch aus Mischungen aller genannten Bestandteile. Wir können davon ausgehen, dass meteoritisches Material ständig auf die Erde niedergeht – jährlich zwischen 30 000 und 150 000 Tonnen. Die wichtigsten Gruppen sind *Eisenmeteorite* (mit etwa bis zu 98 % Eisen – s. auch das Ergebnis der Wöhler'schen Analyse von 1852), *Steineisenmeteorite* (mit 50 % Metall und 50 % Silicaten – s. auch dazu Wöhler weiter oben) und *Steinmeteorite* (überwiegend aus Silicaten).

Eisenmeteorite (Siderite) bestehen aus einer oder zwei Nickel-Eisen-Phasen (Nickel 4 – 20 %) mit Nebenbestandteilen an Eisensulfid (FeS: Trollit), Schreibersit (Fe, Ni, Co)$_3$P und Graphit (s. dazu auch die Ergebnisse Wöhlers oben). Poliert man die Oberfläche solcher Meteorite und ätzt sie mit einer alkoholischen Lösung der Salpetersäure an, so sieht man bestimmte Strukturformen, die *Widmannstätten-Figuren*, als Lamellen parallel zu den Oktaederflächen eines homogenen Kristalls aus Nickeleisen (Oktaedrite genannt). *Steineisenmeteorite*

(Siderolithe) enthalten Nickeleisen und Silicate zu etwa gleichen Anteilen, *Steinmeteorite* sind entweder *Chondrite* (aus Kügelchen aus Olivin und/oder Pyroxen – in terrestrischen Gesteinen bisher nicht gefunden) oder *Achondrite* (grobkristallin aufgebaut ohne Kügelchenstrukturen – ähneln häufig terrestrischen Magmatiten). Ein Zusammenhang zwischen Eisenmeteoriten und Chondriten wird darauf zurückgeführt, dass das Metall der Eisenmeteorite durch Aufschmelzen chondritischen Materials abgeschieden wurde.

In drei Sätzen fassen die Autoren *Mason* und *Moore* die Ergebnisse der zahlreichen Analysen von Meteoriten zusammen:

»Aufbau und Zusammensetzung der Chondrite stützen die Hypothese, dass sie repräsentative Überreste oder Bruchstücke von Planetesimalen, also von Aggregaten der Ur-Materie, sind und deren Äquivalente einst die Planeten [also auch unsere Erde] auf dem Weg der Zusammenballung hervorbrachten [s. dazu auch Kap. 2.7].

Die Herkunft der anderen Meteoritenarten kann ohne größere Schwierigkeiten durch teilweises oder vollständiges Aufschmelzen und Differenzieren von chondritischem Material erklärt werden.

Abb. 36: Auftreten von Sternschnuppen, früher als feurige Sterne bezeichnet, die großes Unheil ankündigen sollten. Darstellung auf einem Holzschnitt von Albrecht Dürers Apokalypse von 1489.

Unter Berücksichtigung dieser Tatsachen stellen die Chondrite mit ihrem Chemismus die wichtigste Informationsquelle bezüglich der absoluten, der kosmischen Häufigkeit der Elemente dar.«

Neben den einzeln auftretenden *sporadischen Meteoren* können Meteore auch in größerer Zahl, als Meteorschauer, auftreten – immer dann, wenn die Sonne auf Trümmerwolken trifft, die Kometen bei ihrem Umlauf hinterlassen haben. Sternschnuppenreich sind die Tage zwischen dem 8. und dem 14. August, wenn (scheinbar) aus dem Sternbild Perseus die *Perseiden* auf die Erde »regnen«. Meist leuchten die Meteore in 100–120 km Höhe und verglühen in 30–40 km Höhe über der Erdoberfläche.

Seit Beginn der Weltraumfahrt erzeugen auch künstliche Erdsatelliten sowie Raketenteile als Weltraumschrott beim Wiedereintritt in die Erdatmosphäre Leuchterscheinungen, die sich jedoch wesentlich langsamer als Meteore bewegen.

3.4 Methoden der Astrochemie

Als moderner Zweig der Physik entstand in der zweiten Hälfte des 20. Jahrhunderts in Verbindung mit der Chemie und vor allem mit der Astrophysik die *Astro-* oder auch *Kosmochemie*. Sie wird im 21. Jahrhundert allgemein als Teilgebiet der Chemie verstanden, welches sich mit der Erforschung von Zusammensetzung, Verbreitung, Entstehung und Austausch der in Himmelskörpern, interstellarer Materie, kosmischem Staub, Meteoroiden, Kometen und in anderen Objekten des Universums vorliegenden Elementen und Verbindungen befasst.

Als Begründer gilt Friedrich-Adolf *Paneth* (1887–1958). Paneth wurde als Sohn eines Professors der Physiologie in Wien geboren, studierte 1906 bis 1910 Chemie an den Universitäten in Wien und München, promovierte 1910 in Wien und wurde 1912 Assistent am Institut für Radiumforschung. Seine akademische Laufbahn führte ihn zu Frederick *Soddy* (1877–1956) in Glasgow (entdeckte zusammen mit Rutherford das Radon, Nobelpreis 1921), dann nach Prag, Hamburg, Berlin und Königsberg, von wo er 1933 nach England emigrierte. 1939 wurde er Professor an der Universität Durham. Nach dem Zweiten Weltkrieg gründete er das Londonderry Laboratory for

Radiochemistry, das er von 1947 bis 1953 leitete. Danach kehrte er als Direktor der chemischen Abteilung am Max-Planck-Institut in Mainz und Professor an der Universität Mainz nach Deutschland zurück. Er entwickelte eine radioanalytische Methode für den Spurenbereich. Als Nachfolger von Fritz Strassmann baute er in Mainz eine neue Abteilung für Kosmochemie auf, die sich vor allem mit Meteoritenforschung beschäftigte. 1956 veröffentlichte er (mit zwei Koautoren) das Buch »Die Bedeutung der Isotopenforschung für geochemische und kosmochemische Probleme«.

Exkurs zur chemischen Spektralanalyse

In Fortsetzung des Kapitels 3.2 über Fraunhofers dunkle Linien im Sonnenlicht soll an dieser Stelle auf die Bedeutung der chemischen Spektralanalyse näher eingegangen werden, die eine entscheidende Rolle auch in der weiteren Erforschung der Sonne (s. Kap. 3.6) gespielt hat. Über die »Vorgeschichte der Spektralanalyse« berichtete Georg Lockemann in seiner Bunsen-Biografie (1949) u. a.:

> »Was nun die Vorgeschichte der Spektralanalyse betrifft, so kann man diese mit dem Zeitpunkt beginnen, wo die Physiker anfingen, statt der runden Öffnungen einen schmalen Spalt vor das Glasprisma zu setzen, um die Erscheinung der Zerlegung des weißen Lichtes in die verschiedenen Farben nebeneinander, das ›Spektrum‹ (›Erscheinung‹ oder ›Wunderbild‹), zu beobachten. Der englische Forscher Wollaston gilt als derjenige, der die runde Öffnung Newtons um 1800 durch den schmalen Spalt ersetzte und allgemein für die Beobachtung des Spektrums einführte. Er entdeckte im Spektrum des Sonnenlichtes im Jahre 1802 bereits dunkle Linien, die er als Grenzlinien der vier Hauptspektralfarben ansah. Der geniale Autodidakt Joseph Fraunhofer konnte mit seinen bedeutend verbesserten Instrumenten erheblich mehr dunkle Linien – er hat 475 angegeben – im Sonnenspektrum beobachten und ihm zu Ehren wurden sie dann die ›Fraunhoferschen Linien‹ benannt.«

William Hyde *Wollaston* (1766–1828) wurde zunächst Arzt (Dr. med. 1793), gab aber 1800 seine ärztliche Tätigkeit am St.-Georgs-Hospital in London auf, um sich als Privatmann mit Forschungen in der Chemie und Physik zu beschäftigen, worin er sehr erfolgreich war. 1803 entdeckte er die Elemente Palladium und Rhodium. Bereits 1802 hatte er im Sonnenspektrum schwarze Linien beobachtet.

Als weitere Wissenschaftler in der Vorgeschichte der Spektralanalyse nennt Lockemann u. a. David *Brewster*, der sich in Gemeinschaft mit J. H. *Gladstone*

»besonders dem Studium der Absorptionslinien des Sonnenspektrums (gewidmet hätte), von dem er eine große Zeichnung mit mehr als 3000 dunklen Linien anfertigte. Die Ursache dieser dunklen Linien, ob Sonnen- oder Erdatmosphäre, zu ergründen, war trotz eifriger Bemühungen hervorragender Forscher nicht gelungen ...«

Sir David *Brewster* (1781–1868) war zunächst Apotheker geworden, dann nach einem Studium an der Universität Edinburgh Advokat, von 1799 bis 1807 Privatlehrer. Später wurde er Professor für Physik an der Universität Andrews in Edinburgh. Er beschäftigte sich vor allem mit der Optik (1815 Brewster'sches Gesetz zur Reflexion und Polarisation). 1834 publizierte er seine Auffassung, dass von der Sonne ein kontinuierliches Spektrum ausgesendet wird, und ermittelte insgesamt 3000 verschiedene Spektrallinien. In »Gemeinschaft mit John Hall *Gladstone* (1827–1902)«, wie Lockemann schrieb, »können diese Arbeiten nicht erfolgt sein, da der letztere 1834 erst 7 Jahre alt war«. Gladstone hatte in London und in Gießen Chemie studiert und wurde 1874 nach Tätigkeiten in staatlichen Ämtern Professor für Chemie an der Royal Institution in London. Gladstone gehört

Abb. 37: Robert Wilhelm Bunsen (1811–1899), Porträt nach einer Fotografie.

jedoch zu den ersten Chemikern, welche die Spektroskopie für chemische Analysen einsetzten.

Die Spektralanalyse als praktisch anwendbare Analysenmethode ist jedoch vor allem ein Verdienst von Bunsen und Kirchhoff, eines Chemikers und eines Physikers, als Ergebnis einer »freundschaftlichen Zusammenarbeit und gemeinsamen Forschung«. Robert Wilhelm Bunsen (1811–1899) war Chemieprofessor in Marburg, Breslau und Heidelberg (1852–1889), Gustav Robert Kirchhoff (1824–1877) Physikprofessor in Breslau, Heidelberg (1854–1874) und Berlin. In Heidelberg arbeiteten beide zusammen, der theoretisch orientierte Physiker und der experimentell tätige Chemiker. 1860 erschien die berühmte Arbeit »Chemische Analyse durch Spectralbeobachtungen« in »Poggendorffs Annalen der Physik und Chemie«, Band CX, Seite 161 ff. Bereits ein Jahr zuvor hatten die Autoren in der Akademie der Wissenschaften in Berlin über ihre Arbeiten berichtet. In ihrer umfangreichen Arbeit mit zahlreichen Tafeln wird sowohl die chemische Seite, wobei »die so rein als möglich dargestellten Chlorverbindungen von Kalium, Natrium, Lithium, Strontium, Calcium, Baryum« eingesetzt werden, als auch der erste Spektralapparat vorgestellt. Die charakteristische Färbung von Flammen durch Natrium- und Kaliumsalze hatte bereits der Berliner Chemiker Marggraf hundert Jahre früher (1758) zu deren Unterscheidung verwendet. In der Einleitung zu ihrer Veröffentlichung schrieben die beiden Autoren:

> »Es ist bekannt, daß manche Substanzen die Eigenschaften haben, wenn sie in eine Flamme gebracht werden, in dem Spectrum derselben gewisse helle Linien hervortreten zu lassen. Man kann auf diese Linien eine Methode der qualitativen Analyse gründen, welche das Gebiet der chemischen Reactionen erheblich erweitert und zur Lösung bisher unzugänglicher Probleme führt. Wir beschränken uns hier zunächst darauf, diese Methode für die Metalle der Alkalien und alkalischen Erden zu entwickeln und ihren Werth an einer Reihe von Beispielen zu erläutern. Die erwähnten Linien zeigen sich um so deutlicher, je höher die Temperatur und je geringer die eigene Leuchtkraft der Flamme ist. Die von Einem von uns angegebene Gaslampe liefert eine Flamme von sehr hoher Temperatur und sehr kleiner Leuchtkraft, dieselbe ist daher vorzugsweise geeignet zu Versuchen über die jenen Substanzen eigenthümlichen hellen Linien.«

Die Bedeutung ihrer Arbeit erkannten beide Wissenschaftler sofort. In einem Brief an Sir Henry Roscoe (1833–1915), Professor in Manchester, schrieb Bunsen u. a.:

Abb. 38: Gustav Robert Kirchhoff (1824–1887) nach einem Stich in den »Berichten der deutschen chemischen Gesellschaft« von 1887.

»Im Augenblick bin ich und Kirchhoff mit einer gemeinschaftlichen Arbeit beschäftigt, die uns nicht schlafen lässt. Kirchhoff hat nämlich eine wunderschöne, ganz unerwartete Entdeckung gemacht, indem er die Ursache der dunklen Linien im Sonnenspektrum aufgefunden und diese Linien künstlich im Sonnenspectrum verstärkt und im linienlosen Flammenspectrum hervorgebracht hat ... Hierdurch ist der Weg gegeben, die stoffliche Zusammensetzung der Sonne und der Fixsterne mit derselben Sicherheit nachzuweisen, wie wir Sulfat, Chlorid usw. durch unsere Reagenzien bestimmen ...«

In ihrem Bericht schreiben Bunsen und Kirchhoff außerdem:

»Bietet einerseits die Spectralanalyse, wie wir im Vorstehenden gezeigt zu haben glauben, ein Mittel bewunderungswürdiger Einfachheit dar, die kleinsten Spuren gewisser Elemente in irdischen Körpern zu entdecken, so eröffnet sie anderseits der chemischen Forschung ein bisher völlig verschlossenes Gebiet, das weit über die Grenzen der Erde, ja selbst unseres Sonnensystems, hinausreicht. Da es bei der in Rede stehenden analytischen Methode ausreicht, das glühende Gas, um dessen Analyse es sich handelt, zu sehen, so liegt der Gedanke nahe, dass dieselbe auch anwendbar sei auf die Atmosphäre der Sterne und der helleren Fixsterne.«

Als *Werkzeuge der extragalaktischen Astronomie* im 21. Jahrhundert beschreibt P. Schneider (»Einführung in die Extragalaktische Astronomie und Kosmologie«, 2006) den Einsatz unterschiedlicher Teleskope, von den optischen bis zu den Radio-, Infrarot-, UV-, Röntgen- und Gamma-Teleskopen.

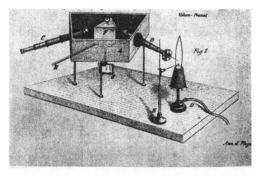

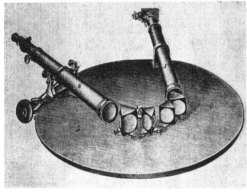

Abb. 39: Der erste Spektralapparat von Bunsen und Kirchhoff (oben) aus der Originalarbeit von 1860 und das Folgegerät von Kirchhoff (1862).

Zur Ermittlung der Elementhäufigkeiten in der Sonne sind vor allem vier Verfahren zu nennen (nach Kiesl, s. auch Kap. 3.7; eine ausführliche Erklärung des Aufbaus der Sonnensphären folgt weiter unten und in Kap. 3.6). Aus den *Fraunhofer-Absorptionslinien* (s. Kap. 3.2) werden die sogenannten *photosphärischen Häufigkeiten* (1.) ermittelt. Die in einem solchen Spektrum auftretenden Linien stammen von neutralen Atomen, einfach geladenen Ionen oder auch zweiatomigen Molekülen. Die *koronalen Häufigkeiten* (2.) werden aus den sichtbaren (verbotenen) Emissionslinien sehr stark ionisierter Atome bei einer Sonnenfinsternis bestimmt. In der Astronomie bezeichnet man als *Sonnenkorona* die äußerste Schicht der Sonnenatmosphäre, von der in Form des *Sonnenwindes* ein ständiger Materiestrom ausgeht. Ihre Temperatur liegt im Bereich von einigen Millionen Kelvin mit einem Strahlungsmaximum im Röntgenbereich. Im Vergleich zu dem in der Erdatmosphäre verursachten Sonnenstreulicht ist die Ausstrahlung der Korona im sichtbaren Spektralbereich jedoch so gering, dass sie nur bei einer totalen Sonnenfinsternis registriert werden kann. Dann verdeckt der Mond die Sonnenscheibe und die schwach leuchtende und weit ausgedehnte Lichterscheinung der Korona wird gut sichtbar. Außerhalb einer Sonnenfinsternis wird zum Beobachten und Fotografieren der inneren Teile der Sonnenkorona ein *Koronagraph* verwendet. Er besteht im Wesentlichen aus einer kegelförmigen Blende, welche die Sonnenscheibe in der Bildebene des Objektivs gerade abdeckt – vergleichbar mit dem Mond bei einer Sonnenfinsternis. Um eine seitliche Reflexion des Sonnenlichtes zu ermöglichen und zugleich eine starke Aufwärmung der Blende zu verhindern, ist der Blendenmantel poliert. (Weitere Einzelheiten zur Chemie der Sonne s. Kap. 3.6.)

Im *extremen UV-Bereich* (3.) lassen sich aus den sogenannten erlaubten Emissionslinien *koronale* und *chromosphärische Häufigkeiten* ermitteln. Auch aus der *solaren kosmischen Strahlung* (4.) erhält man eine Verteilung der Elemente.

Im Folgenden soll das *photosphärische Verfahren* näher beschrieben werden (nach Kiesl). Ein Absorptionsspektrum erhält man, wenn sich ein kühleres Gas mit Ionen oder Atomen vor einer Quelle kontinuierlicher Strahlung befindet. Diejenigen Schichten der Sonnenatmosphäre, die eine solche kontinuierliche Strahlung (als »Lichtquelle«) liefern, nennt man die *Photosphäre*. Für die *Fraunhofer-Linien* sind somit die kühleren Schichten über der Photosphäre verantwortlich.

Bei der Auswertung der Absorptionsspektren muss vor allem der Einfluss der Erdatmosphäre berücksichtigt werden. Da alles Licht, das Beobachtungsstationen auf der Erde erreicht, durch die Erdatmosphäre hindurchgegangen sei muss, kommt es zu Überlagerungen der Absorptionsspektren durch Moleküle in der Luft – durch *tellurische Linien*. Dabei spielen vor allem Sauerstoff und Stickstoff (um 230 nm), Ozon (200–290 nm) sowie Wassermoleküle (700–1000 nm) eine Rolle. Im Bereich von 300–700 nm (sichtbar) sind jedoch kaum tellurische Absorptionslinien zu erwarten.

Für eine quantitative Auswertung von *Sternspektren* sind eine Reihe von Voraussetzungen zu erfüllen: ein qualitativ hochwertiges Beobachtungsmaterial, ein gutes Modell der thermischen Struktur der Photosphäre, eine Theorie, die den Strahlungstransfer und das Anregungs-Ionisations-Gleichgewicht beschreibt, und Kenntnisse der Übergangswahrscheinlichkeiten von Elektronen aus quantentheoretischen Berechnungen sowie der Mechanismen der Linienverbreiterung.

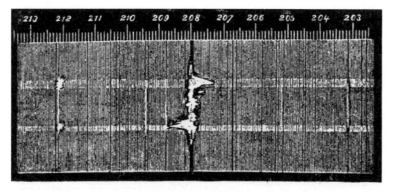

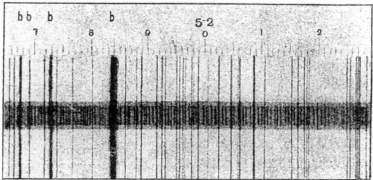

Abb. 40: Oben: Teil des Sonnenspektrums nach Beobachtungen am 5. August 1872 von Samuel Pierpont Langley (1834–1906, amerikanischer Astrophysiker und Bauingenieur, Gründer des Smithsonian Astrophysical Observatory in Washington D.C., nahm 1886 ein IR-Spektrum der Sonne auf). Oberer, mittlerer und unterster Teil bilden des Spektrum der Chromosphäre. Die beiden hellen Banden (quer) gehören zum Spektrum der Protuberanzen. Die in der Mitte sichtbare, stark verschobene Wasserstofflinie zeigt die heftige Bewegung der Protuberanzen. Unten: »Mittlerer Teil eines von dem Spektrum der Photosphäre umgebenen Sonnenfleckenspektrums. Dicht daran das ›Halbschattenspektrum‹, das ein Zwischending von Photosphären- und Kernspektrum ist.« Aus: S. Arrhenius, Erde und Weltall, 1926; s. Kap. 3.10).

Ergebnisse über die Häufigkeit des *Heliums* stammen aus Messungen der solaren kosmischen Strahlung und aus Analysen des UV-Spektrums der Korona, in dem die Linien des Heliums in Emission auftreten (zur Entstehung des Heliums s. Kap. 3.6).

Im *Radiowellenbereich* lassen sich schnelle Elektronen, vor allem an Orten alter Supernovae (s. Kap. 3.10), im Bereich der Frequenz von 408 MHz lokalisieren, atomarer Wasserstoff in interstellaren Wolken und diffusem Gas bei 120 MHz, ionisiertes Gas und Elektronen mit hoher Energie bei 2,4–2,7 GHz und molekularer Wasserstoff in kalten Wolken (sowie Kohlenstoffmonoxid) bei 115 GHz. Im mittleren Infrarotbereich (6,8–10,8 µm) lassen sich komplexe Moleküle in interstellaren Wolken nachweisen (Methan, Kohlenstoffdioxid, Wasser). Röntgenstrahlung mit Energie von 0,25–1,5 Kiloelektronvolt (keV) zeigt Gase an, die durch Stoßwellen von Supernovae aufgeheizt wurden, Gammastrahlung mit Energien größer als 300 MeV weist auf hochenergetische Strahlungsquellen wie Pulsare hin. (Nach: »Sterne und Welt. Special. Unsere Kosmische Heimat. Das neue Bild der Milchstraße, 1/2006, S. 28.)

Radioteleskope haben in der Erforschung außerirdischer Moleküle einen hohen Stellenwert. Wo immer Gasmoleküle miteinander kollidieren, erreichen sie einen angeregten Zustand, aus dem sie dann wieder auf ihr ursprüngliches Energieniveau zurückfallen. Dabei wird Energie in Form von Radio- und Mikrowellen abgegeben. 1951 entdeckten Edward Mills Purcell (1912–1997) und Harold I. Ewing (geb. 1922) die 21-cm-Emission von neutralem Wasserstoff in der Milchstraße. Purcell hatte 1945 die Kernspinresonanz (NMR) entdeckt, gleichzeitig und unabhängig von ihm auch Felix Bloch (1905-1983). Beide erhielten 1952 für diese Arbeiten den Nobelpreis für Physik. Die beobachtete Emission des atomaren Wasserstoffs bei 1,42 GHz wird durch die Änderung der relativen Orientierung des Elektronenspins zum Kernspin hervorgerufen. Diese Strahlung war bereits 1944 von Hendrik Christoffel van de Hulst (1918–2000, niederländischer Astrophysiker, ab 1952 Professor an der Universität Leiden) aus theoretischen Ansätzen berechnet worden. Im Labor ist diese Strahlung nicht nachzuweisen, im Weltraum aber wird sie von dem hoch verdünnten interstellaren Gas in ausreichender Stärke ausgesandt, um von Radioteleskopen aufgenommen zu werden. Purcell arbeitete am Lyman-Laboratorium der Harvard University (benannt nach Theodor Lyman (1874–1954), dem Entdecker der nach ihm benannten Lyman-Serie des Wasserstoff-Spektrums). In den folgenden Jahrzehnten konnten für zahlreiche Molekülarten die charakteristischen Emissionen ermittelt und zur Identifizierung von Molekülen und Atomen in Gaswolken durch Radioastronomen und Astrochemiker eingesetzt werden. Aus der Breite der Spektrallinie können zusätzliche Informationen über die Bewegung der Gasmoleküle innerhalb der Wolken (s. auch Kap. 3.10), aus der Stärke des Radiosignals über die Dichte und Temperatur der Gaswolke erhalten werden. Inzwischen wurden mehr als 100 interstellare Moleküle entdeckt, von den Oxiden des Kohlenstoffs, Schwefels und Siliciums bis zu organischen Molekülen wie beispielsweise Glykolaldehyd ($HOH_2C-C(O)H$). Das in Kapitel 3.5 vorgestellte Radioteleskop Effelsberg wird vom Max-Planck-Institut für Radioastronomie (kurz: MPIfR) in Bonn betrieben. Das MPIfR (www.mpifr-bonn.mpg.de) beschäftigt sich schwerpunktmäßig mit der Erforschung astronomischer Objekte mittels Radiowellen, Infrarotwellen und anderen Wellenlängenbereichen (optische, Röntgen- und Gammastrahlung). Diese Objekte sind die Sonne und andere Körper im Sonnensystem, Radiosterne, Sternentstehungsgebiete, Supernova-Überreste und Pulsare, interstellare Gase und Gasnebel, Radiogalaxien, Quasare und Planetoiden sowie Asteroiden. Drei Forschungsgruppen, die auch international mit Kollegen kooperieren, haben sich die Aufgabe gestellt,»den Rätseln des Entstehens unseres Universums auf die Spur« zu kommen.

Einen Einblick in die Methoden der extraterrestrischen Forschung vermittelt beispielsweise die Ausstattung der 2008 gestarteten indischen Mondsonde Chandrayaan-1 (s. Kap. 3.7). Die wissenschaftliche Nutzlast wird mit 55 kg angegeben, bestehend aus zehn Instrumenten unterschiedlicher Herkunft. Aus Indien stammt eine *Stereo-Kamera* (TMC: Terrain Mapping Camera). Sie wurde zur Erstellung eines hochauflösenden 3D-Karte des Mondes eingesetzt. Zur mineralogischen Kartierung wurde ein System im 400–950-nm-Bereich mit einer spektralen Auflösung von 15 nm (*HySI*: Hyper Spectral Imager aus Indien) eingesetzt. Ebenfalls aus Indien stammte der *Nd:Yag-Laser* (LLRI: Lunar Laser Ranging Instrument; Impulsfrequenz 10 Hz, Impulsdauer 5 ns) zur genauen Ermittlung der Flughöhe der Sonde über der Mondoberfläche. Das LLRI-Instrument ergänzt die Daten der TMC-Kamera. Für die Messung von Röntgenstrahlung (mit Energien im Bereich von 20 bis 250 eV) wurde ein *High Energy X-Ray Detector* (HEX – aus Indien) verwendet. Er ermöglicht den Nachweis von schweren Elementen wie ^{210}Pb, ^{222}Rn sowie von Uran und Thorium. Zum Nachweis leichter Elemente wie Magnesium, Aluminium, Silicium, Calcium, Titan und Eisen wurde von der ESA in Großbritannien (Rutherford Appleton Laboratory in Oxfordshire) das *Chandrayaan-1 Imaging X-Ray Spectrometer* CIXS für Röntgenstrahlung im Bereich von 0,5 bis 10 keV entwickelt. Mit einem zusätzlichen Solar X-ray Monitor (SXM) wurde die Röntgenstrahlung der Sonne (2 bis 10 keV) gemessen, um CIXS zu kalibrieren und den Einfluss der Sonnenstrahlung minimieren zu können. Um die Zusammensetzung der Teilchen analysieren zu können, die vom Sonnenwind aus der Mondoberfläche herausgeschleudert werden, verwendete man den *Sub-keV Atom Reflecting Analyser* (SARA-ESA). Er wurde vom schwedischen Institut für Weltraumphysik (Hauptsitz in Kiruna) in Zusammenarbeit mit dem Physikalischen Institut der Universität Bern erbaut und diente auch zur Untersuchung des Magnetfeldes. Aus Deutschland stammte das *Infrarot-Spektrometer* SIR-2 für den nahen Infrarotbereich von 900–2400 nm vom Max-Plack-Institut für Sonnensystemforschung (Lindau am Harz), mit dem die mineralogische Zusammensetzung des Mondes erforscht werden kann. Die amerikanische Weltraumbehörde NASA hatte das *Moon Mineralogy Mapper* (M3) als abbildendes Spektrometer zur Verfügung gestellt – ebenfalls zur mineralogischen Kartierung mit einem 700–3000-nm-Band und einer spektralen Auflösung von 10 nm (räumliche Auflösung 63 m). Aus Bulgarien (Bulgarische Akademie der Wissenschaften) stammte der *Radiation Dose Monitor* (RADOM) zur Messung energiereicher Partikel im lunaren Umkreis des Mondes. Das *Radarsystem* Mini-SAR (Synthetic Aperture Radar) wurde vom US-Verteidigungsministerium und dem Applied Physics Laboratory der Johns Hopkins University in Baltimore entwickelt und für die Suche nach Wasser in den Polarregionen des Mondes eingesetzt. Diese hochspezialisierte Ausstattung ist ein überzeugendes Beispiel für eine internationale Zusammenarbeit und charakterisiert das Methodenspektrum und den technischen Fortschritt in den Methoden der extraterrestrischen Forschung.

3.5 Das Radioteleskop Effelsberg und das Hubble-Weltraumteleskop

Das *Radioteleskop Effelsberg* in der Eifel mit dem 100-m-Radioteleskop (Parabolspiegel) des Max-Planck-Instituts für Radioastronomie in Bonn zählt zu den größten vollbeweglichen Einzel-Radioteleskopen der Welt. Das Arecibo-Teleskop in Puerto Rico ist mit einem Durchmesser von 305 m zwar das größte Teleskop der Welt, aber relativ unbeweglich. Innerhalb der Gruppe der vollbeweglichen Radioteleskope wird das Effelsberger Teleskop seit dem Jahr 2000 nur

Abb. 41: Das Effelsberger Radioteleskop. Nach einem Farbfoto des Autors, Frühjahr 2010.

von dem Robert C. Byrd-Teleskop in Green Bank, West Virginia (USA), mit einem Durchmesser von rund 110 m übertroffen.

Eine Exkursion zum Effelsberger Radioteleskop unternimmt man am besten von Bad Münstereifel oder dem Ahrtal von Altenahr aus auf einer zwar engen, aber landschaftlich reizvollen Landstraße. Der Standort wurde unter etwa 30 Kandidaten gewählt, weil in dem abgeschiedenen Wiesental in Effelsberg, einem Ortsteil von Bad Münstereifel, kaum elektrische Störungen durch Motoren, Radaranlagen oder Richtfunkstrecken zu erwarten waren. Einige Daten sollen die Bedeutung dieses besuchenswerten Radioteleskops verdeutlichen: Es handelt sich (mit seinen bereits genannten 100 m Refelktordurchmesser) um das zweitgrößte dreh- und kippbare Radioteleskop der Welt mit einem Gewicht von 3200 Tonnen. In waagerechter Stellung nimmt der Spiegel über dem Talboden eine Höhe von 95 m ein (als Vergleich bietet sich der Kölner Dom mit 145 m an). Zum Kippen werden acht Motoren und zum Drehen 16 Motoren mit je 27 PS eingesetzt. Für das Kippen des Teleskopspiegels aus der Horizontalen in die Vertikale werden vier bis fünf, für eine volle Umdrehung des Spiegels um seine Achse neun Minuten benötigt. Wenn der Besucher, der vom Besucherparkplatz auf einem seit 2004 mit Informationstafeln (Texte s. Kap. 3.8) ausgestatteten *Planeten-Weg* (etwa 700 m) zum Radioteleskop gelangt, Glück hat, kann er den Teleskopspiegel in Bewegung erleben. In dem Informationshäuschen oberhalb des Radioteleskops finden im Sommer auch regelmäßig Vorträge statt (www.mpifr-bonn.mpg.de/public/).

Die Vorplanungen zum Bau des Effelsberger Radioteleskops vom Institut für Radioastronomie der Bonner Universitätssternwarte waren 1965 abgeschlossen. Ab 1966 wurde das Max-Planck-Institut für Radioastronomie in Bonn Träger der weiteren Planung, 1968 war Baubeginn und 1970 wurde der Rohbau fertiggestellt. Am 12. Mai 1971 wurde in einem Festakt das Effelsberger Radioteleskop durch den damaligen Präsidenten der Max-Planck-Gesellschaft, den Chemiker Adolf Butenandt (1903–1995), eingeweiht. Am 1. August 1972 konnte es auf einem Fundament von 64 m seinen Betrieb aufnehmen. Mit einer Brennweite von 30 m lassen sich Radiowellen zwischen 3,5 und 900 mm erfassen. Die Bauausführung erfolgte in Gemeinschaft der Firmen Krupp und MAN. Die Technologie wurde ständig verbessert, beispielsweise durch eine neue Oberfläche der Antennenschüssel, bessere Empfänger für Daten und eine extrem rauscharme Elektronik. Der Zweck des Effelsberger Radioteleskops besteht allgemein in der Untersuchung von Radioquellen innerhalb und auch außerhalb unseres Milchstraßensystems. Schwerpunkte des Einsatzes sind u. a. die Beobachtung von Pulsaren und Quasaren, kalten Gas- und Staubwolken, Sternentstehungsgebieten, von Schwarzen Löchern in Kernen ferner Galaxien und von Galaxien in den Frühphasen des Universums.

Als *Pulsare* werden kosmische Radio(wellen)quellen bezeichnet, deren Strahlung in Pulsen sehr kurzer und jeweils nahezu konstanter Pulsperiode (zwischen 0,0015 und 4,5 s) empfangen wird. Es handelt sich um rotierende Neutronensterne (Endstadium einer Supernova, s. Kap. 3.10).

Als *Quasar* (quasistellares Objekt) wird ein aktives extragalaktisches Sternsystem bezeichnet. Sein Kern überstrahlt im sichtbaren Spektralbereich das Restsystem so stark, dass er wie ein Stern erscheint. Quasare sind häufig starke sowie veränderliche Radioquellen.

Als *Schwarzes Loch* wird in der Astrophysik ein Objekt extremer Massenkonzentration bezeichnet. Es weist ein so starkes Gravitationsfeld auf, dass innerhalb eines kritischen Radius (»Horizont«) weder Materie noch Strahlung in die Umgebung entkommen kann.

Geografisch befindet sich das Radioteleskop etwa 1,3 km nordöstlich des im Ahrgebirge (Teil der Eifel) gelegenen Effelsbergs, einem

Abb. 42: Das Hubble-Weltraumteleskop aus zwei unterschiedlichen Perspektiven im Weltraum: 1990 gestartet, 2010 noch immer in Funktion (NASA).

ostsüdöstlichen Stadtteil von Bad Münstereifel. Das Teleskop selbst steht auf einer Höhe von 319 m ü. NN.

Edwin Powell *Hubble* (1889–1953) war ein US-amerikanischer Astronom. Er studierte Physik und Astronomie in Chicago, anschließend Rechtswissenschaften in Oxford. Bereits 1912 sammelte er als Student an der Flagstaff-Sternwarte erste Erfahrungen. 1923 konnte er am Mount-Wilson-Observatorium bereits nachweisen, dass der Andromedanebel nicht zur Milchstraße gehört. Hubble entdeckte, dass es in den Spektren verschiedener Galaxien häufiger Rot- als Blauverschiebungen gibt. Daraus ließ sich anhand des Dopplereffektes ableiten, dass sich fast alle beobachteten Galaxien von uns entfernen. Zu seinen Ehren wird die Konstante, welche diese Expansion beschreibt, Hubble-Konstante genannt.

Aufgrund der vielen Luftschichten, aus denen unsere Erdatmosphäre besteht, scheinen die Sterne am Himmel zu »flimmern«. Die Bedingungen für eine Beobachtung von der Erde aus sind daher nicht optimal. Deshalb hatte schon 1923 der deutsche Raketenforscher Hermann Julius Oberth (1894–1989) die Idee, ein Teleskop auf einer Raumstation in eine Erdumlaufbahn zu schicken. In Form des *Hubble Space Telescope* wurde diese Idee 1977 von der NASA wieder aufgegriffen. An den Kosten beteiligte sich die Europäische Weltraumagentur ESA mit 15% in Form von Entwicklung und Fertigung verschiedener Komponenten und durch die Bereitstellung von Personal (für 15% Beobachtungszeit als Gegenleistung). Am 24. April 1990 brachte die Raumfähre Discovery das Hubble Space Telescope in eine Erdumlaufbahn (Umkreisung in 90 Minuten) in einer Höhe von 575 km. Am 20. Mai wurde der Hauptspiegel auf das erste Objekt, einen Sternenhaufen in einer Entfernung von 1300 Lichtjahren, gerichtet – es wurde aber zur Enttäuschung der Astronomen ein unscharfes Bild erhalten. Daraufhin musste die Teleskoptechnik verbessert werden. Am 2. Dezember 1993 startete die Raumfähre Endeavour mit sieben Astronauten, die zuvor ein Jahr für die Mission am Hubble-Teleskop trainiert hatten. Es wurde eine Korrekturoptik für den Hauptspiegel eingesetzt, die Sonnenpaddel und andere unzuverlässige Geräte mussten ausgetauscht werden. Am 17. Dezember zeigte sich dann ein sehr scharfes Bild des Sternenhaufens. Ohne auf die spezielle Technik näher einzugehen (s. dazu die Literaturhinweise), bleibt festzustellen, dass mit den verwendeten Bildverstärkungstechniken Objekte abgebildet werden können, die 50-mal lichtschwächer sind als jene, die noch von Teleskopen auf der Erde »gesehen« werden können. Der sogenannte »Faint Object Spectrograph« kann einen großen Bereich vom fernen UV bis zum sichtbaren Licht messen. Ein weiterer Spektrograph erfasst mit hoher Abbildungsauflösung nur den UV-Bereich. Auch Infrarotstrahlung kann gemessen werden. Die Intensitätsmessungen erfolgen mit einem »High Speed

Photometer«. Das Hubble-Teleskop lieferte nach den Reparaturen Bilder von allen Planeten des Sonnensystems bis zu den schärfsten Bildern von Pluto und seinem Mond Charon. In der Atmosphäre eines 150 Lichtjahre von der Erde entfernten Planeten außerhalb unseres Sonnensystems konnten mithilfe des Hubble-Teleskops erstmals Sauerstoff und Kohlenstoff nachgewiesen werden. Hubble-Wissenschaftler teilten zwar mit, dass diese Elemente wohl nicht durch Lebewesen entstanden seien, aber die Ergebnisse zeigten jedenfalls, dass die Zusammensetzung der Atmosphäre sogar weit entfernter Planeten analysiert werden kann. Bei dem Planeten handelt es sich um einen Osiris genannten heißen Gasriesen, der in weniger als vier Tagen in einem Abstand von 6,9 Mrd. Kilometern seine Sonne (nicht unsere) umkreist. Der Abstand unserer Erde von unserer Sonne beträgt im Vergleich dazu nur 150 Mio. Kilometer. Am 14. Mai 2009 wurde die fünfte und letzte Wartung mit Reparaturen und dem Einbau einer neuen Weitsicht-Spezialkamera erfolgreich durchgeführt. Die Wartungsmission dauerte insgesamt elf Tage. Im Jahr 2013 soll das *James Webb Space Telescope* die Nachfolge des Hubble-Weltraumteleskops antreten.

3.6 Die Sonne: Vom Wasserstoff zur Kernchemie

Im »Mundus subterraneus« von Athanasius *Kircher* (s. Kap. 1.1) ist auch eine phantasievolle »Sonnenkarte« abgebildet, die sich auf Beobachtungen des Jesuitenpaters, Optikers und Astronomen Christoph *Scheiner* (1573–1650) stützt (s. Kap. 3.7). Darauf wird die Sonne als ein Feuerozean dargestellt, mit Wolken aus schwarzem Rauch als Interpretation der *Sonnenflecken*, Feuerquellen und entweichenden Dämpfen. Scheiner, der seit 1610 Professor für Mathematik, Physik und Astronomie und Hebräisch an der Universität Ingolstadt war, hatte sich bereits 1613 ein Kepler-Fernrohr auf der Grundlage von Keplers Werk »Dioptrik« (1611) gebaut. Im Turm der Heilig-Geist-Kirche in Ingolstadt richtete er sich eine kleine Sternwarte ein. Er entwickelte eine Reihe von Fernrohren für seine Sonnenbeobachtungen, welche er Helioskope nannte. Mit diesen erfolgte die Projektion des Sonnenlichtes auf eine Fläche, sodass man nicht mehr mit dem bloßen Auge in die Sonne schauen musste. Auf diese Weise konnte Scheiner die Sonnenflecken (heute als gewaltige Sturmgebiete mag-

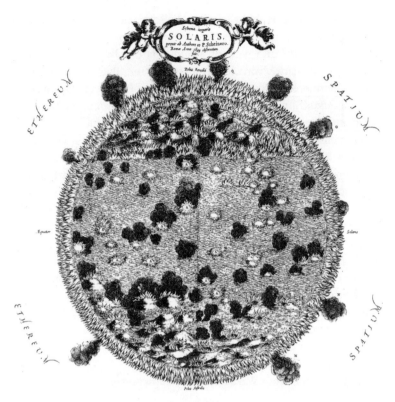

Abb. 43: Darstellung der Sonne durch Athanasius Kircher in »Mundus subterraneus«, I, S. 64, 1665.

netischen Ursprungs in der Photosphäre der Sonne verstanden) auf einfache (und für die Augen ungefährliche) Weise aufzeichnen. Unabhängig von Schreiner hatten zu Beginn des 17. Jahrhunderts auch Galileo Galilei und David *Fabricius* (1587–1615, deutscher Astronom) dunkle Flecken auf der Sonne beobachtet.

»Im Anfang war der Wasserstoff« – so lautete 1972 der Titel des Bestsellers von Hoimar v. *Ditfurth* (1921–1989), zunächst Professor für Psychiatrie und Neurologie in Würzburg und Heidelberg, zuletzt Wissenschaftsjournalist und Schriftsteller. Darin entwickelte er eine »13-Milliarden-Story« – vom Urknall und seiner »Asche«, dem Wasserstoff, über die Geburt von 91 Elementen in den Zentren von Milliarden Sonnen bis zur Entstehung der Erde und des Menschen. Der erste Teil des Buches beschäftigt sich mit den Entwicklungen »Vom Urknall bis zur Entstehung der Erde«.

In der Geschichte der Sonnenforschung, die bereits mit den Babyloniern begann (älteste datierte Sonnenfinsternis im Jahr 763 v. Chr.), ist als eines der ersten wichtigen Forschungsergebnisse zur Chemie die Entdeckung (1868) des *Heliums* im Sonnenspektrum durch Joseph Norman *Lockyer* (1836–1920) und unabhängig von ihm durch den Franzosen Pierre Jules César *Janssen* (1824–1907) zu nennen. Das Element Helium war bis dahin unbekannt. Erst 1895 wurde es auf der Erde durch William *Ramsay* (1852–1916) in reiner Form aus dem Mineral Cleveit (norwegisches Uranpecherz) gewonnen, worin es etwa gleichzeitig von den schwedischen Chemikern Per Theodor *Cleve* (1840–1905) und Nils Abraham *Langlet* (1868–1936) nachgewiesen worden war.

Sir Joseph Norman *Lockyer* gilt als einer der Pioniere der modernen Astrophysik und auch der Archäoastronomie. Er war ab 1857 Beamter des Britischen Kriegsministeriums, veröffentlichte 1862 eine Marstopographie und wurde dadurch 1862 Mitglied der Royal Astronomy Society. 1866 führte er eine Spektralanalyse von Sonnenflecken durch und entdeckte bei deren Auswertung das später nach griech. *helios* (Sonne) benannte Element Helium. Lockyer gründete 1869 das bis heute bestehende Wissenschaftsmagazin *Nature*. 1881 wurde er Professor für Astronomie am Royal College of Science, 1885 Direktor des neu gegründeten Sonnenobservatoriums in South Kensington (bis 1913). Bekannt wurde er als einer der frühesten Vertreter der Archäoastronomie; u.a. fand er am Amun-Tempel in Karnak eine Ausrichtung zum Sonnenaufgang am Mittsommertag und weitere Ausrichtungen zum Stern Sirius in Ägypten. 1894 veröffentlichte er seine Beobachtungen in seinem Buch »The Dawn of Astronomy«.

Der französische Astronom Jules *Janssen* studierte 1861/62 sowie 1864 u.a. die Absorption von Tellur im Sonnenspektrum und erkannte 1868 die gasartige Natur der roten Sonnenkorona. Das Helium entdeckte er gleichzeitig mit Lockyer anlässlich der in Indien am 18. August 1868 zu beobachtenden Sonnenfinsternis. Das bis dahin unbekannte Element war durch eine helle gelbe Linie mit einer Wellenlänge von 587,46 nm im Spektrum der Chromosphäre (s. unten) aufgefallen. 1875 wurde Janssen zum Direktor des neuen astrophysikalischen Instituts in Meudon ernannt. 1893 versuchte er auf dem Mont Blanc durch Beobachtungen der Sonne herauszufinden, ob diese Sauerstoff enthält. Hierzu wurde später das Observatorium auf dem Mont Blanc errichtet.

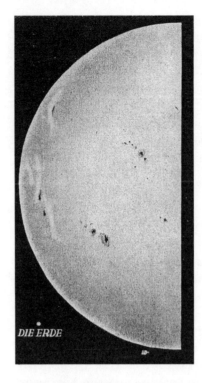

Abb. 44: Besonders große und viele Flecken(gruppen) auf der Sonne nach Beobachtungen von Bruno H. Bürgel vom 19. März 1928.

Als weiterer Pionier der Sonnenforschung gilt der britische Astrophysiker Arthur Stanley *Eddington* (1872–1944). Er entwickelte das erste echte Modell der in den Sternen (einschließlich der Sonne) ablaufenden Prozesse, nachdem Ernest *Rutherford* (1871–1937) den Zusammenhang zwischen Radioaktivität und Kernumwandlung beschrieben hatte. Rutherford erforschte ab 1900 die Theorie der Radioaktivität, 1919 gelang ihm die erste künstliche Elementumwandlung von Stickstoff in Sauerstoff und Wasserstoff (durch Beschuss mit Heliumkernen). Eddington, seit 1914 Direktor des Cambridge Observatory, folgerte, dass im Inneren der Sterne Elemente verschmelzen, in andere Elemente umgewandelt werden und dabei große Energiemengen freigesetzt werden.

Bruno H. Bürgel berichtete in seinem Buch »Der Mensch und die Sterne« (1946) über die Sonne:

»... Im Großen und Ganzen baut sich dieser mächtige Zentralkörper unseres Sonnensystems aus den gleichen Stoffen auf wie unsere Erde, nur befindet sich die Materie, entsprechend der hohen Temperatur und den anderen Drucken, in ganz anderen Zuständen. Verhältnismäßig gut sind uns die Zustände in den äußersten, uns sichtbaren Schichten des Sonnenballes bekannt, von denen das Sonnenlicht ausgeht, und in denen wir allerlei sehr interessante Strömungserscheinungen wahrnehmen können. Drei Gasarten spielen hier die Hauptrolle: Wasserstoff, Kalzium [?] und Helium, und wir müssen uns vorstellen, dass sowohl die Dichte wie die Temperatur dieser Oberflächenschichten der Sonne gering ist, verglichen mit der Materie im Innern des Balles. Ja, man darf überhaupt niemals vergessen, dass alles, was wir auf der Sonne sehen, sich nur in einer außerordentlich dünnen Sicht am äußersten Rande der Sonne abspielt, eigentlich nur in der sehr wenig dichten Atmosphäre, die den Feuerball umgibt (...).

Dieser Glutball schwebt inmitten des kalten Weltraumes. Unablässig strahlt die Sonne ihre Wärme in die Unendlichkeit hinaus. Nur ein verschwindender Bruchteil dieser Wärme erreicht die Erde und die anderen Planeten. Es ist erklärlich, dass also die oberen Schichten des Sonnenkörpers sich abkühlen. Es entstehen kühlere, dichtere, schwerere niedersinkende Gasströme, und aus dem Sonneninnern aufwärts steigende, heißere Ströme. An der Grenzfläche dieser Sonnenschichten, wo in der Hauptsache dieses Strömen vor sich geht, liegen also nebeneinander heißere und kühlere Gasmassen, es bilden sich hier Trübungen, ja, wir können ruhig sagen, es bildet sich ein Wolkenmeer glühender Gase in diesem Gebiet ...«

Am Ende weiterer Beschreibungen, vor allem auch über die Sonnenflecken, geht Bürgel auf die Auswirkungen der Sonnenstrahlung (und deren Schwankungen) auf »alles irdische Geschehen« ein. – Die bei Bürgel abgebildete Darstellung des »Auf und Ab der Sonnenflecken« von 1745 bis 1946 passt zu einer im April 2010 – also über 60 Jahre später – veröffentlichten Mitteilung des *Max-Planck-Institus für Sonnensystemforschung* im niedersächsischen Lindau am Harz: Die Forscher dort haben festgestellt, dass die *Sonnenaktivität* auf den niedrigsten Stand seit 90 Jahren gesunken ist. Die Lindauer Wissenschaftler untersuchen die Auswirkung der Phasen von hoher und niedriger Aktivität (mit einem elfjährigen Zyklus) auf das mitteleuropäische Klima.

Die Wissenschaftler in Lindau verglichen Wetteraufzeichnungen in Großbritannien ab 1659 mit der Entwicklung des solaren Magnetfeldes und stellten fest, dass Jahrzehnte mit hoher Strahlungskraft der Sonne in Mitteleuropa mit milden Wintern übereinstimmten. Als Prognose ergibt sich aus diesen in den »Environmental Research Letters« publizierten Ergebnissen, dass wir in den kommenden Jahren besonders kalte Winter zu erwarten haben.

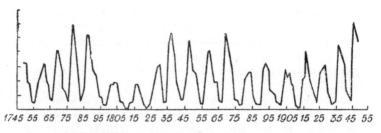

Abb. 45: Die Periodizität der Sonnenflecken aus Bruno H. Bürgel »Der Mensch und die Sterne« (1946) mit dem letzte Maximum im Jahre 1947/48.

Heute wissen wir, dass sich die Masse der Sonne zu 73,5 % auf Wasserstoff, zu 25 % auf Helium und zu 1,5 % auf schwerere Elemente bis einschließlich Eisen (vor allem Sauerstoff und Kohlenstoff) entfällt. Die ersten Fusionsprozesse nach dem Urknall werden als *primordiale Nukleosynthese* bezeichnet. Beim Urknall (*Big Bang*) vor etwa 13,7 Mrd. Jahren (s. Kap. 3.10) herrschten unvorstellbare Temperaturen von 10^{32} K. Nach der Abkühlung um vier Zehnerpotenzen entstanden erste Elementarteilchen, welche die Kernphysiker Quarks, Gluonen und Leptonen nennen. Bei der weiteren Abkühlung des Plasmas auf etwa 10^{14} K kondensierten Quarks zu Protonen und Neutronen, den *Nukleonen*. An diesem Punkt beginnt die Kernchemie. Die Prozesse der Umwandlung von Wasserstoff in Helium, die im Inneren der Sonne ablaufen, wurden erstmals 1938 von Hans *Bethe* (1906–2005) als Proton-Proton-Reaktion beschrieben (zur Biographie und zum *Bethe-Weizsäcker-Zyklus* s. Kap. 3.9). Dabei entstehen zunächst aus zwei Protonen ein Deuteriumkern, ein Positron und ein Neutrino. Der Deuteriumkern reagiert mit einem Proton im zweiten Schritt zu einem ^{3}He-Kern unter Aussendung eines Photons. Zwei ^{3}He-Kerne fusionieren dann zu ^{4}He (Alphateilchen), wobei zwei Protonen freigesetzt werden. Die Dauer dieses Schrittes der Proton-Proton-Reaktion I wird mit durchschnittlich 10^6 Jahren angegeben. Die dabei entstandenen beiden Protonen stehen für weitere Reaktionsschritte zur Verfügung. Die Proton-Proton-Reaktion I erfolgt vor allem im Bereich von 10 bis 14 Mio. Kelvin. Zusammengefasst lauten die Gleichungen:

1. $2p \rightarrow d + e^+ + \nu + 0{,}42$ MeV
2. $d + p \rightarrow {}^3\text{He} + \gamma + 5{,}49$ MeV
3. $2\,{}^3\text{He} \rightarrow {}^4\text{He} + 2p + 12{,}86$ MeV

Weitere Schritte zur Entstehung der chemischen Elemente werden ausführlicher im Kapitel 3.10 erläutert.

Die Sonne insgesamt kann als eine *Gaskugel* beschrieben werden, deren Dichte von innen nach außen stetig abnimmt. Die freiwerdende Energie stammt aus dem *Kern* der Sonne (der Fusionszone, in der aus Wasserstoff Helium entsteht), der zwar nur 1,6% des Sonnenvolumens beinhaltet, in dem aber fast 50% der Sonnenmasse konzentriert sind. Die Temperatur im Inneren der Sonne wird auf 15 bis 16 Mrd. Kelvin geschätzt, wobei eine Dichte von 160 g/cm^3 (das 14-fache von Blei) angenommen wird. Wegen der praktisch vollständigen Ionisation der Materie verhält sie sich trotz der hohen Dichte wie ein ideales Gas. Das *Sonneninnere* im Zustand eines Plasmas kann nur durch theoretische Untersuchungen (Computersimulationen) näher beschrieben werden. Um den Kern liegt die *Strahlungszone* der Sonne; sie nimmt etwa 70% des Sonnenradius ein. Dort stoßen bei extrem hoher Dichte Photonen immer wieder mit anderen Teilchen des Plasmas zusammen. Dabei nimmt die Strahlungsenergie der Photonen ab, die Wellenlänge der Strahlung nimmt zu, sodass Gammastrahlung in Röntgenstrahlung umgewandelt wird. Die Neutrinos jedoch gelangen aus der Strahlungszone fast ohne Wechselwirkung mit Materie in nahezu Lichtgeschwindigkeit in acht Minuten auf die Erde. An der Obergrenze der Strahlungszone liegt die sogenannte *Konvektionszone* – etwa 20% des Sonnenradius. Die Temperaturen im Grenzbereich zur Strahlungszone werden mit etwa zwei Millionen Kelvin angegeben. Hier wird die Energie nicht mehr durch Strahlung abgegeben, sondern durch eine Strömung des Plasmas weiter nach außen transportiert. Der größte Teil der Sonnenstrahlung stammt aus einer Kugelschale, der an die Konvektionszone anschließenden *Photosphäre* (angenommene Dicke ca. 300–400 km), dem Rand der Sonne mit Temperaturen um 5800 K. Die Photosphäre wird auch als Sonnenoberfläche bezeichnet. Darüber liegt die *Chromosphäre* mit »kühleren« Gasen, aus denen die Absorptionslinien des Sonnenlichtes stammen. Bei einer Sonnenfinsternis ist sie für einige Sekunden als rötliche Leuchterscheinung sichtbar. Für die charakteristischen dunklen Linien des Sonnenspektrums, die *Fraunhofer'schen Linien*, sind die Chromosphäre und auch der oberste Teile der Photosphäre verantwortlich. Die äußerste Schicht der Sonne wird als *Korona* bezeichnet, die bis zu mehreren Sonnenradien (Radius der Sonne: 696 000 km) weit in den Weltraum reicht. Bei ruhiger Luft erkennt man sogar

Abb. 46: Die Korona der Sonne bei totaler Sonnenfinsternis, aufgenommen am 24. Januar 1924 vom Mount-Wilson-Observatorium in den USA.

durch ein Teleskop mit Sonnenfilter (bei genügend starker Vergrößerung) eine leichte Körnung auf der Oberfläche der Sonne als Zeichen für die Konvektionsströmungen: Heiße Gase aus dem Sonneninneren steigen wie große Blasen auf, kühlen sich an der Sonnenoberfläche ab und sinken an den dunklen Rändern wieder nach unten. Die Korona geht schließlich in den *Sonnenwind* über, welcher die Ausdehnung der *Heliosphäre* verursacht. Die Heliosphäre erstreckt sich bis zur *Heliopause*, wo die interstellare Materie beginnt.

Die Erforschung der Sonne durch Satelliten und Raumsonden begann 1973 mit der Raumstation Skylab, die u. a. ein Röntgenteleskop an Bord hatte. Mithilfe von Satelliten lassen sich vor allem Strahlungen im UV- und Röntgenbereich untersuchen, die von der Erdatmosphäre absorbiert werden. Die 1974 und 1976 gestarteten Helios-Sonden konnten sich wegen der extrem hohen Temperaturen der Sonne nur bis auf 43,5 Mio. Kilometer nähern. Am 11. Februar 2010 startete die NASA das *Solar Dynamics Observatory* zur Erforschung der dynamischen Vorgänge auf der Sonne mit Instrumenten zur Messung extremer UV-Strahlung, zur Erfassung helioseismischer und magnetischer Aktivitäten und zur hochauflösenden Erfassung der Sonnenatmosphäre in verschiedenen Wellenlängenbereichen.

3.7 Mondchemie

Der Jesuitenpater, Optiker und Astronom Christoph *Scheiner* (1573–1650), dem wir in Kapitel 3.6 schon begegnet sind, erstellte anhand seiner astronomischen Beobachtungen ab 1635 eine Mondkarte, die Athanasius Kircher (s. Kap. 1.1 und 3.6) in seinem Werk »Mundus subterraneus« von 1665 abbildete. Darauf sind Berge und Krater verzeichnet. Ein großer Krater trägt heute Scheiners Namen.

Der österreichische Chemiker und Analytiker Wolfgang *Kiesl* (1936–2009) veröffentlichte 1979 eines der wenigen deutschsprachigen Bücher zum Thema *Kosmochemie*. Kiesl studierte an der Universität Wien Chemie und promovierte 1964 mit einer Arbeit über die »Neutronenaktivierungsanalytische Bestimmung der Verunreinigungen in Aluminium« in Analytischer Chemie. Danach war er als

Abb. 47: Porträt des Jesuitenpaters, Optikers und Astronomen Christoph Scheiner (1699–1756).

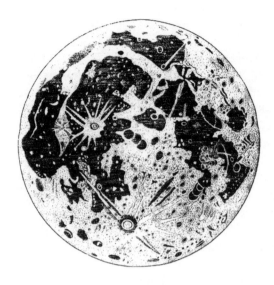

Abb. 48: Die Mondkarte in Athanasius Kirchers Werk »Mundus subterraneus« nach Beobachtungen von Christoph Scheiner.

Assistent am Analytischen Institut tätig und beschäftigte sich weiterhin vor allem mit der Neutronenaktivierungsanalyse, unter anderem zur Elementspurenbestimmung in Meteoriten. Nach der Habilitation 1972 veröffentlichte er 1974 zusammen mit Hans Malissa jr. ein Buch über die »Analyse extraterrestrischen Materials«. In den 1970er- und 1980er-Jahren analysierte er die Spurengehalte zahlreicher Meteorite, auch aus der Mineraliensammlung des Vatikans, u. a. mit der neu angeschafften Elektronenstrahlmikrosonde. Von der NASA erhielt er auch die ersten Apollo-Mondgesteinsproben. 1980 wurde er außerordentlicher Universitätsprofessor und 1985 Ordinarius für Geochemie nach Einrichtung eines neuen Instituts an der Universität Wien.

In seinem Buch *Kosmochemie* widmet er sich in Kapitel 4.2 ausführlich dem Mond. Mit der Landung der bemannten Sonde Apollo 11 am 20. Juli 1969 mit den Astronauten Armstrong, Aldrin und Collins an Bord wurde der kosmochemischen Forschung erstmals die Möglichkeit eröffnet, extraterrestrisches Probenmaterial nach wissenschaftlichen Gesichtspunkten einzusammeln, schreibt Kiesl, während man bis dahin auf Meteorite angewiesen gewesen sei (s. Kap. 3.3). Die intensiven Forschungen, an denen Kiesl selbst beteiligt war, lieferten Daten, die Rückschlüsse auf den durchschnittlichen Chemismus des Mondes erlauben.

Das *Apollo-Programm* (1963 bis 1972) war ein Raumfahrtprogramm der USA (NASA) mit dem Ziel bemannter Mondlandungen. Die Apollo-Missionen 11–17 hatten jeweils drei Astronauten an Bord. Spektakulär waren besonders die erste Landung eines Menschen auf dem Mond und die Mission 13, auf der am 11. April 1970 auf dem Weg zum Mond ein Sauerstofftank explodierte. Die Astronauten konnten sich jedoch dadurch retten, dass sie die Mondlandeeinheit als »Rettungsboot« zweckentfremdeten. Sie nahmen den Weg um den Mond herum, ohne zu landen, wobei sie durch ein sogenanntes Swing-by-Manöver mithilfe der Mondanziehung wieder in Richtung Erde beschleunigt wurden. Trotz der katastrophalen Lage gelang es ihnen, am 17. April lebend im Pazifik zu landen.

Neben zahlreichen mineralogischen Details, die hier nicht dargestellt werden sollen, stellte Kiesl folgende grundsätzliche chemische Fakten zusammen. Die Oberfläche unseres Trabanten ist mit einer dünnen Schicht eines Staubes bedeckt ist, der als *soil* oder *Regolith* bezeichnet wird und vorwiegend durch den Einschlag meteoritischer Körper gebildet wurde. Seine sehr unterschiedliche Zusammensetzung ist auf das jeweils darunterliegende Material zurückzuführen, aus dem der Staub entstanden ist. Zum Teil wurde das Material offenbar über größere Entfernungen von anderen Orten des Mondes herantransportiert. Die Dicke der Staubschicht gibt Kiesl als sehr stark variierend an, zwischen 4 und 10 m. Hauptbestandteile der Oberflächen des Mondes sind Silicate (als Siliciumdioxid über 40%), Aluminiumoxid, Eisen(II)-oxid, Calcium- und Magnesiumoxid sowie Titandioxid.

Zwischen 1969 und 1972 wurden von sechs Apollo-Missionen insgesamt 382 kg Mondproben gewonnen (während drei unbemannten sowjetische Missionen mit Mondfahrzeugen, Lunochods, nur 0,3 kg an Bodenproben auf die Erde zurückbrachten). Sie wurden in 97 000 katalogisierte Proben aufgeteilt, stammen aus ganz unterschiedlichen Regionen und lagern in einem extra dafür errichteten Gebäude des Johnson Space Centers der NASA in Houston. Pro Jahr wurden (und werden immer noch) etwa 1000 Proben an Universitäten und Institute der ganzen Welt zur Analyse verschickt. Ziel aller Untersuchungen ist es, Informationen über die Entstehung des Mondes zu erhalten.

Vor dem Apollo-Programm gab es seit dem 19. Jahrhundert folgende Hypothesen bzw. Theorien zur Entstehung des *Erde-Mond-Systems*:

Die *Einfangtheorie*, zu der erste Überlegungen bereits von dem Philosophen *Descartes* (s. Kap. 1.1; publiziert posthum 1664) stammen, geht davon aus, das Erde und Mond unabhängig voneinander in verschiedenen Regionen des Sonnensystems entstanden. Bei einer nahen Begegnung habe die Erde den Mond infolge ihrer Gravitation eingefangen. Dieser Vorschlag stammt 1909 von Thomas Jefferson Jackson *See* (1866–1962), einem der bekanntesten und umstrittensten amerikanischen Astronomen.

Die *Schwesterplanet-Theorie* geht davon aus, dass Erde und Mond gleichzeitig und nahe beieinander entstanden sind. Sie wurde 1944 von dem Physiker und Philosophen Carl Friedrich von *Weizsäcker* (1912–2007) nach einem ersten Entwurf von Immanuel Kant vorgeschlagen.

In der *Abspaltungstheorie* – entwickelt 1878 von George Howard *Darwin*, dem Sohn von Charles Darwin – wird angenommen, dass sich von einer heißen, zähflüssigen und schnell rotierenden Proto-Erde ein Teil abgeschnürt habe, der dann den späteren Mond bildete.

Die *Öpik-Theorie* (1955) postuliert, dass ein Vorläufer des Mondes aus Materie entstanden sei, der von der heißen Proto-Erde abdampfte. Ernst *Öpik* (1893–1985) war ein Astronom deutsch-baltischer Abstammung.

Im Gegensatz dazu sollen nach der *Viele-Monde-Theorie* mehrere Monde gleichzeitig von der Erde eingefangen worden sein, die dann irgendwann kollidierten. Aus den Bruchstücken habe sich der heutige Mond gebildet. Urheber dieser Theorie war 1962 Thomas *Gold* (1920–2004), US-amerikanischer Astrophysiker österreichischer Abstammung.

Aus der Zeit nach dem Apollo-Programm stammt die *Kollisionstheorie*, nach der die Proto-Erde mit einem großen Körper kollidierte, wobei sich aus der herausgeschleuderten Materie der Mond gebildet habe. Formuliert wurde die Kollisionstheorie 1975 von William K. *Hartmann* (geb. 1939) an der Michigan State University und Donald R. *Davis*.

Nach den breit angelegten Analysen der Mondgesteine wurden in der Diskussion jeweils die physikalischen und chemischen Widersprüche der Theorien dargestellt. An dieser Stelle sollen nur die wichtigsten chemischen Ergebnisse genannt werden, die für oder gegen die jeweilige Theorie sprechen.

Abb. 49: Teilansicht des Mondes mit zahlreichen Kratern. Aus: Bruno H. Bürgel, Der Mensch und die Sterne.

Ein gutes Modell muss unter anderem folgende bekannte Eigenschaften des Mondes erklären können:

- die unterschiedliche Dichte (Mond 3,3 g/cm^3, Erde 5,5 g/cm^3),
- das Defizit des Mondes an leichtflüchtigen Elementen im Vergleich zur Erde,
- den geringeren Eisengehalt des Mondgesteins,
- die nahezu identische Isotopenzusammensetzung der Gesteine der Erdkruste und der Mondoberfläche (vor allem der Isotope von Chrom und Sauerstoff).

Die *Abspaltungstheorie* liefert keine Erklärung für das Defizit an leicht flüchtigen Elementen.

Die *Schwesterplanet-Theorie* kann nicht erklären, warum sich die Dichte und der Anteil an leichtflüchtigen Elementen sowie an Eisen bei Erde und Mond so stark unterscheiden.

Nach der *Viele-Monde-Theorie* und auch der *Einfangtheorie* dürften die Gesteinsproben von Erde und Mond keine identische Isotopenzusammensetzung aufweisen.

So bleiben nur die *Kollisionstheorie* und die *Öpik-Theorie* übrig, von denen zu Beginn des 21. Jahrhunderts Erstere favorisiert wird.

In einer Mitteilung der Geokommission (Senatskommission für Geowissenschaftliche Gemeinschaftsforschung der DFG – unter www.geokommission.de/5.3) über »Die Frühgeschichte der Erde und des Mondes« wird zunächst festgestellt, dass die geologische und biologische Entwicklung der Erde ohne ein vertieftes Wissen über die

Entstehung und Entwicklung des Mondes nicht verstanden würde; das hätten die Mondmissionen und die Analysen von Mondgesteinen im Labor gezeigt. Das Wissen über die Geologie des Mondes habe sich deutlich erweitert. (Festzustellen ist aber auch, dass bisher nicht von allen Stellen des Mondes Gesteinsproben entnommen werden konnten, die vorhanden Proben somit wahrscheinlich nicht repräsentativ sind. Es fehlen Proben von der Mondrückseite.) Dann folgen einige grundlegenden Aussagen:

> »Eine der wichtigsten Erkenntnisse besteht darin, dass alle festen Phasen durch extrem kurzzeitige und hochenergetische Kollisionsprozesse geprägt wurden. Im Gegensatz zu Prozessen wie Gebirgsbildung, Erosion und Sedimentation sind Meteoriteneinschläge keine langsamen oder sich regelmäßig wiederholenden Vorgänge. (...) Auch die Geburt des Mondes hat nur 24 Stunden gedauert, wie neueste Daten zeigen. Sie ereignete sich 50 bis 100 Millionen Jahre nach der Entstehung des Sonnensystems, als ein etwa marsgroßer Körper mit der Erde zusammenstieß. (...) Das Material, aus dem sich der Mond zusammenballte, schmolz nach der Kollision vollständig und verdampfte wahrscheinlich teilweise. Der Mond enthält daher extrem wenig leichtflüchtige Elemente.«

Daran anschließend werden weitere Einzelheiten berichtet, die die *Kollisionstheorie* stützen. So weisen einige magmatische Mondgesteine eine ungewöhnliche chemische Zusammensetzung auf – sie sind reich an Kalium, Barium, Uran, Zirconium und Phosphor. Sie

Abb. 50: Krater auf dem Mond: Tycho in voller Beleuchtung, von seinem großartigen Strahlensystem umgeben. Unten in der Ecke rechts Kopernikus mit seinem weniger regelmäßigen Strahlensystem. Zwischen beiden Mare Nubium, am rechten Rande Mare Humorum mit dem großen Krater Gassendi darunter. Aus: S. Arrhenius, Erde und Weltall, 1926 (s. Kap. 3.10).

könnten unmittelbar nach der Geburt des Mondes entstanden sein, als ein mindestens 500 km tiefer »Magmaozean« auskristallisiert sei. Die Entstehung des Mondes wird durch Datierungen mit lang- und kurzlebigen Zerfallsreihen auf 50–100 Mio. Jahre nach der Entstehung des Sonnensystems eingegrenzt. Für den Magmaozean wurden Altersabschätzungen von bis zu 4,35 Mrd. Jahren (250 Mio. Jahre nach der Entstehung des Sonnensystems) genannt.

Die zur Erde gebrachten Proben von Mondgestein (in Deutschland u. a. im Deutschen Museum München, im Haus der Geschichte der Bundesrepublik Deutschland in Bonn und im Deutschen Technikmuseum in Berlin ausgestellt) lassen sich in feinkörnige, magmatische Gesteinsbrocken, in Brekzien, die aus Bruchstücken verschiedenen Gesteins bestehen und durch feinen Mondstein zusammenbacken, sowie in Mondstein mit Teilchendurchmessern unter einem Zentimeter einteilen. Kristalline Proben sind magmatischen Ursprungs und enthalten Minerale und auch Gaseinschlüsse, die auf eine Kristallisation aus einer Gesteinsschmelze hindeuten. Charakteristische Minerale (ohne vergleichbare Beispiele auf der Erde) enthalten Kombinationen aus Titan, Magnesium, Eisen, Aluminium und einigen anderen Elementen. Insgesamt wurden bisher 68 Elemente in den Mondproben nachgewiesen.

Über einige weitere chemisch interessante Details bzw. auch Hypothesen berichtete Kiesl bereits in seinem Buch »Kosmochemie«. So stellte er zunächst fest, dass aus den Analysenergebnissen der Mondproben wenig zur Lösung des Problems der Entstehung des Mondes abgleitet werden konnte, dass sich aus diesen aber gewisse einschränkende Bedingungen ableiten ließen. Er formulierte:

> »Die Tatsache, dass der Mond weitgehend die leicht flüchtigen sowie die siderophilen Elemente [Elemente mit der Neigung, besonders mit Eisen zusammen vorzukommen: Nickel, Cobalt, Kupfer, Germanium, Platinmetalle] abgereichert, die schwerflüchtigen oder refraktiven Elemente, im Vergleich zur Erde und den Chondriten [silicatische Bestandteile von Steinmeteoriten], angereichert hat, soll unter anderem eine Mondentstehungstheorie befriedigend erklären können.«

Dis bisher aufgestellten klassischen Hypothesen ordnet Kiesl drei Gruppen zu: Einfangs-, Fissions- (Abspaltungs-) und Doppelplaneten-Hypothese (Schwesterplanet-Hypothese). Zum Zeitpunkt des Erscheinens (1979) seines Buches hielt Kiesl die Doppelplaneten-

Hypothese für besonders stichhaltig. Aus heutiger Sicht hat jedoch die *Kollisionstheorie* den höheren Stellenwert, deren Entstehungsgeschichte deshalb etwas ausführlicher dargestellt werden soll.

1946 wurde von Reginald Aldworth *Dalys* in den »Proceedings of the American Philosophical Society« postuliert, der Ursprung des Mondes sei in einer *kosmischen Katastrophe* zu sehen. Über ein halbes Jahrhundert später, als die Ergebnisse der Mondgesteinanalysen vorlagen, war man der Meinung, der Mond sei weder völlig unabhängig von der Erde entstanden, noch habe er sich in deren Entstehungsphase von ihr abgespalten. Er müsse vor etwa 4,5 Mrd. Jahren in Folge einer kosmischen Katastrophe entstanden sein. Die noch junge Erde müsse mit einem weiteren, etwa marsgroßen Planeten zusammengestoßen sein.

Aus den 1960er-Jahren stammt die allgemeine Theorie des sowjetischen Astronomen Victor S. *Safronov* (1917–1999) der Planetenentstehung durch Zusammenballung einer großen Anzahl kleinerer Planetesimale. Daraus entwickelten die beiden bereits genannten amerikanischen Wissenschaftler *Hartmann* und *Davis* (s.o.) anhand analytischer Daten, durch Computersimulationen ergänzt, ihre *Kollisionstheorie* mit der Grundidee, dass sich im heutigen Asteroidengürtel neben einem großen Körper (vergleichbar mit Ceres – Durchmesser 1000 km) mehrere kleinere Körper mit einem Zehntel dieser Masse gebildet hätten und einer dieser Körper erst in der Endphase der Planetenentstehung fast streifend mit der Proto-Erde kollidiert sei. Dadurch sei ein Teil der Gesamtmasse der Erde in den Orbit geschleudert worden und habe den Mond gebildet. Auf einer internationalen Konferenz in Kalilua-Kona auf Hawaii 1984 über die Ursprünge des Mondes erhielt die Kollisionstheorie, die mit den ersten Ergebnissen des von den Apollo-Missionen mitgebrachten und analysierten Materials am besten übereinstimmte, ihre Anerkennung. Vor allem konnte gezeigt werden, dass die Sauerstoff-Isotopenverhältnisse (Sauerstoff ist das häufigste Element im Erde-Mond-System) von irdischem Gestein, Mondgestein und Mondmeteoriten auf einer gemeinsamen Fraktionierungslinie liegen; alle diese Materialien stammen somit aus einem gemeinsamen durchmischten Reservoir. Andere Meteoriten folgen diesem Zusammenhang nicht. In den 1990er-Jahren konnte darüber hinaus aus dem Vergleich der Niob-Tantal-Verhältnisse des Mondes und der Erde mit dem des übrigen Sonnensystems gezeigt werden, dass der Mond mindestens zur Hälfte aus Erdmaterial besteht.

Inzwischen haben australische Wissenschaftler auch ermittelt, dass die letzten Magma-Ozeane auf der Mondoberfläche vor genau 4,417 Mrd. Jahren erkalteten. Im November 2005 ergaben Analysen des Mondgesteins anhand einer radiometrischen Datierung am ^{182}Wolfram-Isotop durch Wissenschaftler der ETH Zürich sowie der Universitäten Köln, Münster und Oxford übereinstimmend ein *Alter des Mondes* von 4,527 ± 0,01 Mrd. Jahren.

Trotz dieser exakten Messergebnisse und vieler stützender Analysen ist die Kollisionstheorie nur eine, wenn auch die bisher am meisten überzeugende und anerkannte Hypothese.

Nach einer umfassenden Diskussion der Schmelzvorgänge stellt Kiesl Modelle für den Aufbau des Mondinneren anhand seismologischer Untersuchungen vor, wobei er fünf Zonen unterscheidet. Als Zone I wird die Kruste bezeichnet, die an der erdzugewandten Seite des Mondes 50–70 km beträgt (an der Rückseite bis 150 km) und vor allem aus Plagioklas aus der Gruppe der Feldspate, einem Kalknatron- bzw. Natronkalkfeldspat (je nach dem Verhältnis Natrium/Calcium), mit geringen Anteilen eines aluminiumreichen Basalts besteht. Der obere Mantel, die Zone II, ist etwa 250 km dick und besteht aus Pyroxenen (sehr kompliziert zusammengesetzten gesteinsbildenden Inosilicaten – Silicaten aus Blättern und Bändern) und Olivin. Das Besondere an Zone III, dem mittleren Mantel zwischen 300 und 1000 km Tiefe, ist, dass von den Apollo-Missionen an seiner Basis die meisten Mondbeben registriert wurden. Angaben zur chemischen Zusammensetzung macht Kiesl nicht. Es handelt sich offensichtlich um Basalte. Heute ist bekannt, dass sich in einer dünnen Schicht, KREEP genannt, hohe Anteile an **K**alium, **R**are **E**arth **E**lements (Seltenen Erden wie Uran und Thorium) und **P**hosphor befinden. Die Zone IV, der untere Mantel bis zu mehr als 1000 km Tiefe, zeigt eine starke Abschwächung der Transversalwellen, ist also eine Unstetigkeitsfläche (s. Kap. 2). Dieser Effekt ist offensichtlich auf den partiell geschmolzenen Zustand der Mondmaterie zurückzuführen. Der Kern des Mondes, Zone V mit einem Radius von 80–180 km nach seismischen Daten, besteht aus Eisen-Eisensulfid. Er unterscheidet sich damit vom Eisen-Nickel-Kern der Erde. Als wesentlichen Grund dafür nennt Kiesl die zu niedrige Temperatur im Mondzentrum, welche die Schmelztemperatur des Eisens nicht erreicht hätte. Im Kern wird eine Temperatur von 1200 K angenommen.

Die chemische Zusammensetzung der Mondkruste lässt sich für die zehn häufigsten Elemente wie folgt angeben:

43 % Sauerstoff, 21 % Silicium, 10 % Aluminium, 9 % Calcium, 9 % Eisen, 5 % Magnesium, 2 % Titan, 0,6 % Nickel, 0,3 % Natrium, 0,2 % Chrom.

Abschließend stellt *Kiesl* fest, dass die Atmosphäre des Mondes hauptsächlich aus ^{40}Argon und Helium (auch Neon) besteht, welche beim Zerfall von ^{40}Kalium, ^{232}Thorium und ^{238}Uran freigesetzt werden. Durch den Sonnenwind (ein Plasma vorwiegend aus freien Elektronen, Wasserstoff- und Heliumkernen) werden auch Natrium- und Kaliumatome aus dem Mondgestein herausgeschlagen. Von Apollo 17 wurde ein Massenspektrometer auf dem Mond eingesetzt, dass darüber hinaus keine Hinweise auf Gase erbrachte, die auf eine vulkanische Aktivität schließen ließen. Inzwischen wurden neben Helium, Neon, Wasserstoff und Argon auch Spuren von Methan, Ammoniak und Kohlenstoffdioxid entdeckt. In den Mondgesteinsproben, welche die Astronauten der Apollo-Missionen zur Erde brachten, konnte kein Wasser nachgewiesen werden, auch nicht in Form hydratisierter Minerale, wie sie in einigen chondritischen Meteoriten ermittelt wurden. Im Sommer 2008 wurden mithilfe eines neuen Verfahren dann doch erstmals Spuren (bis zu 0,0046 % = 4,6 ppm) in kleinen Glaskügelchen vulkanischen Ursprungs nachgewiesen. Auch die Lunar-Prospector-Sonde hatte Hinweise auf Wassereis in den Kratern der Polarregionen des Mondes gefunden. Am 22. Oktober 2008 startete die indische Weltraumagentur ISRO (Indian Space Research Organisation) ihre Mondmission *Chandrayaan-1* (Hindi:»Reise um Mond«), die erste Mondsonde Indiens und zugleich die erste Mission, mit welcher der Subkontinent auch die Mondrückseite, den Bereich jenseits der Erdumlaufbahn, erkundete. Von den elf Analyseninstrumenten an Bord stammten drei von der europäischen Weltraumagentur ESA, zwei aus den USA und eines aus Bulgarien. In 40 kleinen Mondkratern wurde Wassereis mithilfe des Radarinstrumentes Mini-SAR entdeckt, ebenso am Südpol des Mondes, wie die NASA am 13. November 2009 bestätigte. Nach Schätzungen sollen in der Tiefe der Krater mindestens 600 Mio. Tonnen Eis vorhanden sein. Die NASA-Sonde LCROSS hatte schon zuvor Wassereis am Südpol festgestellt. Bereits am 28. August 2009 brach der Kontakt zur Sonde ab. Sie war insgesamt 312 Tage aktiv und hatte den Mond mehr als 3400-mal umrundet. Anhand der bisherigen Informationen nimmt man an, dass das Wasser direkt auf dem Mond entsteht, und zwar mithilfe des Sonnenwindes: Dessen Protonen treffen mit hoher Geschwindigkeit auf den gebundenen Sauerstoff und bilden auf diese Weise Wassermoleküle.

3.8 Die Chemie der Planeten

Als *Planeten* werden historisch Wandelsterne (griech. *planetes*, die Umherschweifenden) bezeichnet, im reflektierten Sonnenlicht leuchtende, große rotierende Himmelskörper, die durch die Anziehungskraft eines Sterns auf ihrer Umlaufbahn gehalten werden. In zunehmender Entfernung von der Sonne gibt es im Sonnensystem acht Planeten: Merkur – Venus – Erde – Mars – Jupiter – Saturn – Uranus – Neptun.

In der Antike waren Merkur, Venus, Mars, Jupiter und Saturn den Erdenbewohnern bekannt. Sie spielten eine wichtige Rolle auch in der Alchemie. Der griechische Philosoph *Proklos* (412–485), der bedeutendste Vertreter des athenischen Neuplatonismus, glaubte, dass die Strahlen der Sonne das *Gold*, die Strahlen des Mondes das *Silber* in der Erde entstehen ließen, die des Mars das *Eisen* und die des Saturn das *Blei*. Gold und Silber wurden auch in späteren Zeiten stets der Sonne bzw. dem Mond zugeordnet, Blei, *Kupfer* und Eisen wurden in den meisten Fällen mit Saturn, Venus und Mars verknüpft. Die Zuordnungen Sonne–Gold, Mond–Silber, Mars–Eisen, Jupiter–Zinn, Saturn–Blei, Venus–Kupfer und Merkur–Quecksilber sollen von *Stephanos von Alexandria* stammen, der zu Beginn des 7. Jahrhunderts in Konstantinopel Philosophie lehrte und als neuplatonischer Naturphilosoph sowie Alchemist bezeichnet wird. Noch im 18. Jahrhundert wurden die Planetensymbole in der frühen Chemie als Symbole für Metalle verwendet, so in den Werken von Johann Joachim *Becher* (1635–1682; ab 1663 Professor für Medizin an der Universität Mainz), die auch im 18. Jahrhundert noch erschienen.

Über die Entwicklung des *Mars* wissen wir Details anhand von Gesteinsproben, die als Marsmeteoriten auf die Erde und in unsere Laboratorien zur Analyse gelangten. Über die Chemie und Entwicklungsgeschichte der beiden terrestrischen Planeten, *Venus* und *Merkur*, wird ebenso wie über die Atmosphären der Gasplaneten *Jupiter*, *Uranus* und *Neptun* im Anschluss berichtet.

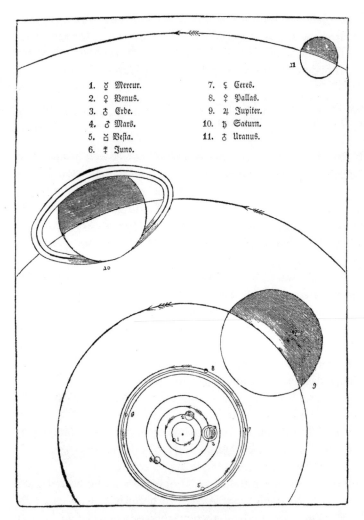

Abb. 51: Darstellung der Planeten im Brockhaus »Conversations-Bild-Lexikon« von 1839, mit Pluto, dem Kleinplaneten Ceres sowie Pallas und Vesta, 1802 bzw. 1807 von dem Arzt H. Olbers (1758–1840) in dessen Bremer Privatsternwarte (1799 erbaut) entdeckten Planetoiden.

Die Geschichte der Planeten beginnt zur der Zeit, als sich die Hauptmasse des Sonnennebels zu einer *Protosonne* verdichtet hatte. Im Umkreis der Protosonne konnten dort verbliebene Gas- und Staubteilchen eine erste Akkretionsscheibe bilden, eine *protoplanetare Scheibe*. Staubteilchen konnten sich durch Akkretion bzw. durch Verkleben aufgrund der Adhäsionskräfte zu einem bereits kilometergroßen Planetesimal zusammenballen. Als *Akkretion* wird, wie bereits erwähnt, in der Astronomie ein Prozess bezeichnet, bei dem ein kosmisches Objekt aus seiner Umgebung Materie aufnimmt und dadurch seine Masse vergrößert. *Planetesimale* als nächste Stufe der Planetenentwicklung vereinten sich dann durch ihre Gravitation zu noch größeren Materieverdichtungen, den *Protoplaneten*. Sie konnten bereits die Größe unseres Mondes erreichen; sie waren genügend massereich, um durch ein hydrostatisches Gleichgewicht eine näherungsweise Kugelform zu bekommen und auch schon durch Differenziation im Inneren Schalen auszubilden.

Der Abstand der Protoplaneten von der jungen Sonne bestimmte die weiteren Prozesse der Planetenentstehung. Während in Sonnennähe schwerflüchtige Elemente (s. auch Kap. 2.8) und chemische Verbindungen kondensierten, wurden leichtflüchtige Elemente als Gase durch den kräftigen Sonnenwind von der Sonne weggerissen. Als innere Planeten des Sonnensystems entstanden die Erde sowie *Merkur, Venus* und *Mars*. Sie weisen feste silicatische Oberflächen auf. In den kälteren Außenregionen der Sonne bildeten sich aus den

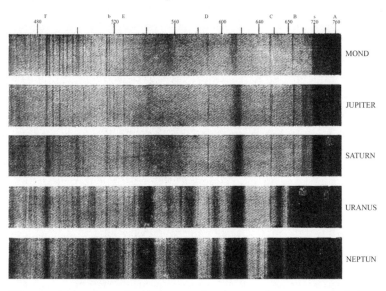

Abb. 52: »Spektra der großen Planeten im Vergleich mit dem Mondspektrum. Das letztere entspricht dem Spektrum eines keine Licht Atmosphäre besitzenden Planeten. Photogr. von V. M. Slipher auf der Lowell-Sternwarte.« Aus: S. Arrhenius, Erde und Weltall (1926); s. Kap. 3.10.

Die Chemie der Planeten

leichtflüchtigen Elementen und Gasen wie Wasserstoff, Helium und Methan die Gasplaneten *Jupiter, Saturn, Uranus* und *Neptun*. Aus Materie, die nicht von den genannten Planeten eingefangen wurde, konnten sich viele kleinere Objekte bilden, die wir Kometen und Asteroiden nennen (s. Kap. 3.9).

Im Folgenden werden die Planeten einzeln vorgestellt. Die Abschnitte beginnen jeweils mit Ausschnitten aus den Tafeln auf dem Planetenweg am Radioobservatorium Effelsberg.

Merkur

Der Planet Merkur steht der Sonne am nächsten. Er hat einen Durchmesser von knapp 5000 km (im Maßstab 0,14 cm) und ist nur 58 Millionen Kilometer von der Sonne entfernt. Merkur benötigt 88 Tage für einen Umlauf um die Sonne. Der Merkur rotiert in 59 Tagen einmal um seine Achse. Die Oberflächentemperatur schwankt zwischen +430 und −170 °Celsius. Im Mittel liegt sie bei 180 °Celsius. Merkur hat keine Monde. Er ist seit dem Altertum bekannt, steht aber immer in Sonnennähe und ist nicht leicht zu finden.

Trotz des Einsatzes von Raumsonden ist der Merkur bisher noch wenig erforscht. Wegen der Nähe zur Sonne ergeben sich aus den hohen Temperaturen und der intensiven Strahlung zahlreiche Schwierigkeiten. Das Hubble-Weltraumteleskop kann man nicht auf diesen sonnennahen Bereich ausrichten, da dessen Spiegel durch die Teilchen des Sonnenwindes stark beschädigt würde. Bisher flogen *Mariner 10* (1974–1975) und eine weitere Raumsonde der NASA, *Messenger* (2004 gestartet), zum Mars. Mariner 10 flog dreimal am Mars vorbei, 1975 in nur einem Abstand von 327 km. Der Planet wurde u. a. im IR- und UV-Licht untersucht. Messenger soll 2011 als erste Raumsonde in einen Merkurorbit einschwenken und dabei auch Untersuchungen zur geologischen und tektonischen Geschichte durchführen. Am 14. Januar 2008 fand der erste Vorbeiflug am Merkur statt, am 6. Oktober 2008 der zweite und am 30. September 2009 der dritte.

Über die nur äußerst dünne *Atmosphäre* des Merkur sind bisher folgende Details bekannt: Aus dem Sonnenwind stammen nach groben Schätzungen wahrscheinlich Wasserstoff (22 %) und Helium (6 %); Sauerstoff (42 %), Natrium- (29 %) und Kaliumdampf (0,5 %) werden vermutlich aus dem Oberflächenmaterial freigesetzt. Der

Druck der Gashülle wird am Boden mit 10^{-15} bar (ein labortechnisch nicht erreichbares Vakuum) angegeben. Gasmoleküle können vom Mars wegen der hohen Temperaturen (bis maximal +467° C auf der während des geringsten Sonnenabstandes beschienenen Planetenseite) und der geringen Anziehungskraft nicht lange zurückgehalten werden.

Die Oberfläche wird anhand der vorhanden Aufnahmen als mondähnlich, von Kratern durchsetzt und aus porösem, dunklem, nur wenig reflektierendem Gestein bestehend beschrieben. Die Sonde Mariner 10 hat zahlreiche Merkurkrater kartiert mit Durchmessern zwischen 1550 km (Caloris-Becken) und 282 km (Krater Van Eyck). Insgesamt ist die Oberfläche des Merkur von vielen Kratern übersät. Die hohe Kraterdichte kann vor allem auf die äußerst dünne Atmosphäre zurückgeführt werden, wodurch ein Eindringen auch kleiner Körper möglich ist. An den Radioteleskopen Arecibo und Goldstone wurden speichenartige Strahlen an den Kratern beobachtet, die aus hinausgeschleudertem und wieder zurückgefallenem Material gebildet wurden.

Weiterhin lassen sich aufgrund der Ergebnisse aus Radaruntersuchungen in den Polarregionen kleine Mengen an Wassereis vermuten; in Gebieten mit ewiger Nacht sind Temperaturen bis zu −160 °C möglich. Ein sicherer Nachweis ist jedoch bisher noch nicht gelungen. Die hohen Radarreflexionen (erhöhte Helligkeit und starke Depolarisation der reflektierten Wellen) aus diesen Regionen könnten jedoch auch von Metallsulfiden oder durch die in der Atmosphäre nachgewiesenen Alkalimetalldämpfe verursacht werden.

Hinsichtlich seines Aufbaus zählt der Merkur zu den *Gesteinsplaneten* wie Venus, Erde und Mars. Mit einem Durchmesser von 4878 km weist er nur etwa 40 % des Erddurchmessers auf. Er ist kleiner als der Jupitermond Ganymed und der Saturnmond Titan, aber doppelt so massereich wie diese eisreichen Trabanten. Im Hinblick auf den inneren Aufbau geht man von einem sehr großen Eisen-Nickel-Kern aus, der zu etwa 65 % aus Eisen besteht und 70 % der Masse des Planeten ausmacht. Der Mantel wird auf nur 600 km geschätzt und besteht offensichtlich zu 30 % aus Silicaten (auf der Erde zum Vergleich 62 %). Die Kruste dagegen gilt als relativ dick und ist aus Feldspaten und Pyroxenen aufgebaut.

Zur Erklärung des hohen Eisengehaltes gibt es mehrere Hypothesen. Eine geht davon aus, dass der Merkur ursprünglich ein den

Chondriten (Steinmeteoriten) ähnliches Metall-Silicat-Verhältnis aufwies. Als in der Frühzeit des Sonnensystems der Merkur von einem sehr großen Asteroiden getroffen worden sei, wäre ein großer Teil der Planetenkruste und des Mantels weggerissen worden und der metallreiche Kern übrig geblieben. Eine andere Hypothese geht davon aus, dass der Merkur sehr früh im Sonnensystem entstanden sei. Beim Zusammenziehen des Protosterns könnten Temperaturen von bis zu 10 000 K geherrscht haben, wodurch ein Teil seiner Materie einfach verdampft sei. Die dabei entstandene Atmosphäre sei dann nach und nach vom Sonnenwind davongetragen worden.

Venus

Der Planet Venus ist der innere Nachbarplanet der Erde. Die Venus hat einen Durchmesser von ca. 12 000 km (...) und ist ca. 110 Millionen Kilometer von der Sonne entfernt. Sie benötigt 224 Tage für einen Umlauf um die Sonne. Der Venus-Tag ist sogar etwas länger als ein Venus-Jahr: 243 Tage. Die Temperatur der äußeren Wolkenschicht liegt bei 482 °Celsius. Venus hat keine Monde. Sie ist ebenfalls seit dem Altertum bekannt und leicht mit bloßem Auge am Himmel zu erkennen (Abend- bzw. Morgenstern).

Mit den 243 Tagen ist die Rotationsdauer gemeint.

Da die Venus das hellste sternartige Objekt am Himmel ist, spielt sie nicht nur in der Astronomie, sondern auch in der Mythologie eine große Rolle. Sowohl die Sumerer als auch die Babylonier verbanden den hellsten Wandelstern mit Göttinnen. Im antiken Arabien und im frühen Griechenland wurde die Venus als Göttin des Morgensterns bezeichnet – in Griechenland *Phosphorus* (Lichtbringer), lateinisch *Lucifer*, manchmal auch *Heosphoros* und als Abendstern *Hersperos*. Die späteren Hellenen ordneten die Venus dann der Göttin *Aphrodite* zu, die alten Ägypter der Göttin *Isis* und die Germanen der Göttin *Freyja*. In der Renaissance setzte sich allgemein der Name Venus (lat. Anmut, Liebreiz) der römischen Liebesgöttin durch; später wurde sie der griechischen *Aphrodite* gleichgesetzt. In der christlichen Dichtung ist die Venus der Morgenstern als Symbol für den angekündigten Gottessohn und dessen lichtvolle Erscheinung in der Nacht der Welt (Epiphanie).

Aus dem antiken China stammt die Zuordnung des Planeten Venus als alchemistisches Zeichen zunächst zu Metall allgemein, im

Mittelalter speziell zu Kupfer ♀ (das Symbol steht heute in der Biologie für »weiblich«).

Mars

Der Planet Mars ist der äußere Nachbarplanet der Erde. Er hat einen Durchmesser von 6800 km (im Maßstab 0,2 cm) und ist ca. 230 Millionen Kilometer von der Sonne entfernt. Mars benötigt knapp 2 Jahre für einen Umlauf um die Sonne. Der Mars-Tag ist geringfügig länger als ein Erd-Tag. Die Temperatur der äußeren Wolkenschicht liegt bei −63 °Celsius. Den Mars umkreisen zwei Monde, Deimos und Phobos, beides Felsbrocken mit nur wenigen Kilometern Durchmesser. Der Planet Mars ist seit dem Altertum bekannt und mit bloßem Auge am Himmel sichtbar.

Mars weist eine große Ähnlichkeit mit der Erde auf und zählt daher auch zu den terrestrischen Planeten.

In der Erforschung des Planeten Mars sind als Vorreiter Tycho *Brahe* (1546–1601), der die Planetenpositionen mit großen Genauigkeit bestimmte, und Johannes *Kepler* (1571–1630) zu nennen, der mithilfe von Brahes Aufzeichnungen die elliptischen Bahnen des Planeten berechnete und daraus die drei Kepler'schen Gesetze ableitete. Christiaan *Huygens* (1629–1695) entdeckte auf der Marsoberfläche eine dunkle, dreieckige Zone, Syrtis Major genannt. Bereits 1666 beschrieb Giovanni Domenico *Cassini* (1625–1712) die weißen Polkappen. Cassini war ein italienisch-französischer Astronom, der 1650 Professor in Bologna wurde und 1668 von König Ludwig XIV. an die Académie des sciences in Paris berufen wurde. Ein Jahr danach über-

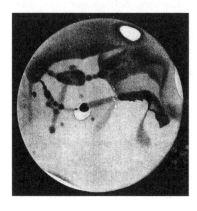

Abb. 53: »Der Mars, am 6. Oktober 1909 beobachtet. Nach E. M. Antoniadi.« Aus: S. Arrhenius, Erde und Weltall (1926), s. Kap. 3.10.

nahm er die Leitung des neuerrichteten Pariser Observatoriums. Der italienische Astronom Giovanni *Schiaparelli* (1835–1910) fand 1877 bei der Beobachtung des Planeten Mars die *Marskanäle*, die man zunächst für ein technisches System intelligenter Marsbewohner hielt. Andere Astronomen zweifelten dies an, bis sich die Marskanäle nach dem Vorbeiflug von Mariner-Sonden (ab 1962) anhand von Fotos als offensichtliche optische Täuschungen erwiesen.

Aus dem Projekt der insgesamt 10 *Mariner-Raumsonden* vom Jet Propulsion Laboratory der NASA war erst Mariner 4 erfolgreich, die am 28. November 1964 ihre achtmonatige Reise zum Roten Planeten begann. Am 14. Juli 1965 flog sie am Mars vorbei und konnte erste Nahaufnahmen liefern, auf denen sich mondähnliche Krater, einige mit Reif bedeckt, zeigten. Obwohl zahlreiche Marsexpeditionen in den folgenden Jahren scheiterten (bis 2002 glückten nur acht von 33 Missionen), konnte in den folgenden Jahrzehnten ein detailliertes Bild vom Mars gewonnen werden. Am 20. Juni 1976 landete *Viking 1* als erste Sonde weich auf dem Planeten und lieferte Farbbilder und Daten von Bodenproben. Am 4. Juli 1997, dem amerikanischen Unabhängigkeitstag, landete *Pathfinder*, dessen kleiner *Rover Sojourner* viele Aufnahmen vom Mars zur Erde senden konnte. Im Jahr 2003 waren zwei US-amerikanische Missionen erfolgreich, *Spirit* (gestartet am 10. Juni) und die baugleiche Sonde *Opportunity* (am 8. Juli). Beide gehörten zur *Mars Exploration Rovers Mission*. Sie befinden sich seit Januar 2004 auf den jeweils zueinander komplementären Marshemisphären. Sie konnten anhand von Messungen, für die Gesteinsproben zur Spurenanalyse von Wasser genommen wurden, Beweise liefern, dass der Mars früher feucht und warm war.

Heute verfügen wir über umfangreiche und detailgenaue Informationen zur Chemie des Mars. Eine der NASA-Sonden entdeckte ein größeres Salzlager in den Hochebenen der Südhalbkugel. Vermutlich sind diese Ablagerungen vor 3,5–3,9 Mrd. Jahren entstanden. Ein spezielles Spektrometer (*Compact Reconnaissance Imaging Spectrometer for Mars*) konnte Carbonate in Gesteinsschichten um das sogenannte Isidis-Einschlagbecken nachweisen, wo vor mehr als 3,6 Mrd. Jahren alkalische oder neutrale Wässer existiert haben sollten. Daraus ist zu schließen, dass der Mars früher eine dichte Atmosphäre aus Kohlenstoffdioxid gehabt haben muss, wodurch ein wärmeres Klima möglich war (Treibhauseffekt). Im Gebiet des *Meridiani Planum* fand die Marssonde *Opportunity* auch millimetergroße Kügelchen des

Eisenminerals Hämatit und weitere Minerale aus Schwefel und Eisen wie Jarosit, Gelbeisenerz $KFe[(OH)_6(SO_4)_2]$. Das Mineral *Goethit* (α-FeO(OH), Brauneisenerz) wurde von den Sonde *Spirit* in den *Columbia Hills* auf den entgegengesetzten Hemisphäre gefunden. Beide Minerale können nur bei Anwesenheit von Wasser gebildet worden sein. Die auffälligen weißen Polkappen bestehen zum größten Teil aus Trockeneis, d.h. festem Kohlenstoffdioxid. Obwohl der Mars heute als trockener Wüstenplanet erscheint, wurde durch Radarmessungen mit der Sonde *Mars Express* in der Südpolarregion in Ablagerungsschichten auch eingeschlossenes Wassereis entdeckt. Man schätzt, dass diese Schichten bis in eine Tiefe von 3,7 km reichen und darin ein Wasservorrat von bis zu 1,6 Mio. Kubikkilometer gespeichert ist. Auch die ESA-Sonde *Mars-Express* konnte 2005 Eis unter der Marsoberfläche nachweisen. Schließlich konnten auf der Europäischen Planetologen-Konferenz im September 2008 in Münster hochauflösende Bilder des *Mars Reconnaissance Orbiter* der NASA vorgestellt werden, die auch jüngste Einschlagkrater zeigten. Man erkannte in fünf neuen Kratern (mit jeweils 3–6 m Durchmesser und einer Tiefe von 30–60 cm) ein gleißend weißes Material, das wenige Monate später verschwunden war. Daraus ist zu schließen, dass auch außerhalb der Polargebiete Wasser unter der Mondoberfläche vorhanden ist. Da jedoch der Druck der Marsatmosphäre zu gering ist, kann freies Wasser an der Oberfläche nicht für längere Zeit existieren.

Die *Marsatmosphäre* ist dünn (atmosphärischer Druck nur etwa 6 hPa, entsprechend 0,75 % des Druckes auf der Erde mit durchschnittlich 1013 hPa bzw. entsprechend in 35 km über der Erdoberfläche). Sie besteht zu 95,3 % aus Kohlenstoffdioxid, 2,7 % Stickstoff, 1,6 % Argon und Spuren an Sauerstoff (1300 ppm), Kohlenstoffmonoxid (800 ppm) und Wasserdampf (210 ppm). Der hohe Anteil an Staubpartikeln mit etwa 1,5 µm Durchmesser lässt den Mars in einem rötlichen Farbton erscheinen. Im Jahr 2004 konnten auf dem Mars mithilfe des Planetary Fourier Spectrometers auch äußerst niedrige Spurengehalte an Methan – etwa 10 ppb – und Formaldehyd (Methanal, 130 ppb) nachgewiesen werden. Als Quellen kommen aktiver Vulkanismus, Kometeneinschläge oder vielleicht methanproduzierende Bakterien in Betracht. 2009 wurde sogar von Methaneruptionen berichtet.

Aus seismischen Messungen sind bisher nur wenige Details über den inneren Aufbau des Mars bekannt. Man geht allgemein von einem Schalenaufbau wie dem der Erde aus mit Kruste, Gesteinsmantel und Kern (vorwiegend aus Eisen und 14–17% Schwefel). Der Kern sollte jedoch doppelt so viele leichte Elemente wie jener der Erde enthalten, weil die Dichte des Marskerns geringer ist als die eines reinen Eisenkerns. Man nimmt weiterhin an, dass es auf dem Mars keine Übergangszone zwischen Mantel und Kern gibt und dass Letzterer vollständig flüssig ist. Der Kern ist wahrscheinlich von einem Mantel aus Silicaten umgeben. Aus Daten der erfolgreichen Mission *Mars Global Surveyor* (1997–2006) wurden nach neueren Simulationen für die Übergangszone Temperaturen von 1500° Celsius bei einem Druck von 23 Gigapascal ermittelt, welche die vorherigen Aussagen stützen.

Die Oberflächenstrukturen – Gräben, Stromtäler, dunkle Streifen – werden vor allem auf frühere vulkanische Tätigkeit sowie auf Erosionen durch fließendes (flüssiges) Wasser unter (bzw. in) Gesteinschichten gedeutet. Bilder der Marssonden zeigen nicht nur die genannten Strukturen, sondern auch wahrscheinliche Schlammrutschungen und weitere Bewegungen von Eis an oder unmittelbar unter der Marsoberfläche.

Jupiter, Saturn, Uranus und Neptun

Im Januar 1610 richtete der italienische Astronom *Galileo Galilei* (1564–1642) sein sehr einfaches, selbstgebautes Fernrohr auf den Himmel und beobachtete neben dem hellen Planeten Jupiter drei weitere kleinere Lichtpunkte. Sie erschienen ihm wie Perlen auf eine Schnur gereiht, zwei östlich des Jupiter und einer westlich. Am folgenden Tag sah er alle drei westlich, am 10. und 11. Januar konnte er jeweils nur noch zwei entdecken. Galilei schloss aus seinen Beobachtungen, dass der Jupiter von Monden umrundet wird. Den vierten Mond, den wir heute kennen, konnte er wegen der zu geringen Auflösung seines Instrumentes noch nicht sehen, denn zwei von ihnen (*Io* und *Europa*) standen so dicht zusammen, dass er sie als einen länglichen Lichtfleck sah. Die beiden anderen Jupitermonde heißen *Ganymed* und *Kallisto*.

Jupiter

Der Planet Jupiter ist der größte Planet im Sonnensystem. Er hat einen Durchmesser von 143000 km (...) und ist ca. 780 Millionen Kilometer von der Sonne entfernt. Jupiter benötigt 12 Jahre für einen Um-

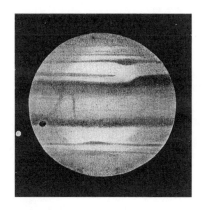

Abb. 54: Planet Jupiter nach einer Zeichnung von Bruno Bürgel; links ein Jupitermond und sein Schatten. Aus: Bruno H. Bürgel, Der Mensch und die Sterne.

lauf um die Sonne. Der Jupiter-Tag dauert nur gut 9 Stunden, Die Temperatur der äußeren Wolkenschicht liegt bei −120°Celsius. Anfang 2004 kennt man 63 Monde, mit Abstand die meisten im Sonnensystem. Der Planet Jupiter ist seit dem Altertum bekannt und mit bloßem Auge am Himmel zu sehen.

Der Planet Jupiter wurde nach dem römischen Hauptgott Jupiter benannt. Er ist eines der hellsten Objekte am nächtlichen Himmel. In Babylonien nannte man ihn wegen seines goldgelben Lichtes auch den Königsstern; so wurde er (vielleicht) zum Stern von Bethlehem.

Als erste Raumsonden flogen die Sonden *Pioneer 10* und *11* am 3. Dezember 1973 bzw. genau ein Jahr später in Entfernungen von 130 000 bzw. 43 000 km am Jupiter vorbei, wobei sie Daten über die Magnetosphäre aufnahmen und die ersten, jedoch noch relativ niedrig aufgelösten Aufnahmen vom Planeten machten. Die Raumsonden *Voyager 1* und *2* konnten im Jahr 1979 nicht nur neue Erkenntnisse über die Galilei'schen Monde liefern, sondern auch vulkanische Aktivitäten auf Io nachweisen und die ersten Nahaufnahmen der Planetenatmosphäre anfertigen. Die NASA-Sonde *Galileo* war bisher die einzige Raumsonde, die nach sechs Jahren Flugzeit am 7. Dezember 1995 den Jupiter zu umkreisen begann. Auf dem Weg dorthin konnte sie 1994 den Einschlag eines Kometen (*Shoemaker-Levy 9*) beobachten, als sie noch 238 Mio. Kilometer vom Jupiter entfernt war, und die gewaltigen Explosionen registrieren. Insgesamt umkreiste *Galileo* den Jupiter über sieben Jahre lang, registrierte mehrere Vulkanausbrüche auf Io und lieferte sogar Hinweise auf einen verborgenen

Ozean auf Europa. Im Juli 1995 wurde von der Muttersonde *Galileo* in einer Entfernung von 82 Mio. Kilometern eine Eintrittskapsel freigesetzt, die am 7. Dezember 1995 mit einer Geschwindigkeit von 170 000 km/h in die Atmosphäre des Jupiter eintauchte, mithilfe eines Hitzeschildes abgebremst wurde und nach einigen Minuten einen Fallschirm entfaltete. Fast eine Stunde lang konnte sie dann Daten liefern, wobei sie am Fallschirm hängend etwa 160 km tief in die Atmosphäre eindrang, bevor sie vom Außendruck zerstört wurde. Kurz vor der Zerstörung registrierte sie einen Druck von 22 bar und eine Temperatur von +152 °C.

Die Ergebnisse der Jupiterforschung sind u.a., dass dieser Planet nicht über eine klar begrenzte Atmosphäre verfügt, da er fast völlig aus Gasen besteht, wobei die Gashülle ohne Phasenübergang mit zunehmender Tiefe in einen flüssigen Zustand übergeht (sobald sich der Druck über den kritischen Punkt der Atmosphärengase erhöht). Infolge der extrem schnellen Rotation des Planeten entstehen starke Strömungen, die sich in einem ausgeprägten, großräumigen Wolkenmuster zeigen. Auf Nahaufnahmen von Raumsonden ist erkennbar, dass es sich dabei um Hoch- und Tiefdruckgebiete handelt. In hellen Zonen steigt warmes Gas aus tieferen Schichten auf, kühlt sich ab, wobei Ammoniak kondensiert und Wolken bildet. Diese strömen zu den dunklen Bändern, wo das dichtere Gasgemisch nach unten sinkt. Der Temperaturanstieg führt dabei auch zu Farbreaktionen des ebenfalls vorhandenen Schwefels und auch kohlenstoffhaltiger Moleküle.

Das Gasgemisch besteht hauptsächlich aus Wasserstoff (89,8 ± 2 Vol.-%) und Helium (10,2 ± 2 Vol.-%) sowie den Spurengasen Methan (0,3 ± 0,2 Vol.-%) und Ammoniak (260 ± 40 Vol.-ppm). Es wurden aber auch geringe Spuren von Sauerstoff, Kohlenstoff, Schwefel, Neon und anderen Elementen entdeckt. An Verbindungen ließen sich Spuren von Wasser, Schwefelwasserstoff sowie anderen Oxiden und Sulfiden nachweisen, speziell auch Kristalle von festem Ammoniak in den äußersten Schichten. In tiefer gelegenen Schichten treten infolge chemischer Umsetzung Rauchwolken von Ammoniumsulfid auf. Noch weiter unten werden aufgrund der höheren Temperaturen auch Spuren organischer Verbindungen vermutet. Nach den jetzigen Erkenntnissen wird Jupiter als Gasscheibe bezeichnet, deren Zusammensetzung derjenigen ähnelt, aus der sich vor 4,5 Mrd. Jahren die Sonne entwickelte.

Zum inneren Aufbau ist zu sagen, dass der Wasserstoff wegen des hohen Druckes mit zunehmender Tiefe in den flüssigen Aggregatzustand übergeht, bei einem Druck von 300 Mio. Erdatmosphären schließlich unterhalb einem Viertel des Jupiterradius dann eine metallische Form annimmt. Ganz innen vermutet man einen Gestein-Eis-Kern, der aus schweren Elementen besteht.

Saturn
Saturn gehört ebenfalls zu den Gasriesen und ist von einem deutlichen Ring aus Eispartikeln umgeben. Er hat einen Durchmesser von 120000 km (...) und ist ca. 1,4 Milliarden Kilometer von der Sonne entfernt. Saturn benötigt 29 Jahre für einen Umlauf um die Sonne. Der Saturn-Tag dauert nur ca. 10 Stunden. Die Temperatur der äußeren Wolkenschicht liegt bei −125 °Celsius. Anfang 2004 kennt man 31 Monde. Der Planet Saturn war bereits im Altertum bekannt; er ist bereits mit bloßem Auge am Himmel zu sehen.

Nach Jupiter ist *Saturn* der zweitgrößte Planet in unserem Sonnensystem. Er bewegt sich in annähernd doppeltem Jupiterabstand um die Sonne. *Galileo* beobachtete den seit prähistorischen Zeiten bekannten Planeten 1610 durch sein Teleskop und sah auch die ihn verwirrenden Ringe, die erst der niederländische Mathematiker, Physiker und Astronom Christiaan *Huygens* (1629–1695) 1656, nach anderen Quellen 1659, als solche erkannte. Er hatte das Galilei'sche Teleskop durch das nach ihm benannte *Huygens'sche Okular* verbessert. Als Astronom werden ihm die Entdeckung des Saturnrings *Titan*, einer Reihe von Doppelsternen und kosmischen Nebeln, darunter 1656 des Orionnebels, zugeschrieben. Huygens beobachtete Oberflächengebilde auf dem Mars und bemerkte dessen Rotation und Abplattung.

Da Saturn mit bloßem Auge als Wandelstern sichtbar ist, kam ihm schon im Altertum eine mythologische Bedeutung zu. Die Sumerer nannten ihn den »Stern der Sonne«. Die Römer sahen in ihm den Gott Saturn, die Griechen bezeichneten ihn als Planet des Gottes Kronos. Hinter dem »Stern von Bethlehem« (s. auch unter »Jupiter«) vermutete Konradin *Ferrari d'Occhieppo* (1907–2007) 1965 eine sehr seltene und enge dreifache Saturn-Jupiter-Konjunktion im Sternzeichen Fische. Die beiden Gasriesen hätten sich im Jahre 7 v. Chr. dreimal, am 27. Mai, 6. Oktober und 1. Dezember, getroffen. Dieses Jahr würde auch ungefähr zum historisch angenommenen Zeitraum der Geburt Jesu passen. Babylonische Astronomen dieser Zeit hätte dieses Treffen als wichtigen Hinweis gedeutet. Ferrari d'Occhieppo war ein österreichischer Astronom, der vor allem durch seine Publikationen zum »Stern der Weisen« bzw. »Stern von Bethlehem« bekannt wurde. Er war von 1954 bis 1978 Professor für Theoretische Astronomie an der Universität Wien. Seine Bücher zu diesem Thema erschienen unter den Titeln »Der Stern der Weisen« (1969) und »Der Stern von Bethlehem aus astronomischer Sicht« (1991). In der Fachwelt wird er meist unter den Namen *Ferrari* geführt. Nach seiner Emeritierung beschäftigte er sich vor allem mit der astronomischen Chronologie und die antiken Astronomie.

Der Planet Saturn am Rande des Sonnensystems erscheint länglich, mit seltsamen Ausbuchtungen rechts und links, die Galilei zunächst für zwei eng benachbarte Monde hielt. Zwei Jahre nach der ersten Beobachtung waren sie plötzlich verschwunden, sodass Galilei in Anlehnung an die griechische Mythologie sich die (wohl nicht ernst gemeinte) Frage stellte, ob der Saturn seine beiden Söhne verspeist habe. Einige Jahre später waren die Ausbuchtungen wieder deutlich zu erkennen und der Saturn wurde von Galilei als »Planet mit Henkeln« beschrieben. Domenico *Cassini* (1625–1712), der weiter oben bereits vorgestellte französische Astronom und Mathematiker italienischer Abstammung, entdeckte 1671 bzw. 1672 an der Pariser Sternwarte die Saturnmonde Iapetus (Durchmesser 1420 km) und Rhea (Durchmesser 1530 km) und erkannte 1675 erstmals die Lücke im Saturnring, die heute nach ihm Cassini'sche Teilung genannt wird (s. auch Cassini-Huygens-Sonde weiter unten). 1683 beschrieb er das *Zodiakallicht,* eine äußerst schwache permanente

Abb. 55: Der Planet Saturn mit seinem Ring am 30. September 1909. Nach F. le Coultre in Genf. Aus: S. Arrhenius, Erde und Weltall, 1926, s. Kap. 3.10.

Lichterscheinung am Himmel, die durch Reflexion und Streuung des Sonnenlichts an Bestandteilen der Gas- und Staubwolke entsteht, welche die Sonne als dünne Scheibe in der Planetenebene umgibt. Dieser interplanetare Staub entsteht ständig neu durch Zusammenstöße von Meteoroiden und Asteroiden, wobei auch Kometen zur Bildung der Staubwolke beitragen.

Die bereits im Abschnitt über die Erforschung des Jupiter genannten Raumsonden *Voyager 1* und *2* besuchten am 13. November 1980 bzw. am 26. August 1981 auch den Ringplaneten Saturn. *Voyager 1* lieferte die ersten hochaufgelösten Bilder des Planeten, der Ringe, der Satelliten und von Oberflächendetails einiger, auch neu entdeckter Monde. Nach einer Umprogrammierung der Kamera konnte man auch die Atmosphäre des Saturnmondes *Titan* analysieren, dessen Smogschicht zuvor keine Aufnahmen ermöglichte. Sie besteht aus Stickstoff, Methan, Ethylen und Cyankohlenwasserstoffen. Durch ein sogenanntes Swing-by-Manöver wurde die Raumsonde umgelenkt und verließ die Ebene des Sonnensystems. Die Schwestersonde lieferte noch mehr hochaufgelöste Bilder von den Monden des Saturn, von denen der genannte Mond Titan mit einem Durchmesser von 5130 km der größte ist. Anfang 2010 waren 60 Monde (nach anderen Quellen 62) des Saturn bekannt. Nur der Trabant Titan weist eine dichte Atmosphäre auf, die übrigen Saturnmonde zeigen eine von zahllosen Einschlagkratern zerklüftete Oberfläche. Für die Raumsonde *Voyager 2* wurde die Schwerkraft des Saturn genutzt, um sie in Richtung des Uranus zu lenken. Eine weitere, 1997 gestartete Raumsonde mit dem Namen *Cassini-Huygens* als gemeinsames Projekt von NASA und ESA passierte am 11. Juni 2004 den Saturnmond *Phoebe* und konnte von dort ab Anfang 2005 Gewitter auf dem Saturn registrieren mit Blitzen, die nach Vermutung der Wissenschaftler 1000-mal energiereicher sind als die auf der Erde. Die Landungssonde *Huygens* konnte am 14. Januar 2005 auf dem Titan niedergehen und dabei Fotos von Methanseen machen. Der Orbiter *Cassini* entdeckte mehrere neue Monde und unterirdische Wasserreservoirs dicht unter der Oberfläche des Mondes *Enkeladus*. Dort konnte die *Cassini*-Sonde sogar zahlreiche aktive »Geysire« nachweisen: Am Südpol des Trabanten wird unter hohem Druck Wasserdampf durch enge Spalten und Risse der Eiskruste nach außen und viele hundert Kilometer hoch geschleudert.

Für den Saturn wurde ein spezifisches Gewicht von 0,7, also geringer als das von Wasser, ermittelt. Seine oberen Schichten bestehen zu etwa 93% aus Wasserstoff und knapp 7% aus Helium. Damit ist der Wasserstoffanteil höher als der des Jupiters. Als Spuren wurden Methan, Ammoniak und andere Gase nachgewiesen. Als Oberfläche der Gasplaneten wird allgemein die Schicht unter 1 bar Druck bezeichnet; sie weist beim Saturn eine Temperatur von 134 K (−139 °C) und bei 0,1 bar von 84 K (−189 °C) auf. Diese Temperaturen erklären auch, warum der Heliumanteil beim Saturn wesentlich geringer als beim Jupiter ist, welcher Wasserstoff und Helium in gleichen Verhältnis wie die Sonne aufweist: Das Helium konnte auf dem Saturn zu einem großen Teil kondensieren. Der innere Aufbau des Saturn entspricht im Prinzip demjenigen des Jupiter: Der Wasserstoff geht aufgrund des hohen Druckes vom gasförmigen in den flüssigen Zustand und in größeren Tiefen dann in seine »metallische« Form über. Diese metallische Schicht beginnt beim Saturn bei 0,47 Saturnradien, beim Jupiter bei 0,77 Jupiterradien. Darunter liegt vermutlich ein Eis-Silicat-Kern. Auf der Oberfläche des Saturn sind auch Wolken zu sehen; sie bestehen vor allem aus Ammoniakkristallen.

Uranus

Auch Uranus gehört zu den Gasriesen. Er hat einen Durchmesser von mehr als 50000 km (...) und ist ca. 2,9 Milliarden Kilometer von der Sonne entfernt. Uranus benötigt 84 Jahre für einen Umlauf um die Sonne. Der Uranus-Tag dauert nur knapp 16 Stunden. Die Temperatur der äußeren Wolkenschicht liegt bei −190 °Celsius, ist also niedriger als bei Neptun. Anfang 2004 sind 27 Monde bekannt. Uranus wurde im Jahr 1781 von Friedrich Wilhelm Herschel entdeckt.

Der latinisierte Name *Uranus* stammt aus dem Altgriechischen und bedeutet ganz allgemein Himmel. Uranus ist der siebte Planet im Sonnensystem und wird wie Jupiter und Saturn zu den äußeren, jupiterähnlichen (jovianischen) Planeten gezählt. Uranus ist nur unter günstigen Bedingungen am Himmel mit bloßem Auge sichtbar, denn seine Helligkeit entspricht nur einem soeben noch erkennbaren Stern 6. Größe. (Die der Sonne und der Erde näheren Planeten dagegen, Merkur bis Saturn, sind Sterne »1. Größe«, erscheinen also mindestens 100-mal heller als Uranus und sind daher seit dem Altertum bekannt.) Die Scheibe des Uranus sieht blassgrün bis blau aus. Lange wurde der Planet für einen Fixstern gehalten, so von dem englischen Astronom John *Flamsteed* (1646–1719) 1690 oder von Tobias Mayer (1723–1762), Direktor der Göttinger Sternwarte, im Jahr 1756.

Am 13. März 1781 entdeckte der deutsch-englische Astronom Friedrich Wilhelm *Herschel* (1738–1822) mit einem selbstgebauten 6-Zoll-Spiegelteleskop von seinem Garten in Bath aus bei einer »Himmelsdurchmusterung« den Planeten. Herschel, ein früherer Militärmusiker, der 1770 in England mit dem Bau astronomischer Spiegel begann, hielt den sich an der Grenze zwischen den Sternbildern Stier und Zwillinge bewegenden Himmelskörper zunächst für einen Kometen. Wenige Monate nach Herschels Beobachtung zeigten Anders Johan *Lexell* (1740–1784; finnisch-russischer Astronom) und Pierre-Simon *Laplace* (1749–1827; französischer Mathematiker, Physiker und Astronom) durch Berechnungen, dass es sich um einen Planeten handelt, der sich im 19-fachen Erde-Sonne-Abstand um die Sonne bewegt. Die seit Johannes *Kepler* (1571–1630) postulierte »Harmonie des Himmels« wurde mit der Einordnung in die von dem deutschen Astronomen Johann Elert *Bode* (1747–1826) veröffentlichte Titius-Bode-Reihe (Johann Daniel *Titius*, 1729–1796, Professor in Wittenberg) bestätigt. Die Titius-Bode-Reihe gibt eine numerische Beziehung der Bahnradien (der mittleren Entfernungen der Planeten von der Sonne) in Abhängigkeit von ihrer Nummer in der Planetenreihe an, und der gefundene Bahnradius des Uranus passte mit nur geringer Abweichung zu dieser Formel. Bode gab dem neu entdeckten Planeten auch den Namen Uranus. Die Ausdehnung des bekannten Sonnensystems hatte sich durch diese Entdeckung verdoppelt.

Abb. 56: Friedrich Wilhelm Herschel (nach einem Gemälde) mit Sternenhimmel und tief stehendem Mond.

Die Chemie der Planeten

Voyager 2 war die bisher einzige Raumsonde, die den Uranus besuchte. Nach ihrem Start am 20. August 1977 zu einer *Grand Tour* zu allen vier Riesenplaneten führte sie 1979 am Jupiter ein Swing-by-Manöver aus, wodurch sie 1981 mit weiterem Schwung in Richtung Uranus umgeleitet wurde. Sie passierte diesen am 24. Januar 1986 und übermittelte eine Reihe von Bildern. Ihre Signale waren zwei Stunden und 45 Minuten lang bis zur Erde unterwegs. Beim Anflug lieferte die Sonde Hinweise nicht nur auf die bereits bekannten neun Ringe und fünf Monde, sondern auch auf zwei weitere Ringe und zehn neue Monde. Ein 16. Mond wurde erst 13 Jahre später auf den Fotos entdeckt und nach weiteren vier Jahren auch vom Weltraumteleskop *Hubble* bestätigt. 2007 konnten wegen einer besonderen Stellung des Uranus die Astronomen auch von der Erde aus mit Radioteleskopen Messungen an dem Planeten durchführen.

Die oberen Schichten der Gashülle des Uranus bestehen zu $82,5 \pm 3,3$ Vol.-% aus Wasserstoff, zu $15,2 \pm 3,3$ Vol.-% aus Helium und enthalten etwa 2,3 Vol.-% Methan. Die blaue Färbung des Uranus entsteht infolge der Absorption roten Lichts durch Methan in den oberen Atmosphärenschichten. Das Massenverhältnis Helium:Wasserstoff, ermittelt von Voyager 2 anhand der Refraktion von Radiosignalen, entspricht mit 0,26 etwa dem der Sonne mit 0,27. Deuterium wurde mit 148 ppm Volumenanteil ermittelt. In Form von Aerosolen werden Ammoniak, Wasser, Methan (alle in Form von Eis) sowie Ammoniumhydrogensulfid angenommen. Wie die anderen Gasplaneten besitzt Uranus Ringe – sie sind sehr dunkel und bestehen aus ziemlich großen Partikeln mit bis zu 10 m Durchmesser, aber auch aus feinem Staub – sowie Wolkenbänder, die sich sehr schnell bewegen.

Im untersten und dichtesten Teil der Atmosphäre, der Troposphäre, liegt die Temperatur zwischen 320 und 53 K (−220 °C in 50 km Höhe). Die Troposphäre enthält fast die gesamte Masse der Atmosphäre und ist für die planetarische Wärmeausstrahlung (ferne Infrarotstrahlung) verantwortlich. Das gefrorene Methan in Form von Partikeln in den Wolken stieg als »heißes Gas« aus großer Tiefe des Planeten auf und kondensierte dann in höheren Schichten. Wahrscheinlich bestehen die unteren Wolken aus Wasserdampf, die oberen Wolken jedoch aus Methan. In 4000 km Höhe – an der Grenze zur sogenannten Thermosphäre – erreichen die Temperaturen 800–850 K. Hier findet die Absorption von solarer UV- und IR-Strahlung durch Methan statt; dadurch erhitzt sich die Schicht, und es kommt außerdem zur Methanphotolyse, die zur Bildung auch anderer Kohlenwasserstoffe führt. Neblige Schichten im kälteren unteren Bereich der Stratosphäre entstehen beispielsweise durch Ethan und Ethin (Acetylen). In der Ionosphäre des Uranus konnten durch Messungen von Voyager 2 sowie mithilfe erdgebundener Radioteleskope Infrarot-Emissionen des H_3^+-Ions festgestellt werden. Eine UV-Emission tritt in der oberen Ionosphäre als »Tagesglühen« oder »Elektroglühen« auf, und zwar nur auf der sonnenbeleuchteten Seite des Planeten. Sie wird als UV-Fluoreszenz von atomarem und molekularem Wasserstoff gedeutet, wobei die Anregung von Photoelektronen durch Sonnenstrahlen vermutet wird.

Unter der Gashülle aus Wasserstoff und Methan befinden sich auch hier verflüssigte Gase. Ein Gesteinskern des Uranus ist möglich. Eine »Kruste« aus Wasserstoff und Helium bildet sich infolge der Gaskompression, sie macht etwa 30% des Planetenradius aus. Der dickere Mantel besteht dann aus Methan, Ammoniak und Wasser mit einer Konsistenz wie Eis. Sie nimmt als dichte Flüssigkeit, die elektrisch sehr leitfähig ist, den größten Teil des Uranus-Masse ein und wird auch als »Wasser-Ammoniak-Ozean« bezeichnet. Diese Schicht umschließt einen kleinen, möglicherweise flüssigen Kern aus Silicium und Eisen. Im Aufbau ähneln sich Neptun (s.u.) und Uranus, deutlich unterschieden von den Riesenplaneten Jupiter und Saturn, welche prozentual mehr Wasserstoff und weniger Helium aufweisen. Bei ähnlichen Kernen fehlt Uranus und auch Neptun die komprimierte Hülle aus Wasserstoff. Im Zentrum des Uranus vermutet man einen Druck von etwa acht Mio. bar und eine Temperatur von etwa 5000 °C.

Neptun

Der zweitäußerste Planet, Neptun, gehört zu den Gasriesen. Seine mittlere Entfernung zur Sonne beträgt knapp 4,5 Milliarden Kilometer. Er hat einen Durchmesser von ca. 50 000 km (...) und Neptun benötigt 164 Jahre für einen Umlauf um die Sonne. Der Neptun-Tag ist kürzer als der Erden-Tag, er braucht nur 18 Stunden für eine volle Rotation um die eigene Achse. Die Temperatur der äußeren Wolkenschicht liebt bei etwa −170 °Celsius. Anfang 2004 sind 13 Monde bekannt. Neptun wurde im Jahr 1846 von Johann Gottfried Galle entdeckt.

Als Planet wurde *Neptun* erst 1846 eindeutig beschrieben, auch wenn ihn Galileo *Galilei* schon am 28. Dezember 1612 und nochmals am 27. Januar 1613 gesehen hat, wie aus seinen Aufzeichnungen vom Januar 1613 zu entnehmen ist. Er hielt ihn jedoch für einen Jupitermond oder einen Fixstern. Mit seinem kleinen Teleskop konnte Galilei Ende 1612 die viel zu geringfügige Verschiebung des Planeten nicht feststellen. Wie wir heute wissen, hätte ihm wenige Tage zuvor die Bewegung des Planeten viel deutlicher werden können.

1845 berechnete der französische Mathematiker und Astronom Urbain *Le Verrier* (1811–1877) die Bahn des Neptun, dessen Existenz aufgrund von Störungen der Uranusbahn schon 1821 von Alexis *Bouvard* (1767–1843), Direktor der Pariser Sternwarte, vermutet worden war. Le Verrier legte am 31. August 1846 die Ergebnisse seiner Arbeit der Pariser Akademie der Wissenschaften vor. 1853 wurde er Direktor der Pariser Sternwarte. Zunächst erregte seine Mitteilung kein größeres Interesse. Daraufhin bat er den deutschen Astronomen Johann Gottfried *Galle* (1812–1910, seit 1835 in der Berliner Sternwarte tätig, ab 1851 Leiter der Breslauer Sternwarte und ab 1856 Professor für Astronomie) um Unterstützung. Galle benutzte einen Fraunhofer-Refraktor mit 9 Zoll (22,5 cm) Öffnung. In der Nacht vom 23. auf den 24. September 1846 entdeckte Galle unter Mitwirkung des Sternwartengehilfen Heinrich Louis *d'Arrest* (1822–1875, ab 1857 Professor für Astronomie in Kopenhagen) einen Stern 8. Größe, der nicht in der »Berliner Akademischen Sternkarte« verzeichnet war, nur 1° von der errechneten Position des Neptun entfernt. Die Eigenbewegung konnte in der folgenden Nacht nachgewiesen werden, womit Neptun als Planet bestätigt war. Als »Planet außerhalb von Uranus« oder »Le Verriers Planet« wurde er zunächst bekannt, dann auf Vorschlag von Le Verrier als Neptun bezeichnet. Neptun war der erste Planet, die nicht durch eine systematische Suche, sondern durch eine mathematische Vorhersage entdeckt wurde. – Die Geschichte der Entdeckung des Neptun ist eine »Geschichte für sich«, wesentlich komplizierter als hier geschildert, an der noch mehr Wissenschaftler beteiligt waren, als hier vorgestellt werden konnten. Daher befassen sich mit diesem Thema auch mehrere Bücher (s. Literaturverzeichnis).

Die Raumsonde Voyager 2 passierte Neptun am 25. August 1989 in einer Entfernung von knapp 5000 km, aus der Atmosphäre, Ringe und Monde untersucht wurden. Zu den Ergebnissen zählen die Entdeckungen von sechs Monden, von denen drei (Proteus, Nereid und

Triton) im Detail fotografiert wurden, und von vier Ringen sowie von Polarlichtern. Die »Planetary Radio Astronomy Instruments« waren in der Lage, den Neptuntag exakt auf 16 Stunden und 7 Minuten zu bestimmen. Mithilfe einer Schwerkraftumlenkung (Swing-by) gelangte die Sonde in die Nähe des Mondes Triton, auf dem aktive Geysire und Polarkappen sowie eine schwache Atmosphäre mit dünnen Wolken entdeckt wurden. Weitere Beobachtungen auf dem Mutterplaneten ergaben eine sich hoch über der Wolkendecke schnell bewegende Wolke, die man »Scooter« nannte.

Die chemische Zusammensetzung des Neptun ähnelt wahrscheinlich der des Uranus. Die oberen Schichten der Atmosphäre bestehen aus Wasserstoff (80 ± 3,2 Vol.-%), Helium (19 ± 3,2 Vol.-%), Methan (1,5 ± 0,5 Vol.-%) sowie Spuren von Deuterium (192 ppm) und Ethan (1,5 ppm). Die blaue Farbe ist ebenso wie bei Uranus auf die Absorption des roten Lichtes durch Methan zurückzuführen. (Ausgeprägte Absorptionsbänder des Methans liegen sind im infraroten Bereich bei Wellenlängen über 600 nm.) Uranus und Neptun haben offensichtlich einen größeren festen Kern als Jupiter und Saturn. Der Mantel (oder Ozean) besteht aus einer Mischung von Fels, Wasser, Ammoniak und Methan – von den Planetologen als »Eis« bezeichnet, obwohl es sich eher um sehr dichte Flüssigkeiten handelt. Charakteristisch ist für den Planeten Neptun auch die Beobachtung von deutlichen Wetterphänomen durch die Raumsonde Voyager 2. In der kalten Atmosphäre von −218 °C (55 K) bestehen die Cirruswolken aus gefrorenem Methan, weniger aus Wasserkristallen.

Der Zwergplanet Pluto

Sie stehen auf dem Planetenweg beim äußersten Planeten Pluto. Seine mittlere Entfernung zur Sonne beträgt 6 Milliarden Kilometer. (…) Für einen Umlauf um die Sonne benötigt Pluto 248 Jahre. Ein Pluto-Tag, d.h. eine volle Rotation um die eigene Achse, dauert ca. 6,5 Erdentage. Die Temperatur an der Oberfläche beträgt 40 Kelvin oder −233 °Celsius. Pluto wird von dem Mond Charon begleitet. Pluto wurde erst im Jahr 1930 von Clyde Tombough entdeckt.

Erst 1930 wurde der sonnenferne Zwergplanet Pluto entdeckt. Lange Zeit wurde er zu den Planeten des Sonnensystems gezählt, bis die International Astronomical Union ihm 2006 diesen Status aberkannte. (Die Informationstafel am Planetenweg Effelsberg muss in dieser Hinsicht noch aktualisiert werden.) Gründe für diese Entscheidung waren die starke Bahnexzentrizität und vor allem die Tatsache, dass Pluto seine Nachbarschaft nicht von anderem kosmischem Material freigeräumt hat, sondern sich zwischen zahlreichen kleinen Objekten des Kuiper-Gürtels bewegt. Pluto zählt jetzt zu den transneptunischen *Zwergplaneten* (neben Eris, Makemake und Haumea). Er umläuft die Sonne in einer langgestreckten Ellipse im Abstand zwischen 4,42 und 7,37 Mrd. Kilometern.

Die Entdeckungsgeschichte von Pluto ähnelt derjenigen des 84 Jahre zuvor entdeckten Neptun. Auch er wurde aufgrund von Bahnstörungen der Nachbarn Neptun und Uranus rechnerisch vorhergesagt und dann systematisch auf den entsprechenden Bahnpositionen gesucht. Bereits 1905 hatte der Marsforscher Percival *Lowell* (1855–1916) Pluto zu finden versucht. Lowell stammte aus einer der reichsten Patrizierfamilien Bostons und gründete zur Förderung der Planetologie als Hobbyastronom 1894 das nach ihm benannte Observatorium in Flagstaff. Aus dem Hobbywissenschaftler wurde ein engagierter Förderer der Wissenschaft. Die Suche nach Pluto sollte hier schließlich auch zum Erfolg führen, und zwar 25 Jahre nach Lowells Berechnungen durch den jungen Astronomen Clyde *Tombaugh* (1906–1997). Tombaugh stammte aus einer Farmerfamilie. Er war Autodidakt und kam mit dem Lowell-Observatorium durch die Einsendung eigener Beobachtungen zum Mars und Jupiter in Kontakt. Der damalige Direktor bot ihm daraufhin 1929 eine Position als Forschungsassistent an. Am 18. Februar 1930 machte Tombaugh dort die Entdeckung seines Lebens. Die systematische Suchaktion nach dem vorausberechneten Planeten war noch 1916 von Percival Lowell finanziert worden. Tombaugh identifizierte ein am Sternenhimmel unbekanntes bewegtes Objekt als das gesuchte transneptunische Objekt.

Tombaugh studierte ab 1932 an der University of Kansas und wurde 1943 Dozent für Physik am Arizona State Teachers College (heute Northern Arizona University). Ab 1955 baute er an der New Mexico State University in Las Cruces das Astronomy Department auf, wo er bis 1973 lehrte. An Bord der am 19. Januar 2006 gestarteten Raumsonde New Horizons zur Erforschung des Pluto befindet sich auch die Asche von Clyde Tombaugh.

Aus jüngeren Messungen mit sogenannter adaptiver Optik, mit dem Hubble-Teleskop und bei Bedeckungen des Planeten durch

Sterne ergibt sich für Pluto ein Durchmesser von 2280–2320 km. Nahaufnahmen des Pluto gibt es nicht, da ihn bisher noch keine Raumsonde erreicht hat. Dass die Weltraumbehörde NASA dennoch scharfe Bilder liefern konnte – man sieht darauf eine gesprenkelte, schlammfarbene Kugel mit weißen, orangefarbenen und schwarzen Flecken von jeweils mehreren hundert Kilometern Breite – ist auf eine spezielle Computertechnik zurückzuführen, mit der aus mehreren Hubble-Aufnahmen aus den Jahren 1994, 2002 und 2003 eine Berechnung erfolgte. Dafür wurden vier Jahre (bis Anfang 2010) benötigt, in denen 20 Computer kontinuierlich im Southwest Research Institute in Boulder (Colorado) eingesetzt wurden. Der Anflug der Raumsonde *New Horizon* in die Nähe von Pluto (bis auf 10 000 km) wird für das Jahr 2015 erwartet. Die am Computer erstellten Bilder könnten dann die Suche nach den interessantesten Regionen unterstützen.

Für Pluto wurde eine mittlere Dichte von 2 g/cm^3 geschätzt, woraus sich eine Zusammensetzung aus etwa 30% Wassereis und 70% Gestein ergeben würde. Da man annimmt, dass sein Aufbau dem des noch kälteren Triton (Mond des Neptun) ähnelt, geht man von einer sehr dünnen Atmosphäre aus Stickstoff mit ca. 0,5% Methan und eventuell Kohlenstoffmonoxid aus. Der Druck wird von der US-Weltraumbehörde NASA mit drei Mikrobar, von der Europäischen Südsternwarte ESO mit etwa 15 Mikrobar angegeben. Anfang 2009 teilte die ESO mit, dass auf Pluto eine durch das Methan verursachte Inversionswetterlage herrsche, wo die Temperatur je Höhenkilometer um 3 bis 15 °C zunehme, wobei in der unteren Atmosphäre −180 °C und am Boden ca. −220 °C auch infolge der Verdunstungskälte von Methan herrschen würden.

Die Europäische Südsternwarte ESO (Europäische Organisation für astronomische Forschung in der südlichen Hemisphäre) ist ein europäisches Forschungsinstitut, das Teleskope in Südamerika betreibt. Die Zentrale für Verwaltung und Entwicklung befindet sich in Garching bei München. 2004 konnte mithilfe des Very Large Telescope das erste Bild eines extrasolaren Planeten aufgenommen werden. Der Spektrograph HARPS spürte danach weitere extrasolare Planeten auf.

3.9 Kometen und Asteroiden

Als *Kometen* werden kleine Himmelskörper des Planetensystems bezeichnet, die in Sonnennähe große Mengen an Gasen und von diesen mitgerissenen festen Teilchen freisetzen. Dadurch erscheinen sie im Allgemeinen neblig-verwaschen, weisen manchmal einen leuchtenden Schweif auf und sind in den meisten Fällen nur durch ein Fernrohr zu sehen. Einige wenige Kometen sind aber auch mit bloßem Auge sichtbar, von denen die hellsten eine eindrucksvolle Naturerscheinung darstellen.

Aristoteles (384–322 v. Chr.) und *Ptolemäus* (um 100 bis um 160 n. Chr.) hielten Kometen für Ausdünstungen der Erdatmosphäre. Der deutsche Mathematiker und Astronom *Regiomontanus* (eigentlich Johannes Müller, 1436–1476) erkannte, dass es sich bei einem 1472 erschienenen, später als *Halley'scher Komet* bezeichneten Objekt um einen Himmelskörper handelte. Regiomontanus lehrte ab 1471 an der Universität in Nürnberg und richtete dort die erste deutsche Sternwarte ein. 1475 wurde er zur Durchführung der Kalenderreform von Papst Sixtus IV. nach Rom berufen. Der dänische Astronom Tycho *Brahe* (1546–1601) stellte 1577 fest, dass der damals beobachtete Komet mindestens 230 Erdradien entfernt war und somit Kometen keine Erscheinungen der irdischen Atmosphäre sein konnten.

Noch *Galilei* (1564–1642) widersprach dieser Ansicht. Erst der englische Mathematiker und Astronom Edmond *Halley* (1656–1742), seit 1720 Direktor des Greenwich-Observatoriums, berechnete die Bahnen von 24 Kometen. Drei davon (beobachtet 1531, 1607 und 1682) waren so ähnlich, dass er dahinter einen einzigen Kometen vermutete, der sich mit einer Periode von 76 Jahren in einer Ellipsenbahn um die Sonne bewegt. Seine Wiederkehr sagte Halley für 1759 voraus. Nach ihm wurde dieser Komet *Halley'scher Komet* benannt. Der deutsche Astronom und Instrumentenbauer Johannes *Hevelius* (eigentlich Hewel oder Hevelke, 1611–1687) hatte bereits zuvor aus eigenen Beobachtungen eine parabolische Kometenbahn abgeleitet. Der Amateurastronom Georg Samuel *Dörffel* (1643–1688) konnte eine solche Bahn für den 1680/1681 beobachteten Kometen mit der Sonne als Brennpunkt auch berechnen. Dörffel war Theologe, zuletzt Superintendent in Weida. Der Titel seines Hauptwerkes lautet: »Astronomische Beobachtung des großen Cometen, welcher A. [Anno]

1680 und 1681 erschienen« (Plauen 1681). Isaac *Newton* (1643–1727) bezog daraufhin Kometen in seine Gravitationstheorie ein.

Noch im Mittelalter wurden Kometen meist als unheilverkündende Schicksalsboten angesehen. Selbst als sich die naturwissenschaftliche Erforschung der Kometen, ihrer Bahnen und Periodizität im 17. Jahrhundert entwickelte, nahmen die damit verbundenen Weltuntergangsängste eher noch zu.

Die materielle Beschaffenheit von Kometen konnte erst mit der Entwicklung der *Spektralanalyse* ermittelt werden. Weitere Fortschritte wurden im 20. Jahrhundert vor allem mithilfe der *Molekülspektroskopie* erzielt.

In der Astrochemie unterscheidet man bei einem Kometen den *Kern*, die *Koma* und den *Schweif*. Umfangreiche Daten liegen vor, seit am 22./23. Juli 1995 unabhängig voneinander Alan *Hale* (geb. 1958 in Tachikawa/Japan), US-amerikanischer Astronom, und Thomas *Bopp* (geb. 1949 in Denver/Colorado), US-amerikanischer Amateurastronom, den nach ihnen benannten Kometen *Hale-Bopp* entdeckten. Hale gründete 1993 nach einem Studium der Astronomie an der New Mexico State University in Las Cruces das Southwest Institute for Space Reserach, dessen Direktor er ist. Forschungsschwerpunkte sind Kometen und erdnahe Asteroiden. Bopp studierte Wirtschaftswissenschaften und arbeitet als Manager. Der Aberglaube, dass das Erscheinen eines Kometen ein böses Omen bedeute, schien sich in

Abb. 57: Darstellung zum »Weltuntergang« durch den Einschlag eines riesigen Kometen. Nach einem französischen Bild aus der Zeit der Revolution von 1790.

seiner Familie zu bestätigen: Als der Komet seine größte Helligkeit erreichte, verunglückten Bopps Bruder und Schwägerin bei dessen Beobachtung. Alan Hale hatte den Kometen in New Mexico, Thomas Bopp in Arizona entdeckt – zu einem Zeitpunkt, als er sich noch weit von der Sonne entfernt befand. Am 1. April 1997 durchlief der Komet sein Perihel (sonnennächster Punkt). Er wurde daher *Der Große Planet von 1997* genannt. 18 Monate lang konnte er mit bloßem Auge gesehen werden, er zählt zu den hellsten Kometen der letzten Jahrzehnte.

Die chemischen Kenntnisse über Kometen, die sich vor allem aus den Beobachtungen des Hale-Bopp-Kometen ergeben haben, lassen sich wie folgt zusammenfassen. Solange sich Kometen in großer Entfernung von der Sonne befinden, bestehen sie nur aus einem *Kern*. Dieser setzt sich vor allem aus zu »Glas« erstarrtem Wasser, Trockeneis, Kohlenstoffmonoxid-Eis, Methan, Ammoniak und auch kleinen Anteilen meteoritenähnlicher Staub- und Mineralienteilchen (Silicate, Nickeleisen u. a.) zusammen. Kometen werden deshalb auch häufig als *schmutzige Schneebälle* (*dirty snowballs*) bezeichnet. Aus den Ergebnissen der Deep-Impact-Mission ist bekannt, dass feste Bestandteile gegenüber flüchtigen Verbindungen überwiegen, weshalb die Bezeichnung *snowy dirtball* treffender erscheint. Das Konzept der »schmutzigen Schneebälle« (1950 im »Astrophysical Journal« publiziert) stammt von dem US-amerikanischen Astronomen Fred Lawrence *Whipple* (1906–2004). Whipple promovierte in Berkeley, wo er an der Berechnung der Umlaufbahn des 1930 entdeckten Pluto beteiligt war. 1933 fand er einen periodischen Kometen und den Asteroiden Celestia. 1955 wurde er Leiter des Smithsonian Astrophysical Observatory, er entwickelte verfeinerte optische Systeme. Mit 92 Jahren kam der »Dr. Comet« genannte Astronom zum NASA-Kometenprogramm Contour. 2002 erlebte er noch den Start des unbemannten Satelliten zur Erforschung des kurzperiodischen Kometen *Schwassmann-Wachmann 3*, der berühmt wurde, weil man zwischen 2001 und 2006 das Zerbrechen seines Kerns in zahlreiche Fragmente verfolgen konnte. Schwassmann-Wachmann 3 wurde am 2. Mai 1930 von den beiden Astronomen Karl Arnold *Schwassmann* (1870–1964) und Arthur Arno *Wachmann* (1902–1990) auf der Hamburger Sternwarte entdeckt.

Deep Impact ist eine NASA-Mission des Discovery-Programms zum Kometen Tempel 1 seit 2005. Tempel 1 umkreist in fünfeinhalb

Jahren die Sonne und nähert sich der Erde bis auf etwa 133 Mio. Kilometer. Mithilfe eines 372 kg schweren Projektils (Impaktor), das auf dem Kometen einschlug und dort einen Krater hinterließ, soll vor allem das Innere des Kometen erforscht werden. Das herausgeschleuderte Material wurde von den Instrumenten der Sonde und mithilfe von Teleskopen auf der Erde und im Weltraum untersucht. Bereits am 2. Juli 1985 startete die unbemannte europäische Raumsonde *Giotto* mit einer Ariane-1-Rakete vom europäischen Weltraumbahnhof Kourou zur Erforschung des Kometen *Halley*. Sie passierte ihn im Abstand von 596 km am 14. März 1986. Wenige Sekunden vor dieser Annäherung wurde sie von Materie getroffen, die Instrumente wurden zwar zerstört, die Sonde konnte jedoch für den Rückflug zur Erde programmiert werden und passierte am 10. Juli 1992 einen zweiten Kometen, bis sie am 23. Juli 1992 endgültig deaktiviert wurde. Trotz der aufgetretenen Schwierigkeiten konnten Giotto den Kometen fotografieren; man erkennt einen erdnussförmigen, dunklen Körper. Auf der sonnenzugewandten Seite wurden Gasausbrüche beobachtet. Aus den Messungen wurde abgeleitet, dass der Komet vor 4,5 Mrd. Jahren aus Eis entstanden ist, das an interstellaren Staubpartikeln kondensierte. Das vom Kometen ausgestoßene Material besteht den Analysen zufolge aus 80 % Wasser, 10 % Kohlenstoffmonoxid und 2,5 % Methan sowie Ammoniak. Außerdem konnten Spuren von anderen Kohlenwasserstoffen, Eisen und Natrium festgestellt werden. Die vom Kometen ausgestoßenen Staubteilchen haben offenbar eine Größe im Bereich von Zigarettenrauchpartikeln. Anhand der Analysenergebnisse wurde der Staub in zwei Gruppen eingeteilt – die CHON-Gruppe, bestehend aus den leichten Elementen Kohlenstoff (C), Wasserstoff (H), Sauerstoff (O) und Stickstoff (N), und die Gruppe mit Natrium, Magnesium, Silicium, Eisen und Calcium. Das Verhältnis der leichten Elemente zum Silicium entspricht dem der Sonne, sodass die Astrophysiker davon ausgehen, dass der Halley'sche Komet aus dem ältesten, nicht umgewandelten Material des Sonnensystems besteht.

Die schalenförmige *Koma* eines Kometen bildet sich, wenn dieser bei der Annäherung an die Sonne in einem Abstand von etwa 5 AE (1 AE: mittlerer Abstand Erde-Sonne, 150 Mio. km) die Jupiterbahn kreuzt, durch Einwirkung des Sonnenwinds. Sie kann in der Nähe des Kerns strahlenartige Strukturen aufweisen und entsteht, wenn leicht flüchtige Bestandteile auf der sonnenzugewandten Seite des

Kerns sublimieren und dabei in das Eis eingeschlossene Staubteilchen mitreißen. Die Messinstrumente der Sonde Giotto konnten ermitteln, dass die flüchtigen Substanzen nur an brüchigen Stellen der schwarzen Kruste, möglicherweise einer dünnen Rußschicht, entweichen. Als sogenannte Muttermoleküle bilden sie die innere Koma. Aufheizung, Ionisation und Dissoziation vergrößern die Ausdehnung der Koma, sodass sich eine sichtbare Koma aus Ionen und Radikalen bildet. Außerhalb der Koma liegt ein im UV-Bereich leuchtendes Wasserstoffhalo. Beim Kometen Hale-Bopp wurde für diese auch UV-Koma genannte Erscheinung ein Durchmesser von 150 Mio. Kilometer ermittelt. Die UV-Koma kann wegen der für UV-Strahlung undurchlässigen Ozonschicht der Erdatmosphäre nur mit Satelliten untersucht werden. Im Koma des Kometen Hale-Bopp wurden zahlreiche Moleküle nachgewiesen. In einer auf Wasser (100) normierten Reihenfolge der Häufigkeit folgen Kohlenstoffmonoxid (20) und Kohlenstoffdioxid (6–20) sowie Ethanol (2) und Formaldehyd (Methanal, 1). An anorganischen Molekülen oder Molekülionen

Abb. 58: Fotografie eines Kometen, aufgenommen auf der Sternwarte Sonneberg/Thüringen im Februar 1943. Aus: Bruno Bürgel, Der Mensch und die Sterne.

wurden Ammoniak (0,7–1,8), Cyanwasserstoff (0,25), Schwefelwasserstoff (1,5), Schwefelmonoxid (0,2–0,8) und Schwefeldioxid (0,1) sowie Kohlenstoffoxidsulfid (»Schwefelkohlenstoff« O=C=S, 0,5) nachgewiesen. Wichtige organische Moleküle waren die Kohlenwasserstoffe Methan (0,69), Ethan (0,3) und Ethin (Acetylen, 0,1), außerdem Alkohole, Aldehyde, Ketone und Ester mit den Kohlenstoffzahlen 1 und 2. Viele von ihnen wurden bisher noch nie in Kometen beobachtet. Deuterium wurde in vielen der genannten Moleküle gefunden, wobei der Anteil von Verbindung zu Verbindung variierte. Insgesamt ist der Anteil an Deuterium im Wasser doppelt so hoch wie in den Ozeanen der Erde. Daraus wird geschlossen, dass sich das Eis des Kometen eher in interstellaren Wolken als in der protoplanetaren Scheibe gebildet haben wird.

Durch Strahlungsdruck und Sonnenwind werden Bestandteile der Koma weggeblasen, wodurch sich ein *Schweif* bildet. Schmale, lang gestreckte Schweife, auch *Plasmaschweife* genannt, bestehen vorwiegend aus Molekülionen. Ein diffuser, gekrümmter *Staubschweif* besteht aus Staubteilchen. Der Komet Hale-Bopp wurde bisher am intensivsten erforscht. Dabei konnte mithilfe großer Teleskope und spezieller Filter auch ein dünner, 50 Mio. Kilometer langer Natriumschweif nachgewiesen werden. Das Natrium stammt aus der inneren Koma, aber nicht unbedingt aus dem Kern selbst. Das energiereiche UV-Licht könnte die Freisetzung von Natrium aus Staubkörnern der Koma bewirkt haben. Der hohe Anteil leicht flüchtiger Substanzen wie Wasser und Kohlenstoffmonoxid könnte dadurch erklärt werden, dass Kometenkerne im äußeren Bereich des Sonnensystems entstanden sind. In Computersimulationen wurde anhand theoretischer Modelle für die Entstehung des Kometen Hale-Bopp eine Umgebungstemperatur von 24–25 K berechnet.

Als *Asteroiden* werden Kleinplaneten bezeichnet. Im Fernrohr erscheinen sie überwiegend als Lichtpunkt. Die Entdeckung solcherart Himmelsobjekte geht auf mathematische Formeln zurück, die der deutsche Naturwissenschaftler Johann Daniel *Titius* (eigentlich Tietz, 1729–1796, Professor in Wittenberg) 1760 als Beziehung zwischen den mittleren Entfernungen der Planeten von der Sonne entwickelt hatte. Johann Elert *Bode* (1747–1826, ab 1786 Direktor der Berliner Sternwarte) verbesserte die Berechnungen und machte sie allgemein bekannt (»Titius-Bode-Reihe«; s. oben im Abschnitt zum Uranus). Die Reihe wies eine Lücke zwischen Mars und Jupiter auf, woraufhin im 18. Jahrhundert eine regelrechte Jagd nach einem bisher unentdeckten Planeten einsetzte. Als erstes internationales Forschungsvorhaben wurde 1800 von dem an der Gothaer Sternwarte auf dem Seeberg von 1787 bis 1806 als Direktor tätigen Baron Franz Xaver von Zach (1754–1832) eine *Himmelspolizey* für eine koordinierte Suche gegründet. Der erste Kleinplanet wurde trotzdem durch Zufall entdeckt, in der Neujahrsnacht 1801 von dem Astronomen und Theologen Guiseppe *Piazzi* (1746–1826) im Teleskop der Sternwarte von Palermo, und zwar bei der Durchmusterung des Sternbildes Stier. Seine Beobachtung meldete Piazzi an Zach. Gauß las die Veröffentlichung, berechnete die Bahn des Himmelskörpers und sandte das Ergebnis ebenfalls an Zach. Aufgrund dieser Berechnungen konnte Heinrich Wilhelm *Olbers* (1758–1840, Arzt und Astronom mit Privatsternwarte in Bremen) das Objekt am 31. Dezember 1801 wiederfinden. Es erhielt schließlich den Namen Ceres und wird heute neben u. a. Pluto zu den Zwergplaneten gezählt. Mittlerweile sind über 477 000 Asteroiden bekannt. Sie sind keine Planeten, weil sie infolge ihrer geringen Größe eine zu geringe Gravitation aufweisen und deshalb auch keine kugelförmige Gestalt besitzen. Zusammen mit den Kometen und Meteoroiden zählen sie in der Astronomie zur Klasse der Kleinkörper. Man geht davon aus, dass sie eine Restpopulation von Planetesimalen aus der Entstehungsphase des Sonnensystems darstellen. Offensichtlich verhinderte der Jupiter, dessen Masse am schnellsten zunahm, die Bildung größerer Planeten aus dem Material der Asteroiden.

Nach ihrer chemischen Zusammensetzung teilt man die Asteroiden in verschiedene Gruppen ein. Größere Asteroiden wurden durch den radioaktiven Zerfall des Aluminium-Isotops ^{26}Al und vielleicht auch des Eisenisotops ^{60}Fe im Inneren aufgeschmolzen, wobei sich schwerere Elemente wie Nickel und Eisen im Inneren absetzten und leichtere Verbindungen (Silicate) die Außenbereiche bildeten. Der mit etwa 75 % häufigste Asteroidentyp besitzt eine dunkle, kohlenstoffartige Oberfläche (kohlige Chondrite) wie Steinmeteorite (C-Asteroiden). Die zweithäufigste Gruppe bilden mit etwa 17 % die S-Asteroiden (ebenfalls zusammengesetzt wie Steinmeteorite) mit einer helleren Oberfläche.

3.10 Vom Urknall bis zur Supernova: Die Entstehung chemischer Elemente

Der schwedische Physikochemiker und Nobelpreisträger Svante August *Arrhenius* (1859–1927) beschrieb im zweiten Teil seines Buches »Erde und Weltall. Die Sternenwelt« (nach hinterlassenen Aufzeichnungen vom Direktor der Sternwarte Lund 1931 herausgegeben) die Entstehung von Sternen im Zusammenhang mit einem Foto des großen Orion-Nebels, den er als »*Urchaos*« bezeichnete.

Im Kapitel »Entstehung der Milchstraße« schreibt Arrhenius sehr anschaulich nach dem damaligen Stand der Wissenschaft über die Entstehung von Sternen u. a.:

> »Die besprochenen Bilder der Milchstraße und andere ähnliche geben uns eine Vorstellung, wie sich ihre jetzigen Sterne aus der ursprünglichen Nebelmasse abgeschieden haben. Die große äußerliche Ähnlichkeit mit den Flocken in gerinnender Milch drängt sich unwiderstehlich auf. Der berühmte französische Gelehrte Duclaux [Émile Duclaux (1840–1904), Mikrobiologe und Chemiker, Nachfolger von Pasteur] sagt in seiner Mikrobiologie: ›In Milch, die eben im Begriff steht sauer zu werden, aber noch ganz flüssig ist, beobachtet man im Mikroskop eine Abscheidung feiner Punkte. Man erkennt sie im Anfang nur schwer und entdeckt sie nur durch eine schwache Verschiebung des Gesichtsfeldes. Später entwickeln sie sich zu deutlichen Körnern, die in der Brownschen Molekularbewegung begriffen sind, genau wie kleine Tonteilchen in einer kolloidalen Lösung ... Danach können wir die Erscheinung als eine

Abb. 59: »Urchaos«. Der große Orion-Nebel. Foto: Mount Wilson Observatory. Aus: S. Arrhenius, Erde und Weltall, 2. Teil: Die Sternenwelt, 1931.

ständig fortschreitende molekulare Anhäufung verfolgen. Die Körner zeigen die Eigenschaft der Tonteilchen, sich zusammenzuballen und auszufallen.‹

Die ersten Kondensationskerne der Nebelmasse bestehen ohne Zweifel aus von außen eingewandertem kosmischen Staub, vielleicht auch aus gröberen Massen, entsprechend den Meteoriten und Kometen. Auf den Staubkörnchen verdichten sich bei der herrschenden niedrigen Temperatur die umgebenden Gase in flüssiger Form, und mittels dieser feuchten Oberflächenschicht werden die Körner verkittet, bis sie so große Aggregate bilden, daß die Schwere mehr auf sie wirkt als der Strahlungsdruck. Wenn es soweit ist, werden sie durch die Schwerkraft zusammengeballt, was durch die Reibung im Gase beschleunigt wird. Dieser Häufungsprozess geht mit Wärmeentwicklung Hand in Hand. Endlich bilden sich kleine Sterne, und aus diesen bilden sich Gruppen, zwischen denen dunkle Räume liegen, die wenig Material enthalten – ungefähr wie die Molke zwischen den Körnern im Quark. Noch sind die kleinen Himmelskörper von Gasen und Staub umgeben, die sich immer mehr vermindern, je weiter die Kondensation der kleinen Sterne fortschreitet. Die großen Heliumsterne der Plejaden [offener Sternhaufen im Sternbild Stier] sind von großen Höfen von Staubwolken umgeben. Diese Wolken sind aber so dünn, dass sie die großen Sterne auf ihrer Bahn durch den Weltenraum, nur wenig aufhalten. Der Kondensationsprozess kann durch einwandernde umfangreiche Gasnebel sehr beschleunigt werden (...). Schließlich verdichten sich alle Gase in dem neugebildeten Stern, d.h. dessen Hülle von verdünnten Gasen und Staub zieht sich zu einer so verschwindenden Dicke zusammen, daß sie von einem anderen Himmelskörper aus, mit Ausnahme vielleicht der allernächsten, nicht mehr wahrgenommen wer-

Abb. 60: Die Plejaden, mit den gasförmigen Nebeln um die Hauptsterne. Aus: S. Arrhenius, Erde und Weltall, 2. Teil: Die Sternenwelt, 1931.

den kann. Die später noch durch Reibung in dem geringen Rest der ursprünglich weit ausgedehnten Hülle eingefangenen kleinen Körper wandern als Planeten und Kometen um die neue Sonne und fegen die letzten Reste umgebender Materie zusammen. Durch Kondensation auf dem neugebildeten Stern ist ein Loch in der Nebelmasse entstanden, die auf solche Weise allmählich ganz in Sterne und ihre Begleiter, Planeten und Kometen, umgewandelt wird. Die Sterne mit ihren Trabanten wandern sodann aus dem Nebel aus und zerstreuen sich im Raume.«

Die heute von Kosmologen allgemein anerkannte Theorie über die Geburt des Universums geht vom *Urknall* (»Big Bang«) aus, der vor vermutlich 13–14 Mrd. Jahren zur gleichzeitigen Entstehung von Zeit, Raum und Materie führte. Als Vater der Theorie gilt der belgische Geistliche, Physiker und Astronom Georges *Lema*î*tre* (1894–1966), Professor und Domherr in Löwen und als Mitarbeiter von Sir Arthur Stanley *Eddington* (1882–1944) für das Mount-Wilson- und Harvard-College-Observatorium tätig. Eddington war Direktor des Observatoriums in Cambridge und wurde durch seine grundlegenden Arbeiten zur theoretischen Astrophysik bekannt, u. a. über den inneren Aufbau von Sternen und zur Bedeutung des Wasserstoffgehaltes für die Leuchtkraft der Sterne. Während der totalen Sonnenfinsternis von 1919 in Brasilien konnte er die von Albert *Einstein* (1879–1955) in seiner Relativitätstheorie vorhergesagte Ablenkung von Licht in Gravitationsfeldern nachweisen. Nach dem *Eddington-Standardmodell* der Sterne wird die Energie vom Sterninneren bis zur Oberfläche durch Strahlung transportiert, wobei das Verhältnis von Strahlungsdruck zum Gasdruck im Sterninneren als konstant angenommen wird.

Lemaître stellte 1931 seine kosmologische Theorie auf. Danach sei das Weltall aus der Explosion eines Uratoms (»kosmisches Ei«) entstanden; in der von Einstein vorhergesagten und von Hubble (1929) nachgewiesenen Rotverschiebung in Spektren von Galaxien spiegele sich die *Expansion des Weltalls* als Folge dieses Ereignisses wider.

Lemaître verwendet für den »heißen« Anfangszustand des Universums den Begriff »primordiales Atom« oder »Uratom«. Den Begriff *Big Bang* (»großer Knall«) soll Sir Fred *Hoyle* (geb. 1915, englischer Mathematiker und Astronom) geprägt haben, der die Theorie damit eigentlich verspotten wollte. (Zur historischen Entwicklung der Urknallhypothese und zu den Kontroversen ist ausführlich nachzulesen zum Beispiel in E. P. Fischer, Die kosmische Hintertreppe (2009).)

Die *Urknallsingularität*, d.h. die Vereinigung der gesamten Materie und Energie zu Beginn des Universums in einem Punkt mit unendlich hoher Dichte, ist ein mathematisches Modell. Eine quantenmechanische Erklärung des Urknalls ist das Aufschaukeln von Quantenfluktuationen (dem ununterbrochenen Entstehen und Verschwinden von Paaren virtueller Teilchen im »Vakuum«) im Moment des Entstehens des Universums.

Die aus Sicht der Chemie wichtige *Nukleosynthese* begann wohl einige Sekunden nach dem Urknall, als sich das Universum bereits um den Faktor 10^{29} (s. in Müller/Lesch) ausgedehnt haben dürfte. Edwin Hubble hatte 1929 festgestellt, dass die von der Erde aus beobachtbaren Galaxien von ihr wegstreben, und zwar umso schneller, je weiter sie von der Erde entfernt sind. Die *Hubble-Konstante* gibt das Verhältnis von Entfernung und Fluchtgeschwindigkeit an. Daraus war zu folgern, dass die auseinanderdriftenden Galaxien früher irgendwann dicht beieinander gelegen haben mussten und es somit einen Anfang des Universums gegeben hat. 1965 entdeckten zwei Astropyhsiker, Arno Allan *Penzias* (geb. 1933) und Robert Woodrow *Wilson* (geb. 1936) bei Messungen zufällig ein deutliches Hintergrundrauschen als Äußerung einer aus allen Himmelsrichtungen gleichmäßig eintreffenden kosmischen Strahlung. Diese *Mikrowellen-Hintergrundstrahlung* wird als »Echo« des Urknalls angesehen.

In der Kosmologie werden heute mehrere *Entwicklungsphasen* nach dem Urknall postuliert. Als *Planck-Ära* bezeichnet man die Phase, in der sich das Weltall in der größtmöglichen Einfachheit zeigt und vermutlich alle vier Naturkräfte in einer einzigen Kraft vereint waren. Diese Naturkräfte sind die *starke Wechselwirkung* (verantwortlich für die Bindung zwischen Quarks und zwischen Nukleonen, den Kernteilchen), die *elektromagnetische Wechselwirkung* (verantwortlich für die Phänomene Licht, Elektrizität und Magnetismus und auch für chemische Prozesse), die *schwache Wechselwirkung* (verantwortlich u.a. für bestimmte radioaktive Zerfallsprozesse) und die *Gravitation* (die Anziehung zwischen Massen). Auf die Planck-Ära folgen die *Quark-Ära* (Entstehung von Quarks, Leptonen und Photonen), die *Hadronen-Ära* (Quarks bilden stabile Protonen und Neutronen), die *Leptonen-Ära* (Entstehung stabiler Elektronen), die *Strahlungs-Ära* (Bildung von atomarem Wasserstoff, von Deuterium, Tritium und Helium) und die *Materie-Ära* (Galaxien und Sterne entwickeln sich – bis heute).

Leptonen sind eine Gruppe der elementaren Bausteine der Materie. Dazu gehören Elektronen, Myonen, Tauonen und Neutrinos. Mit *Quarks* werden subnukleare Elementarteilchen bezeichnet, aus denen sich wiederum die *Hadronen* (zum Beispiel Protonen und Neutronen, die Bestandteile der Atomkerne) aufbauen.

In der Frühphase des Universums haben sich infolge der hohen Temperaturen ständig verschiedene Teilchensorten ineinander umgewandelt. Es konnte sich ein thermisches Gleichgewicht bilden. Durch die Expansion des Universums nahm die Temperatur mit der Zeit ab. So traten dann überwiegend exotherme Reaktionen auf, viele der hochenergetischen Teilchensorten »starben« aus.

Man geht davon aus, dass etwa eine Millionstel Sekunde nach dem Urknall eine Temperatur von rund 10 Billionen Kelvin herrschte und sich zu diesem Zeitpunkt *Protonen*, d.h. Wasserstoffkerne, bilden konnten. Etwa eine Sekunde später könnte sich das Universum in einen gigantischen Fusionsreaktor verwandelt haben, womit in den nächsten drei bis vier Minuten die Phase der *primordialen Nukleosynthese* begann. Bei einer Temperatur von einer Milliarde Kelvin verschmolzen je ein Neutron und ein Proton zu einem Deuteriumkern, durch den Zusammenstoß von zwei Deuteriumkernen ^{2}H bildete sich Tritium (^{3}H, das Wasserstoffisotop mit zwei Neutronen im Kern) oder ^{3}He (Heliumisotop mit zwei Protonen und einem Neutron im Kern). Durch Verschmelzung von ^{2}H mit ^{3}He oder von ^{2}H mit ^{3}H enstanden (neben weiteren Teilchen) Alphateilchen, ^{4}He (mit zwei Protonen und zwei Neutronen). ^{4}He kann auch durch mehrere andere Prozesse, unter anderem den Einfang eines Neutrons durch einen ^{3}He-Kern, entstehen. Tritium- und Heliumkerne vereinigten sich zum Lithium-Isotop ^{7}Li. Bei diesen Prozessen kam es zum fast vollständigen Verbrauch der vorhandenen Neutronen. Der Rest an freien Neutronen war nicht stabil und zerfiel in Protonen und Elektronen. Das Ergebnis der *primordialen Nukleosynthese* war ein Materiegemisch im Universum aus (in Gewichtsprozenten) 75% Wasserstoff, 24% ^{4}He sowie Spuren ^{3}He, Deuterium und ^{7}Li. Für die Bildung kompletter Atome aus den Atomkernen wird ein Zeitraum von etwa 400 000 Jahren angesetzt, innerhalb dessen die Temperatur des Universums auf 3000 K abgenommen hatte. Bei dieser Temperatur besitzen Photonen nicht mehr genügend Energie, um Atome zu ionisieren; so konnten die Atomkerne Elektronen einfangen und in Form einer Hülle binden.

Abb. 61: Entstehung eines neuen Sterns im Perseus. Fotografie aus dem Jahr 1901. Aus: Bruno H. Bürgel, Der Mensch und die Sterne. – Perseus (nach dem Sohn des Zeus) ist ein sehr objektreiches, in der Milchstraße gelegenes Sternbild, das im Winter hoch am Abendhimmel sichtbar ist.

Danach stagnierte offenbar die Entwicklung weiterer Elemente, das Universum expandierte und wurde kälter. Die Photonen waren nahezu verbraucht. Es folgte für ungefähr 200 Mio. Jahre das »dunkle Zeitalter« des Universums.

Durch die Gravitation ballte sich das Gas allmählich zu riesigen Wolken zusammen. Vereinzelt bildeten sich massive Gasbälle aus Wasserstoff und Helium, in deren Innern Druck und Temperatur ansteigen, bis bei etwa 200 Mrd. Atmosphären und 15 Mio. Kelvin die Fusion von Wasserstoff zu Helium zündete. Dieser Vorgang findet bis heute im Inneren der Sterne statt, auch in der Sonne (s. Kap. 3.6). Etwa 200 Mio. Jahre nach dem Urknall begannen Sterne zu leuchten. Diese *Ursterne* (Population-III-Sterne genannt) bestanden ausschließlich aus Wasserstoff und Helium. In ihrem Inneren wurden die ersten schweren Elemente »erbrütet«, die am Ende des Lebenszyklus der Ursterne in gewaltigen Supernova-Explosionen in den Raum hinausgeschleudert wurden. Aus den zurückbleibenden Gaswolken bildete sich die nächste Sternengeneration. In den Gaswolken entstanden einfache Moleküle wie das Kohlenstoffdioxid. Sie kühlen das Gas, weil sie durch gegenseitige Stöße zu Schwingungen und Rotationen angeregt werden (Entstehung von Infrarot- und Radiostrahlung). Da diese Strahlung die Wolke fast ungehindert verlassen kann, sinkt die Temperatur dort auf wenige Kelvin.

Die wichtigsten Fusionsprozesse, die zur Entstehung schwerer Elemente führen, finden im Inneren der Sterne statt, wo Temperaturen von bis zu 15 Mio. Kelvin herrschen. Die Wasserstofffusion bezeichnet man auch als *Wasserstoffbrennen*; dabei verschmelzen in der Summe je vier Wasserstoffkerne (Protonen) zu einem ^{4}He-Kern. Die »Asche« des Wasserstoffbrennens ist also ^{4}He. In etwa 5 Mrd. Jahren kann der Wasserstoffvorrat unserer Sonne verbraucht sein. Dann besteht sie nur noch aus Helium und wird sich so stark aufblähen, dass sie die inneren Planeten Merkur und Venus verschluckt. Ihre Scheibe wird um den Faktor 100 größer, die Ozeane der Erde werden verdampfen.

In einem solchen aufgeblähter Riesenstern, als *Roter Riese* wegen der Abstrahlung energieärmeren, roten Lichtes genannt, setzt dann im komprimierten Zentrum eine neue Kernreaktion ein, das *Heliumbrennen* als Fusion von Helium zu Kohlenstoff und Sauerstoff. Man bezeichnet die Verschmelzung von drei ^{4}He-Kernen (Alphateilchen) auch als *Drei-Alpha-Prozess*. Dabei entsteht im ersten Schritt aus zwei ^{4}He-Kernen ein ^{8}Beryllium-Kern (endotherm + Gammastrahlung), im zweiten Schritt aus ^{8}Beryllium und einem weiten Heliumkern das Kohlenstoffisotop ^{12}C (exotherm + Gammastrahlung). Der frei werdende Nettoenergiebetrag ist 7,275 MeV. Da der zuerst entstehende Berylliumkern extrem instabil ist, müssen drei Heliumkerne direkt zusammenstoßen, damit ein Kohlenstoffkern entstehen kann. Die Wahrscheinlichkeit für ein solches Zusammentreffen ist nicht sehr hoch; es ist also ein langer Zeitraum erforderlich, damit Kohlenstoff entsteht. So ist verständlich, dass sich beim Urknall kein Kohlenstoff bildete, denn die für die Fusion notwendige Temperatur wurde zu schnell unterschritten. Man nennt dies auch *Beryllium-Barriere*.

Ein wichtiger Folgeprozess des Drei-Alpha-Prozesses ist die Fusion einiger Kohlenstoffkerne ^{12}C mit einem weiteren ^{4}He zum stabilen Sauerstoffisotop ^{16}O. Als »Asche« des Heliumbrennens entstehen somit Sauerstoff und Kohlenstoff.

Der bereits genannte Sir Fred *Hoyle* verglich bereits 1940 den Aufbau von Sternen mit einem Zwiebelschalenmuster. Er schuf eine umfassende Theorie zur Entstehung von Elementen in Sternen durch Fusionsreaktionen. Mit seinen Berechnungen konnte er zeigen, dass Sterne mit der fortschreitenden Verringerung des nuklearen Brennstoffs (vor allem Wasserstoff) in ihrem Aufbau immer uneinheitlicher werden. Daraus resultieren dann wieder höhere Temperaturen und Dichten in ihrem Inneren. Sein Modell stimmt überraschend gut mit den gemessen Elementhäufigkeiten im Universum überein. Die Folge der Fusionsreaktionen zeigt, dass zunächst aus Wasserstoff Helium, bei höheren Temperaturen dann aus Helium Lithium und mit zunehmenden Temperaturen dann immer schwerere Elemente entstanden. Hoyle trat übrigens auch als Science-Fiction-Autor hervor. Nicht alle seine Theorien wurden anerkannt, manche sind heute auch überholt.

Neben der oben beschriebenen Proton-Proton-Reaktion von Wasserstoff über Deuterium und Tritium zu ^{4}He ist eine weitere wichtige Fusionsreaktion, die ebenfalls zu diesem Ergebnis führt, der *Bethe-Weizsäcker-Zyklus*, auch Kohlenstoff-Stickstoff- oder kurz CNO-Zyklus genannt. Das Modell wurde zwischen 1937 und 1939 unabhängig voneinander von den Physikern Hans Albrecht *Bethe* (1906–2005) und Carl Friedrich von *Weizsäcker* (1912–2007) entwickelt. Bethe war seit 1935 Professor für Theoretische Physik an der Cornell University in Ithaca, von 1943 bis 1946 Direktor der Abteilung für Theoretische Physik am Atomforschungsinstitut Los Alamos (Entwicklung der Atombombe) und später an der Entwicklung der Wasserstoffbombe beteiligt. Von ihm stammen außerdem wesentliche Beiträge zur Kosmologie, vor allem zur Urknall-Theorie. Er erhielt für seine Theorie zur Energieerzeugung in der Sonne und anderen Sternen 1967 den Nobelpreis für Physik. Weizsäcker hatte Professuren für theoretische Physik in Straßburg (1942–1945), in Göttingen (ab 1946) und für Philosophie in Hamburg (1957–1969) inne. Danach leitete er das Max-Planck-Institut zur Erforschung der Lebensbedingungen in der wissenschaftlich-technischen Welt in Starnberg (1970–1980). 1935 stellte er zusammen mit Bethe eine Interpolationsformel für die Bindungsenergie von Nukleonen in Abhängigkeit von der Massen- und Protonenzahl des Atomkerns auf. 1946 beschäftigte er sich mit der Weiterentwicklung der Kant-Laplace'schen Theorie zur Planetenentwicklung, 1959 formulierte er eine Theorie der Entwicklung von Sternen und Galaxien.

Die Proton-Proton-Reaktion ist die wichtigere Reaktion bei Sternen bis zur Größe der Sonne. Der Bethe-Weizsäcker-Zyklus stellt dagegen nach dem Ergebnis theoretischer Modelle die wichtigere Energiequelle in schwereren Sternen dar, während in der Sonne nach diesem Modell wohl weniger als 2 % der Energie erzeugt werden. Der Bethe-Weizsäcker-Zyklus setzt bei Temperaturen über 14 Mio. Kelvin ein und ist ab 30 Mio. Kelvin bestimmend, bei einer Temperatur, bei der alle beteiligten Atome vollständig ionisiert, d.h. ohne Elektronenhülle sind. Eine gewisse Menge an ^{12}C wird vorausgesetzt, die durch den Drei-Alpha-Prozess entstanden ist. Die Startreaktion ist die Fusion von ^{12}C mit ^{1}H zum Stickstoff-Isotop ^{13}N. Es folgen fünf Reaktionen unter temporärer Bildung verschiedener Stickstoff-, Kohlenstoff- und Sauerstoffisotope, an deren Ende ein ^{4}He-Kern entstanden ist und der eingesetzte ^{12}C-Kern zurückgeliefert wird. Der Kohlenstoffkern dient also nur als Katalysator der Bildung von Helium aus Wasserstoff. Für einen vollständigen Durchlauf des Zyklus werden Größenordnungen von mehr als 10^8 (10 Millionen) Jahren angegeben. Da die Proton-Proton-Reaktion mit einigen Milliarden Jahren noch wesentlich langsamer abläuft, können Sterne auf diese Weise wesentlich mehr Energie freisetzen.

Erst nachdem der Sauerstoff durch Fusion entstanden war, konnte sich das für unsere Erde so wichtige *Wasser* bilden. Wahrscheinlich fand diese Synthese in staubbeladenen Wolken statt, wo die Oberfläche des Staubes als Katalysator wirken konnte. Die bei der Bildung von Wasser freiwerdende Bindungsenergie heizt die Staubteilchen auf, wodurch die Wassermoleküle sich lösen und ins All abdriften. Zu der Frage, wie das Wasser auf die Erde gelangte, gibt es zwei Theorien: durch eine Urgaswolke bei der Entstehung der Erde (s. Kap. 2) oder durch Meteorite. Die Spektralanalyse der chemischen Zusammensetzung von Kometen hat gezeigt, dass sie Wasser in Form von Eis als einen wesentlichen Bestandteil enthalten. Außerdem haben Geophysiker auf der Erde in einem salzhaltigen Fluid aus mehreren tausend Metern Tiefe auch ^{3}He nachgewiesen, das nur in Sternen entsteht.

Alle chemischen Elemente nach Wasserstoff und Helium sind somit über Kernreaktionen (Gegenstand der *Nuklearen Astrophysik*) entstanden. Die erste Gruppe bis zum Eisenisotop ^{56}Fe stammt aus Reaktionen in den Sternen, aus Fusionen leichter Elemente, wobei die Bindungsenergie der Nukleonen beim Verschmelzen zu größeren Atomen zunimmt. Die Bildung von Elementen, die schwerer als Eisen sind, erfordert Energien, wie sie beispielsweise bei der Explosion von Sternen (Novae, Supernovae) frei werden.

In der Astronomie wird im Gegensatz zur Chemie jedes Element mit einer Ordnungszahl über dem Helium als »Metall« bezeichnet. Somit gibt die *Metallizität* an, wie hoch der Gehalt eines Sterns an Elementen ist, die schwerer als Helium sind.

Als *Kohlenstoffbrennen* bezeichnet man Kernfusionsreaktionen im Anschluss an das Heliumbrennen, wofür Sterne mit einer Ausgangsmasse von mindestens vier Sonnenmassen erforderlich sind. Bei Temperaturen von über 600 Mio. Kelvin werden jeweils zwei Kohlenstoffkerne ^{12}C in Elemente wie ^{24}Magnesium, ^{23}Magnesium, ^{23}Natrium, ^{20}Neon und ^{16}Sauerstoff umgewandelt. Wenn das Heliumbrennen weitgehend zum Stillstand gekommen ist, setzt das Kohlenstoffbrennen ein. Die roten, aufgeblähten Riesensterne wandeln Helium immer schneller in Kohlenstoff und Sauerstoff um. Der zunächst inaktive Kern des Sterns stürzt infolge der Gravitationskraft in sich zusammen, wodurch der erforderliche Temperatur- und Dichteanstieg bewirkt wird. So wird schließlich die Zündungstemperatur des Kohlenstoffbrennens erreicht.

Der Kernbereich des Sterns reichert sich jetzt mit den Reaktionsprodukten Sauerstoff, Magnesium und Neon an. Nach einigen tausend Jahren ist der Kohlenstoff aufgebraucht. Der Kern kühlt ab und zieht sich zunächst zusammen, wodurch wiederum ein Temperaturanstieg erfolgt. Um den Kern kann ein Schalenbrennen von Kohlenstoff und weiter außen auch ein Brennen von Helium und Wasserstoff beginnen. Sterne mit Massen zwischen vier und acht Sonnenmassen werden dabei instabil. Sie stoßen ihre äußeren Hüllen ab, es bildet sich ein planetarischer Nebel. Der zurückbleibende Kern wird als *Weißer Zwerg* bezeichnet – er besteht aus Sauerstoff, Neon und Magnesium. Weisen die Sterne mehr als acht Sonnenmassen auf, so geht es mit dem Neonbrennen weiter bis zur Bildung von Eisen.

Als *Sauerstoffbrennen* bezeichnet man die Fusionen in Sternen mit mindestens acht Sonnenmassen. Jeweils zwei Sauerstoffkerne ^{16}O fusionieren zu verschiedenen neuen Kernen wie denjenigen von Schwefel, Phosphor und Silicium. Es werden dabei Gammaquanten, Neutronen, Protonen und Alphateilchen (Heliumkerne) freigesetzt. Während des wenige Jahre dauernden Sauerstoffbrennens reichert sich der Kern mit Silicium an, bis der Sauerstoff verbraucht ist. Der Kern kühlt sich ab, wird wieder durch die Gravitation komprimiert und es beginnt das letzte Brennstadium, das *Siliciumbrennen*. Dabei verschmelzen zwei Siliciumkerne ^{28}Silicium zu ^{56}Nickel. Durch zwei Betazerfälle wird ^{56}Nickel in ^{56}Cobalt und schließlich in ^{56}Eisen umgewandelt. Mit dem Siliciumbrennen ist das Ende der thermonuklearen Brennprozesse erreicht. Eisen wird deshalb als letzte »Asche« aller thermonuklearen Brennvorgänge bezeichnet. Mit dem nun folgenden Gravitationskollaps setzt die gewaltigste Explosion ein, die im Universum bekannt ist, die *Supernova Typ II*.

Wenn ein Stern vollkommen »ausgebrannt« ist, erlischt er; er kollabiert und zieht sich unter Einwirkung seiner eigenen Schwerkraft zusammen. Beträgt seine Masse bis zu zehn Sonnenmassen, so implodiert der Stern, wodurch eine dramatische Verdichtung unter Freisetzung einer ungeheuer großen Gravitationsenergie erfolgt. Der damit verbundene rasante Temperaturanstieg sorgt für eine explosionsartige Ausweitung der Kernreaktionen. Als Folge nimmt die Helligkeit des Sterns so gewaltig zu, dass schon Tycho Brahe 1572 beobachten konnte, dass solche Supernovae heller als alle Planeten erscheinen und sogar am Tage mit bloßem Auge sichtbar werden. Bei der Explosion einer Supernova wird der äußere Teil der Sternenmaterie in den interstellaren Raum geschleudert. In dieser explosiven Materiewolke kann dann eine zweite Gruppe von Elementen entstehen, die schwerer als Eisen sind. An diesen Reaktionen sind vor allem Neutronen beteiligt. Supernovae am Ende des stellaren Nukleosynthese werden von den Astrophysikern als »Motoren eines immerwährenden Schöpfungsprozesses« betrachtet, deren »Streumaterial« die Ausgangsmaterie für die nächste Generation von Galaxien, Sternen und Planeten bildet. Unter der Überschrift »Neutron für Neutron die Elementleiter hinauf« beschreiben die Autoren und Astrophysiker Müller und Lesch den Aufbau der Elemente, die schwerer als Eisen sind. Die dafür verantwortlichen *s-* und *r-Prozesse* laufen grundlegend anders ab als die bisher beschrieben thermonuklearen Reaktionen. Sie beruhen grundsätzlich auf dem Einfang von Neutronen, gefolgt von β-Zerfällen, weshalb sie auch als *(n,β)-Reaktionen* bezeichnet werden. Die Buchstaben r und s stehen für die unterschiedlichen Zeitkonstanten – r für »rapid neutron capture« und s für »slow«. Im s-Prozess wird ein Neutron von einem stabilen Isotop eingefangen, es entsteht eine um eine Einheit höhere Masse. Es folgen weitere Aufnahmen von Neutronen, bis ein schweres, instabiles, radioaktives Isotop erzeugt ist. Diese zerfällt dann unter Umwandlung eines Neutrons in ein Proton und Emission eines Elektrons sowie eines Antineutrinos; dadurch entsteht ein Element, aus dem durch erneuten Neutroneneinfang schrittweise immer schwerere stabile Isotope aufgebaut werden. Diese Prozesse finden vor allem in den heliumbrennenden Bereichen *pulsierender Roter Riesensterne* statt. Im r-Prozess werden insbesondere die neutronenreichen Elemente wie Thorium und Uran synthetisiert. Solche Prozesse laufen vermutlich hinter der nach außen laufenden Schockwelle in Supernova-

Abb. 62: Großer Nebel im Sternbild Orion. Aus: Bruno H. Bürgel, Der Mensch und die Sterne.

Explosionen ab. In kurzen Zeiten können sich mehrere Neutronen an einen stabilen Atomkern anlagern, bevor dieser Vorgang von einem β-Zerfall unterbrochen wird.

Die im Einzelnen dargestellten Reaktionsmechanismen zur *Entstehung der chemischen Elemente* lassen sich an zwei bekannten Beispielen aus der allgemeinen Astronomie zusammenfassen, dem *planetarischen Nebel* und der *Supernova*. Im Sternbild Fuchs entdeckte 1764 der französische Astronom Charles *Messier* (1730–1817, zunächst Observator in Paris, dann Marine-Astronom) den ersten planetarischen Nebel, den *Hantelnebel*. In seinem *Messier-Katalog* sind in der Endfassung von 1781 (erstmals erschienen 1774) 105 Galaxien, Sternhaufen, Gasnebel und planetarische Nebel sowie ein Supernova-Überrest verzeichnet, u. a. unter M 31 der berühmte *Andromedanebel* (richtiger Andromeda-Galaxie als Nachbarmilchstraße unserer eigenen Galaxie). 1785 führte Wilhelm Herschel die Bezeichnung »Nebel« ein, wobei ein planetarischer Nebel nicht aus Wassertröpfchen besteht, sondern aus einer Hülle aus Gas und Plasma, die von einem alten Stern am Ende seiner Entwicklung abgestoßen wurde. Diese planetarischen Nebel sind wichtige Objekte in der *chemischen Evolution der Galaxis*. Ihre interstellare Materie besteht aus Elemen-

Abb. 63: Spiralnebel, andere Galaxien als unsere Milchstraße, in zwei unterschiedlichen Darstellungen. Am bekanntesten ist die Andromeda-Galaxie, das Messier-Objekt M 31 (NASA).

ten wie Kohlenstoff, Sauerstoff, Stickstoff, Calcium und anderen Reaktionsprodukten der stellaren Kernfusionen. Vom Hubble-Weltraumteleskop stammen zahlreiche Aufnahmen planetarischer Nebel, von denen im Milchstraßensystem bisher über 1500 bekannt sind. Planetarische Nebel leuchten in den Farben Blau (ionisierter Sauerstoff), Grün (Wasserstoff) und Rot (Stickstoff).

Außer den planetarischen Nebeln werden bei den Explosionen der *Supernovae* schwere Elemente ins Universum geschleudert. Bereits 1054 beobachteten japanische und chinesische Astronomen eine Supernova im Sternbild Stier am Ort des jetzigen Krebsnebels. 1968 fand man im Krebsnebel den Überrest des explodierten Sterns, einen *Neutronenstern* als *Pulsar*. Der erste Neutronenstern wurde 1967 von der britischen Radioastronomin Susan Jocelyn *Bell* (geb. 1943) zusammen mit Antony *Hewish* (geb. 1924, ab 1971 Professor für Radioastronomie in Cambridge) und Martin *Ryle* (1918–1984, Direktor des Mullard Radioastronomy Observatory bei Cambridge) entdeckt, wofür nur die beiden Letzteren 1974 den Nobelpreis für Physik bekamen. Bereits 1572 beschrieb Tycho Brahe eine Supernova im Sternbild Kassiopeia (»Tychonischer Stern«), 1604 entdeckte Kepler eine Supernova im Sternbild Schlangenträger. Mehr als 700 später entdeckte Supernovae gehören extragalaktischen Systemen an.

R. Kickuth berichtet über die Geschichte der am 23. Februar 1987 entdeckten Supernova in unmittelbarer Nachbarschaft unserer Galaxis, einem speziellen Typ der Supernova II:

Der Astronom Nicholas *Sanduleak* (1933–1990) hatte das Spektrum des Vorgängersterns schon 1965 aufgenommen,

> »weil er in den Magellan'schen Wolken nur ein Drittel des Anteils schwerer Elemente verglichen mit dem in unserem Sonnensystem fand. Er stellte einen Katalog superschwerer Sterne in diesen Zwerg-Galaxien auf und maß deren Spektren, in der Hoffnung, dass sich daraus einmal eine Supernova entwickelte. Auf diese Weise konnten die Astronomen eine ganze Supernova-Geschichte begleiten – und das sogar mit Detektoren für Neutrinos. Diese reaktionsarmen Teilchen entstehen ja in großer Zahl beim Kollaps des Eisenkerns der Supernova. Tatsächlich wurden sie am 23. Februar 1987 mit drei Neutrino-Teleskopen und insgesamt 25 Neutrinos fündig, was dem Amerikaner Raymond Davis und dem Japaner Masatoshi Koshiba 2002 den Nobelpreis für Physik einbrachte. SN 1987 A war die erste Supernova, von der man Neutrinos detektierte, was u. a. die Typ 2-Supernovatheorie stützt.«

Raymond *Davis* (1914–2006) war ein US-amerikanischer Chemiker, der zunächst in der Industrie (u.a. Monsanto, Dow Chemical), dann am Brookhaven National Laboratory (zur Entwicklung ziviler Anwendungen der Atomenergie) und ab 1984 als Professor am Department für Physik und Astronomie der Universität von Pennsylvania tätig war.

Masatoshi *Koshiba* (Jg. 1926) ist ein japanischer Physiker, der ab 1953 am der Universität von Rochester studierte, wo er 1955 eine Doktorarbeit über ultrahochenergetische Phänomene der kosmischen Strahlung abschloss. Ab 1970 wirkte er als Professor an der Universität Tokio, nach einem Gastsemester in Hamburg bei DESY dann ab 1987 an der Tokai-Universität.

Die beiden Wissenschaftler erhielten zusammen die Hälfte des Nobelpreises »für bahnbrechende Arbeiten in der Astrophysik, insbesondere für den Nachweis kosmischer Neutrinos«. Mit dem von Koshiba konzipierten KamiokaNDE-Detektor konnten im Verlauf der Supernova 1987A zwölf Neutrinos nachgewiesen werden, neun davon in den ersten zwei Sekunden. Damit war der erste experimentelle Nachweis zu den Theorien über die Prozesse beim Kollaps eines Sterns erbracht worden.

Rudolph Leo *Minkowski* (1895–1976, deutsch-amerikanischer Astronom), nach der Emigration 1935 aus Deutschland in die USA zuletzt am Mount-Wilson- und Mount-Palomar-Observatorium tätig, erkannte bereits 1939 zwei Arten von Supernovae – Typ I ohne Wasserstofflinien und Typ II mit Wasserstofflinien, die heute weiter differenziert werden (Ia mit viel Silicium, Ib mit viel Helium, Ic mit wenig Helium). Die genannten Supernovae, in denen die Elemente höherer Ordnungszahlen als Eisen entstehen, haben die Astronomen veranlasst, die klassische Auffassung von der Unveränderlichkeit der Fixsternsphäre endgültig aufzugeben.

Glossar geochemischer Fachbegriffe

Basalt: Erstarrungsgestein; Gruppe dunkler basischer Vulkanite (Hauptbestandteile →Plagioklase und →Pyroxene und Olivine), dunkle Färbung durch Pyroxene sowie fein verteilten Magnetit und Ilmenit (Eisenminerale) verursacht; als Olivinbomben von Vulkanen ausgeworfen.

Bims: hellgraue, schaumartige erstarrte →Lava.

Diabas: Ganggestein der →Gabbrofamilie; subvulkanisch entstandenes fein- bis mittelkörniges basisches Gestein.

Diagenese: Verfestigung und Umbildung lockerer Sedimente zu festen Gesteinen – aus Sand wird Sandstein, Tonschlamm wird zu Schieferton; Langzeitvorgänge unter Druck und bei erhöhter Temperatur (mechanische Verdichtung durch Auspressung von Wasser und Luft, Umkristallisationen u. a.).

Eklogit: massiges bis dickschiefriges metamorphes Gestein (vor allem aus rotem Granit und grünen →Pyroxenen, Hornblenden, Rutil, Quarz), hohe Dichte ca. 3,5 g/cm^3; aus →basaltischem Ausgangsmaterial unter hohem Druck in 30–100 km Tiefe (vermutlich Grenzbereich Erdmantel/Erkruste) entstanden.

Epidot: glasglänzendes, monoklines Gestein, meist grün und durchscheinend, chemische Zusammensetzung: $Ca_2(Al,Fe^{2+})Al_2[O/OH/SiO_4/Si_2O_7]$.

Epigenese: (epigenetisch): jünger als die Umgebung – Beispiel: Erzlagerstätten; Epigesteine: durch →Metamorphose gebildete Gesteine.

Gabbro: Gruppe dunkler, überwiegend mittel- bis grobkörniger basischer Tiefengesteine, aus: →Plagioklas (50–60%), →Pyroxen (25–40%) und Olivin (0–25%); entspricht chemisch-mineralogisch dem vulkanischen Gestein →Basalt.

Inosilicate: Synonyme Band-, Faser-, Kettensilicat; Gruppe silicatischer Minerale (dazu gehören auch die →Pyroxene).

Konkretion: von lat. *cocrescere* (verdichten, erstarren, zusammenwachsen); Vorgänge der Minerallausscheidung aus Lösungen in Sedimentgesteinen; Bildung von beispielsweise Dolomit, Pyrit u. a. während der →Diagenese.

Lava: das bei Vulkanausbrüchen (unter lebhafter Entgasung) aus Spalten oder Schloten an die Erdoberfläche getretene, glühend heiße →Magma.

Magma: glühend-flüssige, überwiegend silicatische Gesteinsschmelze in der Erdkruste und im oberen Erdmantel.

Metabasit: basisches magmatisches Gestein, u. a. →Gabbro, →Diabas, →Basalt (basisch: 45–52% Siliciumdioxid, sauer: über 66% Siliciumdioxid).

Metamorphose: allgemein Gesteins-Metamorphose, Umwandlung und Umformung eines Gesteins in ein anderes, Folge von Druck- und Temperaturänderungen.

Obsidian: (nach Plinius d. Ä. von dem römischen Reisenden *Obsius* in Äthiopien entdeckt), kieselsäurereiches vulkanisches Gesteinsglas (mit Gasresten), dunkelbraun bis schwarz, entstanden durch rasche Erstarrung von Laven (→Lava).

Omphacit: Mineral aus der Gruppe der →Pyroxene, (von griech. *omphax:* unreife Traube), grasgrün bis smaragdgrün, Zusammensetzung $(Ca,Na)(Mg,Fe^{2+},Fe^{3+},Al)[Si_2O_6]$.

Orogenese: Gebirgsbildung, im Gegensatz zur →Epigenese kurzfristige, jedoch nachhaltige Verformung begrenzter Krustenbereiche der Erdoberfläche, verbunden mit vertikalen und horizontalen Verlagerungen von Gesteinen (Faltung, Bruchtektonik, Vulkanismus u.a. Vorgänge).

Paragenese: gesetzmäßig gemeinsames Vorkommen von Mineralen in Gesteinen; lässt Rückschlüsse auf Bildungstemperatur und Druck während der Kristallisation.

Paragneis: Gneise als Gruppe metamorpher Gesteine aus Quarz, Glimmer und Feldspat – speziell aus Sedimentgesteinen entstanden.

Peridotit: im oberen Erdmantel plutonische Gesteine (plutonisch für innerhalb der Erdkruste erstarrte magmatische Gesteine wie Granit, →Gabbro).

Perowskit: glänzend schwarzes (auch dunkelgelbes) Oxidmineral, Doppeloxide – benannt nach dem russischen Politiker Graf L.A. Perowski (1792–1856), ABO_3 (A: Na, K, Ca, Ba, Pb, B; B: Ti, Zr, Sn, Nb, Ta, Al, Ga).

Plagioklase: Gruppe gesteinsbildender Minerale als Kalknatronfeldspat oder Natronkalkfeldspat je nach Verhältnis von Kalk zu Natron bezeichnet, wichtigste Gruppe trikliner Feldspäte.

Plutonit: allgemein Tiefengestein, innerhalb der Erdkruste erstarrt (Granit, →Gabbro, →Peridotit).

Pyroklastit: Sammelbezeichnung für die aus vulkanischen (explosiven) Ausbrüchen stammenden Lockermassen (Aschen, Bomben, Schlacken) entstandenen Gesteine.

Pyroxen: wichtigste Gruppe gesteinsbildender Minerale, grün, braun oder schwarz, monoklin, allgemeine Formel XYZ_2O_6 mit X= Ca, Na, K, Mg; Y = Mg, Fe(II), Fe(III), Al, Ti; Z: Si.

Trass: aus vulkanische Aschestömen oder auch aus Glutwolken abgesetzter →Bims →Tuff; weißlich, gelb, grau oder bräunlich, stark glashaltig (u.a. im Brohl- und Nettetal bei Andernach).

Tuff: nachträglich verfestigte vulkanische Auswurfmasse unterschiedlicher Korngröße, Lockermaterial (→Pyroklastit).

Glossar astronomischer Fachbegriffe

(nach: H.-U. Keller, Wörterbuch der Astronomie, Stuttgart 2005)

Akkretion: Prozess der Aufnahme von Materie durch ein kosmisches Objekt aus seiner Umgebung.

Andromeda-Nebel: Andromeda-Galaxie (M 31), Nachbarmilchstraße in drei Millionen Lichtjahren Abstand von unserer eigenen Galaxie; das fernste Himmelobjekt, das noch mit bloßem Auge erkennbar ist.

Asteroid: Kleinplanet oder Planetoid.

Astronomische Einheit AE: Mittlere Entfernung Erde-Sonne (große Halbachse der Erdbahn), 149 597 870 km (meist auf 150 Mio. km gerundet).

Astronomie: Lehre vom Weltall und seinen Gestirnen, heute Teilgebiet der modernen Physik.

Astrophysik: Teilgebiet der Astronomie zur Erforschung der physikalischen Eigenschaften und Zustände der Himmelskörper und des Weltalls; Forschungen vor allem über die spektrale Zusammensetzung der Strahlung aus dem Weltall und deren Deutung.

Bolid: Heller Meteor, heller als die hellsten Sterne, auch Feuerkugel genannt.

Doppelstern: Zwei Sterne, die um ihren gemeinsamen Schwerpunkt kreisen; erkennbar u. a. durch periodische Variationen der Spektrallinien infolge des Doppler-Effektes (als spektroskopische Veränderliche bezeichnet).

Fixstern: Bezeichnung für alle echten Sterne (auch für die selbst leuchtenden, glühend heißen Gasbälle wie unsere Sonne; »fix«, weil über Jahrhunderte Ortsverschiebungen nicht zu beobachten sind (wegen der großen Entfernung).

Galaktischer Nebel: Interstellare Staub- und Gaswolke innerhalb der Galaxis, Baustoff für neue Sterne.

Galaxie: Riesige Sternsysteme, Bausteine des Universums; bestehen aus bis zu 300 Mrd. Sonnen und interstellarem Staub und Gas.

Galaxis: Unsere Galaxie, die Milchstraße. Zählt zu den Balkenspiralgalaxien, die den Raum einer riesigen, flachen Diskusscheibe einnehmen mit einem Band aus Sternen – dem Balken – in der Mitte.

Gammastrahlung: Energiereiche Strahlung, die u. a. von Supernovae, Pulsaren oder Neutronensternen und Quasaren ausgesendet wird.

Gravitationskollaps: Zusammensturz eines massereichen Sterns in der Endphase seiner Existenz unter der Wirkung seiner eigenen Schwerkraft. Dabei kann ein Neutronenstern oder ein Schwarzes Loch entstehen.

Halo: Lichthof um Sonne und Mond (verursacht durch Lichtbrechung und -spiegelung an hoch gelegenen Eiswolken in der Erdatmosphäre); Wasserstoffwolke um Kometen; Milchstraßen-Halo: kugelförmiger Raum um das Milchstraßensystem (mit Kugelsternhaufen und heißem Gas)

Intergalaktische Materie: Gas- und staubförmige Materie zwischen den Galaxien; heißes Wasserstoffgas (um 100 Mio. Kelvin), entstanden durch Kollosionen von Galaxien.

Interplanetare Materie: Materie aus Gas und Staub zwischen Planeten.

Interstellare Materie: Gas- und Staubmassen zwischen Sternen (u. a. neutraler Wasserstoff, in leuchtenden Nebeln ionisierter Wasserstoff).

Koma: Gashülle um den Kern eines Kometen (ausgedehnte Atmosphäre eines Kometenkerns).

Komet: Haar- oder Schweifsterne nach der Erscheinungsform, Mitglieder unseres Sonnensystems; umkreisen die Sonne auf lang gestreckten Bahnen (Beispiel: Halley'scher Komet mit einer mittleren Umlaufzeit von 76 Jahren).

Korona: Äußerste Gashülle der Sonne (außerordentlich verdünntes, sehr heißes Gas); bei einer totalen Sonnenfinsternis mit bloßem Auge sichtbar; Milchstraßenkorona: riesige Hülle aus heißem Plasma, umgibt kugelförmig die Milchstraße.

Kosmologie: Teilgebiet der Astronomie, befasst sich mit Lehre und Erforschung des Universums in seiner Gesamtheit (zum Ursprung und der Entwicklung)

Krabbennebel (Krebsnebel): Leuchtende Gaswolke im Sternbild Stier, Überrest einer Supernova, 1054 von chinesischen Beobachtern entdeckt.

Kugelsternhaufen: Kugelförmige Verdichtung von Hunderttausenden bis zu Millionen von Sternen. Die Sterne gehören zu den ältesten im Universum.

Kuiper-Gürtel: Gürtel von Planetoiden jenseits der Neptunbahn, postuliert von Gerard Peter Kuiper (1905–1973).

Lichtjahr: Strecke, die ein Lichtstrahl im Vakuum in einem Jahr zurücklegt (9,46 Billionen Kilometer).

Mare: Tiefebenen auf dem Erdmond, mit erstarrter Lava erfüllt, durch Einschläge großer Körper entstanden.

Messier-Katalog: Katalog von 110 »nebelhaften Objekten« (Galaxien, Sternhaufen, galaktischen Gas- und Staubnebel), zusammengestellt von Charles Messier (Katalognummern mit M).

Meteor: Leuchterscheinung beim Eindringen eines Kleinstkörpers mit hoher Geschwindigkeit in die Erdatmosphäre.

Meteorit: Kosmischer Körper aus dem interplanetaren Raum, der auf der Erde einschlägt

Meteoroid: Kleinstkörper, die auf Ellipsen im Planetensystem um die Sonne kreisen. Aus einem Meteoroiden wird beim Aufschlag auf die Erde ein Meteorit.

Milchstraße: Schwach leuchtendes Band aus Einzelsternen am Nachthimmel, vom Auge nicht mehr in einzelne Punkte aufzulösen. Bereits von Demokrit von Abdera (um 460 bis um 375 v. Chr.) als aus vielen, weit entfernten Sternen aufgebaut vermutet.

Mond: Natürlicher Satellit von Planeten, ein Beispiel ist der Erdmond. Riesenplaneten wie Jupiter, Saturn, Uranus und Neptun besitzen Dutzende von Monden.

Nebel: Flächenhaftes, leuchtendes Objekt, nicht sternenförmig; Gas- und Staubnebel, als interstellare Wolken (aus denen sich neue Sterne bilden), Gasnebel als Reste von alten Sternen (Planetarische Nebel und Supernova-Überreste).

Neutronenstern: Rest eines massereichen Sterns nach einer Supernova-Explosion (überwiegend aus Neutronen aus einem vorangegangenen Gravitationskollaps), rotieren extrem schnell, einige als Pulsare mit Radioimpulsen, Lichtblitzen und Röntgenstrahlung (wirken wie sich drehende Lichtfinger eines Leuchtturms).

Plejaden: Offener Sternhaufen im Sternbild Stier (Katalogbezeichnung M 45); mit bloßem Auge etwa sechs bis neun Sterne, im Teleskop weit über 100 Sterne sichtbar. Plejadensterne sind von der Erde etwa 400 Mio. Lichtjahre entfernt.

Planet: Wandelstern, der um die Sonne kreist. Unsere Sonne besitzt acht große Planeten, in der Reihenfolge ihres Abstandes: Merkur, Venus, Erde, Mars, Jupiter, Saturn, Uranus und Neptun. Planeten leuchten nicht selbst, sondern reflektieren Sonnenlicht.

Planetesimal: Kleinkörper im interplanetaren Raum als Ursprungsmaterial, aus dem sich Planeten und ihre Monde gebildet haben.

Planetoid: Kleinplanet, auch Asteroid genannt. Der erste Asteroid des Sonnensystems wurde 1800/1801 entdeckt (Ceres, zwischen Mars- und Jupiterbahn).

Protoplanet: Im Entstehen begriffender Planet als Verdichtung interplanetarer Materie (von Plantesimalen).

Protostern: Stern im Entstehen aus interstellaren Materiemassen: Verdichtung durch Gravitation, Anstieg der Zentraltemperatur auf mindesten drei Millionen Kelvin, Zünden des Wasserstoffbrennens.

Protuberanz: Flammenzungen über der Photosphäre der Sonne, Materieeruptionen.

Pulsar: Rasch rotierender Neutronenstern.

Quasar: Quasistellares Objekt, im sichtbaren Licht punktförmiges Objekt; Zentren hochaktiver Galaxien; die fernsten im Universum zu beobachtenden, leuchtkräftigsten Objekte

Riesenstern: Sterne, die erheblich größer sind als unsere Sonne und sich in späteren Lebensphasen zu Roten Riesen ausdehnen.

Roter Riese: Stern im Spätstadium seiner Existenz (100- bis 1000-fach größer als unsere Sonne). Die Oberfläche kühlt sich stark ab, der Stern erscheint »röter«.

Rotverschiebung: Verschiebung von Spektrallinien nach längeren Wellenlängen infolge der Relativbewegung (der gegenseitigen Entfernung) zwischen Objekt und Beobachter. Folge des Doppler-Effekts.

Schwarzes Loch: Masse wird so stark komprimiert, dass an der Oberfläche die Fluchtgeschwindigkeit infolge der hohen Gravitation gleich der Lichtgeschwindigkeit ist; dadurch bleibt jede elektromagnetische Strahlung gefangen, das Objekt ist nicht sichtbar, also »schwarz«.

Sonnenflecken: Gewaltige Sturmgebiete magnetischen Ursprungs in der Photosphäre der Sonne; im Inneren nur Temperaturen um 1500 K.

Sonnenwind: Partikelstrom, der von der Sonne ausgesandt wird (aus Elektronen, Protonen, Alpha-Teilchen sowie Ionen schwerer Elemente), erreicht nach ein bis drei Tagen die Erde.

Stern: Selbst leuchtende, heiße Gaskugel. Planeten und Monde sind keine Sterne.

Sternbild: Gruppe von Sternen, als Figur am Himmel leicht zu erkennen. Zuordnung und Benennungen gehen auf die griechisch/römische Antike zurück.

Supernova: Explosion eines Sterns (*nova stella* = neuer Stern, da man früher annahm, dass ein neuer Stern geboren würde) am Ende seines Entwicklungszyklus. Die äußere Gashülle wird in das Universum geschleudert, es bleibt ein kleiner, superdichter Neutronenstern oder sogar ein Schwarzes Loch.

Tychonischer Stern: Supernova, 1572 im Sternbild Kassiopeia von Tycho Brahe entdeckt. Überrest heute als Radioquelle in 15 000 Lichtjahren Entfernung beobachtet.

Universum: Gesamtheit des Weltalls, dehnt sich ständig aus (Indiz: Rotverschiebung ferner Galaxien); gigantisches natürliches Laboratorium mit Materie und Strahlung in extremsten Zuständen.

Urknall: Gewaltige Explosion, mit der das Universum vor 14 Mrd. Jahren entstanden sein soll. Die Urknallsingularität ist ein mathematisches Modell; die Quantenmechanik geht von einem spontanen Übergang durch Quantenfluktuationen (Bildung und Zerfall virtueller Partikel im Vakuum) aus.

Wasserstoffbrennen: Kernfusion von vier Wasserstoffkernen (Protonen) zu einem Heliumkern (Alpha-Teilchen).

Zodialkallicht: Durch interplanetarischen Staub, der das Sonnenlicht reflektiert, hervorgerufen; schwaches Leuchten in Kegelform an der scheinbaren Sonnenbahn (Ekliptik), am Abend oder Morgen zu beobachten (bei uns im Frühjahr abends kurz nach Sonnenuntergang, im Herbst morgens kurz vor Sonnenaufgang).

Quellen und weiterführende Literatur

Arrhenius, Svante: Erde und Weltall (aus dem Schwedischen übersetzt von Dr. Finkelstein), Akad. Verlagsges., Leipzig 1926.

Arrhenius, Svante: Die Sternenwelt. Erde und Weltall 2. Teil. Nach hinterlassenen Aufzeichnungen bearbeitet und ergänzt von Knut Lundmark, Direktor der Sternwarte Lund. Übersetzt von Dr. Alexis Finkelstein, Akad. Verlagsges., Leipzig 1931.

Bendzko, Thomas et al.: KTB – 4 Jahre Erfahrung an den Grenzen heutiger Bohrtechnologie, Geowissenschaften 13 (1995), Heft 4, S. 129–134.

Binggeli, Bruno: Primum Mobile. Dantes Jenseitsreise und die moderne Cosmologie, Ammann Verlag, Zürich 2006.

Boschke, Friedrich L.: Erde von anderen Sternen. Der Flug der Meteorite, Econ, Düsseldorf und Wien 1965.

Bührke, Thomas: Die Sonne im Zentrum. Aristarch von Samos, C. H. Beck, München 2009.

Bürgel, Bruno H.: Der Mensch und die Sterne, Aufbau-Verlag, Berlin 1949.

Bürgel, Bruno H.: Vom Arbeiter zum Astronomen. Der Aufstieg eines Lebenskämpfers, Verlag des Druckhauses Tempelhof, Berlin 1950 (Erstauflage 1919).

Chladni, Ernst F. F.: Über den kosmischen Ursprung der Meteorite und Feuerkugeln (1794), Ostwalds Klassiker der exakten Wissenschaften Band 258, Verlag Harri Deutsch, Thun und Frankfurt am Main, 3. Aufl. 1971.

Christensen, Lindberg Lars: Hubble. 15 Jahre auf Entdeckungsreise, Wiley-VCH, Weinheim 2006.

Dante Alighieri: Die Göttliche Komödie (übersetzt von Hermann Gmelin), Reclam, Stuttgart 1951.

D'hein, Werner P.: Vulkanland Eifel, Gaasterland Verlag, Düsseldorf 2006.

Descartes, René: Principia philosophiae, Amsterdam 1644. Übersetzt und erläutert von A. Buchenan, Philosophische Bibliothek 28, Hamburg 1955.

Dominik, Hans: Der Wettflug der Nationen – Ein Stern fiel vom Himmel – Land aus Feuer und Wasser (Hrsg. Wolfgang Jeschke), Heyne, München 1990.

Dominik, Hans: Ein neues Paradies (Hrsg. Susanne Päch und Wolfgang Jechke), Heyne, München 1977.

Dominik, Hans: Flug in den Weltraum – Der Befehl aus dem Dunkel – Himmelskraft (Hrsg. Wolfgang Jeschke), Heyne, München 1993.

Emmermann, Rolf: Abenteuer Tiefbohrung. Eine Zwischenbilanz zum Abschluß des Kontinentalen Tiefbohrprogramms der Bundesrepublik Deutschland (KTB), Geowissenschaften 13 (1995), Heft 4, S. 114–128.

Feitzinger, Johannes Viktor: Kosmische Horizonte, Spektrum, Heidelberg 2002.

Feitzinger, Johannes Viktor: Galaxien und Kosmologie. Aufbau und Entwicklung des Universums, Franckh-Kosmos, Stuttgart 2007.

Ferrari d'Occhieppo, Konradin: Der Stern von Bethlehem aus astronomischer

Sicht. Legende oder Tatsache?, 4. Aufl., Brunnen Verlag, Gießen 2003.

Fischer, Ernst Peter: Die kosmische Hintertreppe. Die Erforschung des Himmels von Aristoteles bis Stephen Hawking, Nymphenburger, München 2009.

Gowin, Joscelyn: Athanasius Kircher. Ein Mann der Renaissance und die Suche nach verlorenem Wissen, Edition Weber, Brelin 1994.

Grosser, Morton: Entdeckung des Planeten Neptun, Suhrkamp, Frankfurt am Main 1970.

Historischer Verein Andernach e. V. (Hrsg.): Insel des schlafenden Geysirs. Sonderdruck aus Andernacher Annalen 3, 1999/2000 aus Anlass der Erkundungsbohrung für die Reaktivierung des Namedyer Sprudels, Andernach im August 2001.

Hahn, Hermann Michael: Unser Sonnensystem, Franckh-Kosmos, Stuttgart 2004.

Jebsen-Marwedel, H.: Joseph von Fraunhofer und die Glashütte in Benediktbeuern, Fraunhofer-Ges. zur Förderung der angew. Forsch., München, 3. Aufl. 1978.

Kant, Immanuel: Allgemeine Naturgeschichte und Theorie des Himmels, Harri Deutsch, Frankfurt am Main 2005.

Keller, Hans-Ulrich: Wörterbuch der Astronomie. Alle wichtigen Begriffe verständlich erklärt, Franckh-Kosmos, Stuttgart 2005.

Kickuth, Rolf: Supernovae und die Entstehung der Elemente. Sternentod ermöglicht unser Leben, CLB Chemie in Labor und Biotechnik 60, 474–478 (2009).

Kiesl, Wolfgang: Kosmochemie, Springer, Wien/New York 1979.

Kippenhahn, Rudolf: Kosmologie für die Westentasche, Piper, München/Zürich 2003.

Kippenhahn, Rudolf: Kippenhahns Sternstunden. Unterhaltsames und Erstaunliches aus der Welt der Sterne, Franckh-Kosmos, Stuttgart 2006.

Lesch, Harald: Kosmologie für helle Köpfe, Goldmann, München 2006.

Lesch, Harald und Harald *Zaun:* Die kürzeste Geschichte des Lebens, Piper, München 2009.

Lesch, Harald und Jörn *Müller:* Kosmologie für Fußgänger. Eine Reise durch das Universum, Goldmann, München, 6. Aufl. 2001.

Liddle, Andrew: Einführung in die moderne Kosmologie, Wiley-VCH, Weinheim 2009.

Lockemann, Georg: Robert Wilhelm Bunsen. Große Naturforscher Band 6, Wiss. Verlagsges., Stuttgart 1949.

Mason, Brian and Carleton B. *Moore:* Grundzüge der Geochemie, Enke, Stuttgart 1985.

Meyer, Wilhelm: Das Vulkangebiet des Laacher Sees, Rheinische Landschaften Heft 9, Köln, 5. Aufl. 1992.

Müller, Jörn und Harald *Lesch:* Die Entstehung der chemischen Elemente, Chem. uns. Zeit 39, 100–105 (2005).

Müller, Jörn und Harald *Lesch:* Urgaswolke oder Meteoriten. Woher kommt das Wasser der Erde, Chem. uns. Zeit 37, 242–246 (2003).

Murawski, Hans (Hrsg.): Vom Erdkern bis zur Magnetosphäre. Aktuelle Probleme der Erdwissenschaften. 21 Wissenschaftler berichten über den heutigen Stand der Forschung, Umschau Verlag, Frankfurt am Main 1968.

North, John: Viewegs Geschichte der Astronomie und Kosmologie, Vieweg, Braunschweig/Wiesbaden 1997.

Oberhummer, Heinz: Kerne und Sterne. Einführung in die Nukleare Astrophysik, Barth, Leipzig/Berlin/Heidelberg 1993.

Oberhummer, Heinz: Kann das alles Zufall sein? Geheimnisvolles Universum, Ecowin Verlag, Salzburg 2008.

Redfern, Martin: Die Erde. Eine Einführung, Reclam, Stuttgart 2007.

Roth, Günther D. Joseph von Fraunhofer. Handwerker-Forscher-Akademiemitglied 1787–1826 (Große Naturforscher Band 39), Wiss. Verlagsges., Stuttgart 1976.

Schlote, Karl-Heinz: Chronologie der Naturwissenschaften, Verlag Harri Deutsch, Frankfurt am Main 2002.

Schneider, Peter: Einführung in die Extragalaktische Astronomie und Kosmologie, Springer, Berlin/Heidelberg 2006.

Schuhmacher, Karl-Heinz und Wilhelm *Meyer*: Geopark Vulkanland Eifel. Lava-Dome und Lavakeller in Mendig, Rheinische Landschaften Heft 57, Hrsg. Rheinischer Verein für Denkmalpflege und Landschaftsschutz, Köln 2006.

Schwedt, Georg.: Zum 200. Geburtstag: Joseph Fraunhofer (1787–1826) und seine Beiträge zur Glas- und Spektrochemie, CLB Chemie für Labor und Betrieb 38, 119–121 (1987).

Schwedt, Georg: Chemie zwischen Magie und Wissenschaft. Ex Bibliotheca Chymica 1500–1800, Ausstellungskatalog der Herzog August Bibliothek Nr. 63, Verlag Chemie, Weinheim 1991.

Schwedt, Georg: Chemische Spektralanalyse von Kirchhoff und Bunsen 1860. Meilensteine der Analytik (11), LaborPraxis, 1321 (1988).

Schwedt, Georg: Friedrich Wöhler und die analytische Chemie des 19. Jahrhunderts, CLB Chemie für Labor und Betrieb 33, 391–394 (1982).

Schwedt, Georg: Taschenatlas der Umweltchemie, Thieme, Stuttgart 1996.

Schwedt, Georg: Vulkanische Chemie am Ätna. Expedition an den Nebenkrater, CLB Chemie für Labor und Biotechnik 56 (2005), 238–240.

Schwedt, Georg: Goethe als Chemiker, Springer, Berlin/Heidelberg 1998.

Standage, Tom: Die Akte Neptun. Die abenteuerliche Geschichte der Entdeckung des 8. Planeten, Campus Verlag, Frankfurt/New York 2000.

Strobach, Klaus: Vom »Urknall« zur Erde. Werden und Wandlung unsere Planeten im Kosmos, Weltbild Verlag, Augsburg 1990.

Twain, Mark: Reise durch die Alte Welt (The Innocents Abroad), Ausgabe Hoffmann und Campe, Hamburg 1964.

Wedepohl, Karl Hans: Geochemie, W. de Gruyter, Berlin 1967.

Weinsberg, Steven: Die ersten drei Minuten. Der Ursprung des Universums, dtv Sachbuch, 10. Aufl., München 1991.

Populärwissenschaftliche Zeitschriften:

Sterne und Weltraum – mit *Special*-Ausgaben (Zeitschrift für Astronomie. Gegründet 1962, seit 1997 vereinigt mit »Die Sterne«, Zeitschrift für alle Bereiche der Himmelskunde, gegründet 1921), Verlag Spektrum der Wissenschaft, Heidelberg.

Spektrum Dossiers – u. a. mit den Themen »Fantastisches Universum«, »Planetensysteme«, »Der Anfang der Welt«, »Wunder des Weltalls«, Verlag Spektrum der Wissenschaft, Heidelberg.

P. M. Perspektive. Das Magazin für kompaktes Wissen, 3/2009: »Wunder des Kosmos. Schöpfung, Urknall, Schwarze Löcher – wie wir die Rätsel unseres Universums lösen«, Gruner & Jahr, München.

Personenverzeichnis

Airy, George Biddell 82
Anaximander 1
Argelander, Friedrich Wilhelm August 106
Aristarchos 10
Aristoteles 8f, 180
Arrhenius, Svante August 187
Asimov, Isaac 110f

Bassett, Bill 79
Beer, Wilhelm Wolff 106f
Bell, Susan Jocelyn 200
Bethe, Hans Albrecht 144, 194
Bischof, Karl-Gustav 25ff
Bode, Johann Elert 173, 185
Bopp, Thomas 181
Boschke, F. L. 120
Brahe, Tycho 10, 163
Brewster, David 126
Bunsen, Robert Wilhelm 127ff
Bürgel, Bruno Hans 90ff
Butenandt, Adolf 136

Cassini, Giovanni Domenico 163, 170
Cavendish, Henry 74
Chladni, Ernst Florens Friedrich 118
Clarke, Frank Wigglesworth 28
Cleve, Per Theodor 141

D'Arrest, Heinrich Louis 176
Dante Alighieri 16
Davis, Ryamond 200
Descartes, René 1f
Ditfurth, Hoimar v. 140
Dominik, Hans 108f
Dörffel, Georg Samuel 180
Dutton, Clarence Edward 82

Eddington, Arthur Stanley 142, 189
Einstein, Albert 189
Empedokles 1
Ewing, Harold I. 132

Fraunhofer, Joseph 111ff

Galilei, Galileo 12, 166, 180
Galle, Johann Gottfried 176
Gladstone, John Hall 126
Gold, Thomas 150
Goldschmidt, Victor Moritz 27
Gümbel, Wilhelm von 25f
Gutenberg, Beno 31f

Hale, Alan 181
Halley, Edmond 180
Hartmann, William K. 150
Herschel, Friedrich Wilhelm 173

Hesiod 14
Hevelius, Johannes 180
Hewish, Antony 200
Howard, Edward Charles 118f
Hubble, Edwin Powell 137f
Hulst, Hendrik Christoffel van de 132
Huygens, Christiaan 163, 169

Janssen, Pierre Jules César 141

Kant, Immanuel 93
Kepler, Johannes 12f, 173
Kiesl, Wolfgang 147f
Kircher, Athanasios 4f
Kirchhoff, Gustav Robert 127ff
Konfuzius 24
Kopernikus, Nikolaus 11f
Koshiba, Masatoshi 201

Langlet, Nils Abraham 141
Laplace, Pierre Simon de 93, 173
Le Verrier, Urbain 176
Lemaître, Georges 189
Lexell, Anders Johan 173
Lockyer, Joseph Norman 141
Lowell, Percival 178
Lyman, Theodor 132

Mach, Ernst 86
Mädler, Johann Heinrich von 107
Messier, Charles 198
Minkowski, Rudolph Leo 201
Mohorovičić, Andija 82f

Newton, Isaac 13, 181

Oberth, Hermann Julius 138
Occhieppo, Ferrari d' 169
Olbers, Heinrich Wilhelm 186
Öpik, Ernst 150

Paneth, Friedrich-Adolf 124
Perowski, L. A. 85
Piazzi, Guiseppe 186
Platon 14
Plinius, Gaius Secundus 58ff
Poggendorff, Johann Christian 121

Purcell, Edward Mills 132

Radfern, Martin 23f
Ramsay, William 141
Reichenbach, Georg Friedrich von 112
Ringwood, A. E. 95
Roscoe, Henry 127
Rutherford, Ernest 142
Ryle, Martin 200

Safronov, Victor S. 154
Sanduleak, Nicholas 200
Schmidt, Johann Friedrich Julius 106
Schwassmann, Karl Arnold 182
Seleukos 11
Soddy, Frederick 124
Sueß, Eduard 84

Tammann, Gustav 33f
Thomson, J. J. 77
Titius, Johann Daniel 173, 185
Tombaugh, Clyde 178

Utzschneider, Joseph von 112

Vernadsky, Vladimir Iwan 28f
Verne, Jules 17ff, 101ff

Wachmann, Arthur Arno 182
Wegener, Alfred 51, 84f
Weinberg, Stephen 15f
Weizsäcker, Carl Friedrich von 194
Whipple, Fred Lawrence 182
Wiechert, Johannes Emil 31f, 77f
Wöhler, Friedrich 120f
Wollaston, William Hyde 125
Wright, Thomas 95

Zarathustra 14

Sachverzeichnis

Abspaltungstheorie 150f
Achondrit 123
Ätna 58ff
Akkretion 92
Alfred-Wegener-Stiftung 51
Andernach, Geysir 56f
Andromedanebel 198
Apollo-Programm 149
Asteroid 185
Astrochemie, Methoden 124ff

Barysphäre 86
Basalt 50
Beneditkbeuern 111ff
Bertrich, Bad 55
Bethe-Weizsäcker-Zyklus 144, 194
Bibel, Schöpfungsgeschichte 14
Big Bang 144, 189
Bims 50
Bohrtechniken 23f
Bolid 106, 120

Caldera 52
Cassini-Huygens-Sonde 171
Chalkosphäre 85
Chondrit 123
Chromosphäre 145
Covellin 72
Crownglas 113

Daun 55
Deep Impact-Mission 182f

Detritus 39
Diagenese 35
Drei-Alpha-Prozess 193

Effelsberg, Planetenweg 135
Effelsberg, Radioteleskop 134ff
Ei, kosmisches 189
Eifel, Vulkanpark 51ff
Einfangtheorie 150f
Eisenmeteorit 122
Eklogitschale 32
Elemente, Erdkruste 30f
– Häufigkeit 30
Epigenese 34
Erdbeben, P-Wellen 78
– S-Wellen 78
Erdbebenwellen 78
Erde, biogeochemische Fabrik 37ff
– Entstehung 90ff
– Schalenaufbau 82ff
Erde-Mond-System 149f
Erdkern 86ff
Erdkruste, Elemente 30f
Erdmantel 34
Erdmasse, Bestimmung 75
Expansion, Weltall 189

Feuerkugel 106
Flintglas 113
Fraunhofer-Absorptionslinien 116
Fusionsprozesse 144ff

Gabbro 33
Geochemie 26ff
Geo-Zentrum Windischeschenbach 19ff
Gesteinanalysen 30
Gewässerchemie 43
Geysir, Andernach 56f
– Kaltwasser- 55
– Namedyer Werth 56f

Hadronen 191
Hadronen-Ära 190
Hantelnebel 198
Häufigkeit, chromosphärische 130
– Elemente 30
Häufigkeiten, koronale 129
– photosphärische 129
Heliopause 146
Heliosphäre 146
Heliumbrennen 193
Heterosphäre 47
Hintergrundstrahlung, Mikrowellen 190
Hubble-Konstante 190
Hubble-Teleskop 138f
Hydrosphäre 40

Ionosphäre 47
Isostasie-Lehre 82

Jupiter 166f
Jupitermonde 166f

Kaltwasser-Geysir, Wallenborn 55
Kant-Laplace-Theorie 93

Kastenmodell, Atmosphärenchemie 45f
Katastrophe, kosmische 154
Kohlenstoffbrennen 195f
Kollisionstheorie 150ff
Koma 183f
Komet Hale-Bopp 181
Kometen 180f
Kometenschweif 181
Kontinentalverschiebung 34
Korona 145
Koronograph 130
Kosmologie 13ff
Kronglas 113
Kruste, kontinentale 29
– ozeanische 29
Krusten-Ozean-Maschine 36ff
KTB-Programm 19, 21ff

Laacher See 52f
Lava-Dome, Vulkanmuseum 53
Leptonen 191
Leptonen-Ära 190
Lithosphäre 33
Loch, Schwarzes 136

Maarmuseum, Manderscheid 56
Magmakammern 49
Manderscheid 56
Mariner, Raumsonden 160
Mars 163f
Marsatmosphäre 165
Materie-Ära 190
Mendig 53f
Merkur 160f
Mesopause 48
Messenger, Raumsonde 160
Messier-Katalog 198
Metallizität 195
Metamorphose 34
Meteor 118

Meteorit, Eisen- 122
– Stein- 123
Meteorite 118ff
Meteoriten, Analyse 74
Meteoroid 118
Meurin, Römerbergwerk 54
Mikrowellen, Hintergrundstrahlung 190
Milchstraße 187
Mineralogie, experimentelle 79f
Moho-Diskontinuität 83f
Moho-Fläche 86ff
Mond, Reise um den 102ff
Mondalter 155
Mondatmosphäre 156
Mondchemie 147ff
Mondinneres 155f
Mondkarte 107
– Kircher 148
Mundus subterraneus 7f

Namedyer Werth, Geysir 56f
Nebel, planetarischer 198
Neptun 175f
Nickenich 54
Nukleosynthese 190
– primordiale 144, 191

Obsidian 51
Öpik-Theorie 150f
Opportunity, Raumsonde 164
Orogenese 34
Orthogesteine 34

Pedosphäre 35
Peridotit-Schicht 85
Photosphäre 145
Pioneer, Raumsonde 167
Plaidt 54
Planck-Ära 190
Planet, Zwerg-, Pluto 177f

Planeten 157
Planetenchemie 157ff
Planeten-Weg, Effelsberg 135
Planetesimale 159
Plasmaschweif 185
Platten, tektonische 34
Plejaden 188
Pluto, Zwergplanet 177f
Proton-Proton-Reaktionen 144f, 194
Protoplaneten 159
Protosonne 158
Pryoxene 50f
Pulsar 136
P-Wellen, Erdbeben 78

Qark-Ära 190
Quarks 191
Quasar 136

Radioteleskop, Effelsberg 134ff
Radioteleskope 132
Radiowellen 131
Raumsonde, Cassini-Huygens- 171
– Mariner 160, 164
– Messenger 160
– Opportunity 164
– Pioneer 167
– Spirit 164
Römerbergwerk Meurin 54
Roter Riese 193
Roter Riesenstern, pulsierender 197

Saturn 169f
Saturnmonde 171
Sauerstoffbrennen 196
Schalenaufbau, Erde 82ff
Schneeball, schmutziger 182
Schöpfungsgeschichte, Bibel 14
Schwefel, Sizilien 73
Schwefelkreislauf 43f
Schwesterplanet-Theorie 150f

Sedimentation 42
Seismik 76
Siderit 122
Siderosphäre 86
Silicathülle 33
Siliciumbrennen 196
Somma, Monte 64
Sonne, Inneres 145
– Strahlungszone 145
Sonnenflecken 139 ff
Sonnenkorona 129
Sonnenspektrum 116
Sonnenwind 129
Spektralanalyse, chemische 125 ff
Spiralnebel 199
Spirit, Raumsonde 164
Steinmeteorit 123
Stern, Riesen-, roter pulsierender 197
Sterne, Ur- 192
Stoffkreisläufe 40
Strahlungs-Ära 190
Stratosphäre 47
Strohn 55

Supernova 198, 200
– Typ II 196
S-Wellen, Erdbeben 78

Thermopause 48
Thermosphäre 47
Tiefbohrloch 18 ff
Titius-Bode-Reihe 173
Trass 50
Treibhauseffekt 46 ff
Tropopause 48
Troposphäre 47
Tuff 50

Umweltgeochemie 41
Uranus 172 f
Urchaos 187
Urknall 144, 189
Urknallsingularität 190
Ursterne 192

Venus 162 f
Verwitterung 42
Vesuv 58 ff
– Goethe 61 ff

Voyager, Raumsonden 171, 174
Vulkanismus 49 ff
Vulkanpark Eifel 51 ff
Vulkanstraße, Deutsche 51 ff

Wallenborn 55
Wasserstoffbrennen 193
Weltall, Expansion 189
Weltbild,
 heliozentrisches 10 f
Weltraumreisen, Science Fiction 101 ff
Wiechert-Gutenberg-Diskontinuität 32, 81
Wiechert-Gutenberg-Diskontinuität 81
Windischeschenbach 18 ff

Zodiakallicht 170
Zwerg, Weißer 196
Zwergplanet, Pluto 177 f